工业和信息产业职业教育教学指导委员会"十二五"规划教材

全国高等职业教育计算机系列规划教材

网络信息安全项目教程

◎丛书编委会

電子工業出版社

Publishing House of Electronics Industry

北京 · BEIJING

内容简介

本书采用全新的项目实做的编排方式，真正实现了基于工作过程、项目教学的理念。本书由 4 个项目 11 个模块组成：项目 1 实现了配置单机系统安全，包括 Windows 系统加固和病毒的防治；项目 2 实现了防护网络安全，从防火墙、网络监听、网络扫描和黑客攻击与入侵检测的角度介绍了网络安全的策略、措施、技术和方法；项目 3 实现了信息安全，从信息加密、数字签名和数据存储的角度介绍了保证信息安全的方法、技术、手段；项目 4 实现了构建安全的网络结构，从网络结构的角度来探讨和总结了影响网络安全的因素和具体实现措施。

本书内容丰富，结构清晰，通过完整的实例对网络信息安全的概念和技术进行了透彻的讲述。本书不仅适用于高职高专教学需要，而且也是适合网络信息安全初学者的入门书籍和中级读者的提高教程。

图书在版编目（CIP）数据

网络信息安全项目教程 /《全国高等职业教育计算机系列规划教材》编委会编. —北京：电子工业出版社，2010.10
工业和信息产业职业教育教学指导委员会"十二五"规划教材　全国高等职业教育计算机系列规划教材

ISBN 978-7-121-11940-8

Ⅰ. ①网… Ⅱ. ①全… Ⅲ. ①计算机网络—安全技术—高等学校：技术学校—教材 Ⅳ. ①TP393.08

中国版本图书馆 CIP 数据核字（2010）第 193390 号

策划编辑：左　雅
责任编辑：左　雅
印　　刷：北京市李史山胶印厂
装　　订：
出版发行：电子工业出版社
　　　　　北京市海淀区万寿路 173 信箱　邮编　100036
开　　本：787×1 092　1/16　印张：19　字数：486 千字
印　　次：2013 年 12 月第 3 次印刷
印　　数：2 000 册　定价：39.00 元

凡所购买电子工业出版社图书有缺损问题，请向购买书店调换。若书店售缺，请与本社发行部联系，联系及邮购电话：（010）88254888。

质量投诉请发邮件至 zlts@phei.com.cn，盗版侵权举报请发邮件至 dbqq@phei.com.cn。

服务热线：（010）88258888。

丛书编委会

本书编委会

丛书编委会院校名单

保定职业技术学院

渤海大学

常州信息职业技术学院

大连工业大学职业技术学院

大连水产学院职业技术学院

东营职业学院

广东肇庆科技学院

河北建材职业技术学院

河北科技师范学院数学与信息技术学院

河南省信息管理学校

黑龙江工商职业技术学院

黑龙江农垦职业学院

湖州职业技术学院

吉林省经济管理干部学院

嘉兴职业技术学院

交通运输部管理干部学院

辽宁科技大学高等职业技术学院

辽宁科技学院

辽宁轻工职业学院

辽宁石化职业技术学院

南京铁道职业技术学院苏州校区

山东滨州职业学院

山东经贸职业学院

山东省潍坊商业学校

山东司法警官职业学院

山东信息职业技术学院

沈阳师范大学职业技术学院

石家庄信息工程职业学院

石家庄职业技术学院

苏州工业职业技术学院

苏州托普信息职业技术学院

天津轻工职业技术学院

天津市河东区职工大学

天津天狮学院

天津铁道职业技术学院

潍坊职业学院

温州职业技术学院

无锡旅游商贸高等职业技术学校

扬州工业职业技术学院

浙江工商职业技术学院

浙江同济科技职业学院

前　言

本书作为高职高专教学用书，是根据当前高职高专学生和教学环境的现状，结合职业需求，采用"工学结合"的思路，基于工作过程、以"项目实做"的形式贯穿全书。本书也适用于网络信息安全初学者及中级读者。

本书在编写上，打破传统的章节编排方式，改以任务实做为主，由浅入深，先基础后专业、先实做后理论的编排宗旨。全书采用"项目—模块—工作任务"三级结构，对应每一个具体模块，采用"六步"教学法依次展开：学习目标、工作任务、实践操作、问题探究、知识拓展、检查与评价。围绕工作任务，先进行具体的实做操作，再进行理论升华，然后进行拓展和提高，最后是检查与评价。

本书在内容上力求突出实用、全面、简单、生动的特点。通过本书的学习，能够让读者对网络信息安全有一个比较清晰的概念，能够配置单机系统的安全，能够防范网络攻击，能够保证信息安全，能够进行网络结构安全的分析和设计。

第 38 届世界电信日的主题是"让全球网络更安全"，由此也可以看出："网络安全问题是当今网络最大的问题，网络安全专家是今后网络建设和管理所急需的人才"。为了培养和塑造更多网络安全人才，为了让网络更安全，由企业专家和高校教师进行深入调研和探讨，精选了部分经典案例和流行工具，采用"教、学、做"一体的模式，将网络安全知识通过本书呈现给各位读者。

本书精心组织了 4 个项目共 11 个模块：项目 1 配置单机系统的安全、项目 2 防范网络攻击、项目 3 保证信息安全、项目 4 构建安全的网络结构。

项目 1 实现了配置单机系统安全，包括两个模块。模块 1 为 Windows 系统安全加固，从 Windows 系统本身的安全防护措施入手，通过注册表、安全策略、系统配置等方法对单机系统的日常使用进行安全保障；模块 2 为病毒的防治，从日常病毒的防治入手，讲解了使用 McAfee、360 安全卫士清除病毒和预防日常病毒，以及病毒的基本知识和原理。

项目 2 实现了防护网络安全，从防火墙、网络监听、网络扫描和黑客攻击与入侵检测的角度对网络安全的策略、措施、技术和方法进行了描述。本任务包括四个模块。模块 3 讲述了防火墙的安装部署、配置策略等；模块 4 讲述了系统漏洞的扫描、主机扫描以及防护等方法和措施；模块 5 讲述了使用网络监听手段解决网络安全隐患、提高网络性能的方法和技术；模块 6 讲述了黑客攻击的常见方法、技术，以及相对应入侵检测的手段。

项目 3 实现了信息安全，从信息加密、数字签名和数据存储的角度描述了保证信息安全的方法、技术、手段。本项目包括三个模块。模块 7 讲述了对数据的简单加密方法，对文件的加密技术和工具；模块 8 讲述了应用数字签名保证网络传输安全性的具体方法和技术；模块 9 讲述了应用 RAID5 保证数据存储安全的具体方法和步骤，以及发生灾难后数据的恢复方法。

项目 4 实现了构建安全的网络结构，包括两个模块，从网络结构的角度来探讨和总结了影响网络安全的因素和具体实现措施。

本书由广东肇庆科技学院赵洪凯、扬州工业职业技术学院包金锋任主编，负责规划和统筹；黑龙江农垦职业学院计算机与艺术传媒分院赵静宇、辽宁轻工职业学院孙伟、辽宁石化职业技术学院田春尧、湖州职业技术学院蔡向东任副主编；崔萃、唐振刚、董彧先、刘金鑫、张革华、张建忠等老师和企业工程师参加了编写和审校工作。

由于编者水平有限，时间仓促，书中错误在所难免，恳切希望读者批评指正。联系方式：llg_wsq@126.com，QQ：393182984。

编 者

目 录

背景知识 ·· (1)

项目 1 配置单机系统安全

模块 1 Windows 系统安全加固 ·· (5)
    1.1.1 学习目标 ·· (6)
    1.1.2 工作任务——Windows Server 2003 系统安全设置 ········ (6)
    1.1.3 实践操作 ·· (7)
    1.1.4 问题探究 ·· (29)
    1.1.5 知识拓展 ·· (32)
    1.1.6 检查与评价 ·· (33)
模块 2 病毒防治 ·· (34)
    2.1.1 学习目标 ·· (34)
    2.1.2 工作任务——病毒防治 ····································· (35)
    2.1.3 实践操作 ·· (36)
    2.1.4 问题探究 ·· (46)
    2.1.5 知识拓展 ·· (51)
    2.1.6 检查与评价 ·· (53)

项目 2 防范网络攻击

模块 3 配置防火墙 ·· (57)
  3.1 配置个人防火墙 ·· (57)
    3.1.1 学习目标 ·· (57)
    3.1.2 工作任务——安装配置天网防火墙 ······················· (58)
    3.1.3 实践操作 ·· (59)
    3.1.4 问题探究 ·· (67)
    3.1.5 知识拓展 ·· (67)
    3.1.6 检查与评价 ·· (70)
  3.2 部署硬件防火墙 ·· (70)
    3.2.1 学习目标 ·· (70)
    3.2.2 工作任务——安装配置硬件防火墙 ······················· (71)
    3.2.3 实践操作 ·· (72)
    3.2.4 问题探究 ·· (79)
    3.2.5 知识拓展 ·· (82)
    3.2.6 检查与评价 ·· (83)
模块 4 网络监听 ·· (84)
  4.1 使用 Sniffer 监视网络 ·· (84)

4.1.1 学习目标 ·· (84)

4.1.2 工作任务——应用 Sniffer Pro 捕获网络数据 ································· (85)

4.1.3 实践操作 ·· (85)

4.1.4 问题探究 ·· (93)

4.1.5 知识拓展 ·· (95)

4.1.6 检查与评价 ··· (95)

4.2 使用 Sniffer 检测网络异常 ·· (96)

4.2.1 学习目标 ·· (96)

4.2.2 工作任务——部署 Sniffer Pro 并检测网络异常 ······························ (96)

4.2.3 实践操作 ·· (98)

4.2.4 问题探究 ·· (104)

4.2.5 知识拓展 ·· (104)

4.2.6 检查与评价 ··· (105)

模块 5 网络安全扫描 ·· (106)

5.1 主机漏洞扫描 ··· (106)

5.1.1 学习目标 ·· (106)

5.1.2 工作任务——运用网络扫描工具 ··· (107)

5.1.3 实践操作 ·· (108)

5.1.4 问题探究 ·· (110)

5.1.5 知识拓展 ·· (111)

5.1.6 检查与评价 ··· (112)

5.2 网络扫描 ··· (112)

5.2.1 学习目标 ·· (113)

5.2.2 工作任务——使用 Nessus 发现并修复漏洞 ································· (113)

5.2.3 实践操作 ·· (114)

5.2.4 问题探究 ·· (120)

5.2.5 知识拓展 ·· (125)

5.2.6 检查与评价 ··· (126)

模块 6 黑客攻击与入侵检测 ·· (127)

6.1 处理黑客入侵事件 ··· (127)

6.1.1 学习目标 ·· (128)

6.1.2 工作任务——模拟校园网内主机被黑客入侵攻击 ·························· (128)

6.1.3 实践操作 ·· (130)

6.1.4 问题探究 ·· (141)

6.1.5 知识拓展 ·· (144)

6.1.6 检查与评价 ··· (147)

6.2 拒绝服务攻击和检测 ·· (148)

6.2.1 学习目标 ·· (148)

6.2.2 工作任务——模拟拒绝服务攻击、安装入侵检测软件 ····················· (149)

6.2.3 实践操作 ·· (150)

6.2.4 问题探究 ·· (158)

6.2.5　知识拓展 ……………………………………………………………（160）

6.2.6　检查与评价 …………………………………………………………（161）

6.3　入侵检测设备 ………………………………………………………………（162）

6.3.1　学习目标 ……………………………………………………………（163）

6.3.2　工作任务——安装和部署 RG-IDS ………………………………（163）

6.3.3　实践操作 ……………………………………………………………（165）

6.3.4　问题探究 ……………………………………………………………（175）

6.3.5　知识拓展 ……………………………………………………………（177）

6.3.6　检查与评价 …………………………………………………………（180）

项目 3　保证信息安全

模块 7　信息加密 ………………………………………………………………………（185）

7.1　利用 C 语言进行口令的对称加密 …………………………………………（185）

7.1.1　学习目标 ……………………………………………………………（185）

7.1.2　工作任务——编制加密程序为账户和口令加密 …………………（186）

7.1.3　实践操作 ……………………………………………………………（186）

7.1.4　问题探究 ……………………………………………………………（189）

7.1.5　知识拓展 ……………………………………………………………（191）

7.1.6　检查与评价 …………………………………………………………（192）

7.2　文件加密 ……………………………………………………………………（193）

7.2.1　学习目标 ……………………………………………………………（193）

7.2.2　工作任务——应用 Omziff V3.3，加密解密文件 …………………（193）

7.2.3　实践操作 ……………………………………………………………（194）

7.2.4　问题探究 ……………………………………………………………（198）

7.2.5　知识拓展 ……………………………………………………………（200）

7.2.6　检查与评价 …………………………………………………………（201）

模块 8　数字签名 ………………………………………………………………………（203）

8.1　建立数字证书认证中心 ……………………………………………………（203）

8.1.1　学习目标 ……………………………………………………………（203）

8.1.2　工作任务——建立学校内部的认证中心 …………………………（204）

8.1.3　实践操作 ……………………………………………………………（206）

8.1.4　问题探究 ……………………………………………………………（213）

8.1.5　知识拓展 ……………………………………………………………（216）

8.1.6　检查与评价 …………………………………………………………（218）

8.2　利用 PGP 软件实施邮件数字签名 …………………………………………（218）

8.2.1　学习目标 ……………………………………………………………（218）

8.2.2　工作任务——利用 PGP 软件实现邮件数字签名 …………………（219）

8.2.3　实践操作 ……………………………………………………………（220）

8.2.4　问题探究 ……………………………………………………………（223）

8.2.5　知识拓展 ……………………………………………………………（226）

8.2.6　检查与评价 …………………………………………………………（234）

模块 9　数据存储与灾难恢复··(235)

　　9.1　数据存储···(235)

　　　　9.1.1　学习目标···(235)

　　　　9.1.2　工作任务——安装配置 RAID5 ··(236)

　　　　9.1.3　实践操作···(237)

　　　　9.1.4　问题探究···(241)

　　　　9.1.5　知识拓展···(243)

　　　　9.1.6　检查与评价···(252)

　　9.2　灾难恢复···(252)

　　　　9.2.1　学习目标···(253)

　　　　9.2.2　工作任务——恢复存储数据··(253)

　　　　9.2.3　实践操作···(254)

　　　　9.2.4　问题探究···(258)

　　　　9.2.5　知识拓展···(261)

　　　　9.2.6　检查与评价···(266)

项目 4　构建安全的网络结构

模块 10　构建安全的网络结构··(269)

　　　　10.1.1　学习目标··(269)

　　　　10.1.2　工作任务——构建安全的校园网络结构····································(270)

　　　　10.1.3　实践操作··(271)

　　　　10.1.4　问题探究··(280)

　　　　10.1.5　知识拓展··(282)

　　　　10.1.6　检查与评价··(284)

模块 11　校园网安全方案实施··(286)

　　　　11.1.1　学习目标··(286)

　　　　11.1.2　工作任务——实施校园网安全解决方案····································(286)

　　　　11.1.3　实践操作··(287)

　　　　11.1.4　问题探究··(290)

　　　　11.1.5　知识拓展··(292)

　　　　11.1.6　检查与评价··(292)

参考文献···(293)

背景知识

　　天津某学院校园网开通已有1年多的时间了，到现在仍然没有一个专职的网络管理员，网管工作一直由信息系李老师代管。在这1年多的时间里，校园网发生了很多和安全有关的事件，比如说校园网内病毒泛滥、Web服务器被攻击，学生科网站数据丢失，等等。为了解决校园网管理的问题，学校计划聘请校园网管理员专门来做校园网的管理工作。

　　小张毕业于某职业技术学院网络技术专业，毕业后立志做网管工作。一个偶然的机会看到某学院招聘网管的工作，小张抱着试试看的心情去应聘。

　　应聘的结果是不错的，小张顺利通过了网管职位的各种考试，做了该学校的网管工作，全面负责整个校园网的安全管理和维护。

　　在校园网的安全管理和维护中，小张都做了哪些工作？小张管理的校园网都发生了哪些事件？小张······

项目 1　配置单机系统安全

本项目重点介绍单机系统的安全防护，包含两个模块，模块1 Windows系统安全加固，主要介绍Windows系统的安全管理功能，如注册表调整、系统安全组策略方面的部署、目录服务及用户账户管理等。模块2病毒防治，主要介绍目前流行的查杀病毒软件的安装、升级、设置及日常使用。

通过本项目的学习，应达到以下目标：

1. 知识目标

◇　理解Windows操作系统安全的基本理论；

◇　理解用户账户及访问权限的基本概念；

◇　掌握账户安全策略在系统安全中的作用；

◇　掌握注册表的功能及其在系统安全中的作用；

◇　理解IE安全设置的基本概念；

◇　理解病毒的基本概念；

◇　理解病毒的危害及病毒防治的意义；

◇　理解木马的基本含义、类型、特性、危害；

◇　理解恶意软件的概念、分类、来源、危害。

2. 能力目标

◇　熟悉Windows Server 2003操作系统；

◇　配置用户访问权限及磁盘访问权限；

◇　配置注册表安全策略；

◇　配置账户安全策略及审核策略等组策略；

◇　配置IE安全策略。

◇　能安装、升级、配置流行杀毒软件；

◇　能操作流行杀毒软件查杀病毒；

◇　能安装、升级、配置流行木马专杀工具软件；

◇　能操作流行木马专杀工具查杀木马；

◇　能操作流行恶意软件卸载工具。

模块 1
Windows系统安全加固

　　随着互联网的日益普及，人们对互联网络的依赖越来越强，网络已经成为人们生活中不可或缺的一部分。但是，Internet是一个面向大众的开放系统，而信息保密和系统安全的工作并没有随着计算机网络技术的飞速发展得到更好的改进，于是互联网上的攻击和破坏事件层出不穷。网络安全技术，已经成为一个重要的学科，得到计算机领域的高度重视。人们不惜投入大量的人力、物力和财力来提高计算机网络系统的安全性。

　　提到计算机网络安全，首推操作系统安全。操作系统是整个系统的运行平台和网络安全的基础。Windows Server 2003是当前最普及的服务器操作系统之一，具有高性能、高可靠性和高安全性等特点。但因服务器操作系统的特殊性，使其在默认安装完成后还需要网络管理员对其进行加固，进一步提升服务器操作系统的安全性，以保证应用系统以及数据库系统的安全。

　　对于普通PC机而言，大多数人会选择安装杀毒软件和防火墙，不过杀毒软件对病毒反应的滞后性使得它心有余而力不足，只有在病毒已经造成破坏后才能被发现并查杀。其实大多数人都忽略了Windows系统本身的安全功能，认为Windows弱不禁风。其实只要设置好，Windows就是非常强大的安全保护软件。Windows操作系统本身自带的安全策略非常丰富，依托Windows系统本身的安全机制，并通过杀毒软件和防火墙的配合，这样才能打造出安全稳固的系统工作平台。

　　Windows系统的安全管理功能在注册表中被发挥得淋漓尽致。修改注册表，可以让系统更加安全，使威胁远离用户的机器。对于系统中安全方面的部署，组策略又以其直观化的表现形式更受用户青睐。通过组策略，可以禁止第三方非法更改地址，也可以禁止别人随意修改防火墙配置参数，更可以提高共享密码强度使其免遭破解。因此如果注意使用Windows中的组策略，就可以轻松地打造一个相对安全的Windows。目录服务是一种分布式数据库，用于存储与网络资源有关的信息，以便于查找和管理。Microsoft Active Directory是用于Windows Server 2003的目录服务实现。Active Directory与安全服务紧密集成，如Kerberos网络认证协议、公钥基础设施（PKI）、加密文件系统（EFS）、安全设置管理器和组策略等。

1.1.1 学习目标

通过本模块的学习，应该达到：

1. 知识目标

- 理解 Windows 操作系统安全的基本理论；
- 理解用户账户及访问权限的基本概念；
- 掌握账户安全策略在系统安全中的作用；
- 掌握注册表的功能及其在系统安全中的作用；
- 理解 IE 安全设置的基本概念。

2. 能力目标

- 熟悉 Windows Server 2003 操作系统；
- 配置用户访问权限及磁盘访问权限；
- 配置注册表安全策略；
- 配置账户安全策略及审核策略等组策略；
- 配置 IE 安全策略。

1.1.2 工作任务——Windows Server 2003 系统安全设置

1. 工作任务背景

小张的计算机新安装了 Windows Server 2003 操作系统，该系统具有高性能、高可靠性和高安全性等特点。Windows Server 2003 在默认安装的时候，基于安全的考虑已经实施了很多安全策略。但由于服务器操作系统的特殊性，在默认安装完成后还需要小张对其进行加固，进一步提升服务器操作系统的安全性，保证应用系统以及数据库系统的安全。

2. 工作任务分析

在安装 Windows Server 2003 操作系统时，为了提高系统安全，小张按系统建议，采用最小化方式安装，只安装网络服务所必需的模块。当有新的服务需求时，再安装相应的服务模块，并及时进行安全设置。

在完成操作系统安装全过程后，小张下面要进行的工作，就是对 Windows 系统安全方面进行加固，使操作系统变得更加安全可靠，为以后的工作提供一个良好的环境平台。

3. 条件准备

小张计算机目前的操作系统是 Windows Server 2003 R2。

Windows Server 2003 R2 版本操作系统扩展了 Windows Server 2003，是建立在 Windows Server 2003 Service Pack 1 提供的增强安全性、可靠性基础上的，对于管理和控

制针对本地和远程资源的访问提供了有效的方法。Windows Server 2003 R2 提供了扩展性、安全性增强的 Web 平台，并且提供了新的应用模式，包括简化分支机构的管理和更加有效的存储管理。

1.1.3 实践操作

1. 更改"Administrator"账户名称

由于"Administrator"账户是微软操作系统的默认账户，建议将此账户重命名为其他名称，以增加非法入侵者对系统管理员账户探测的难度。下面介绍重命名"Administrator"账户的方法。

（1）选择"开始"|"所有程序"|"管理工具"|"本地安全策略"命令，显示"本地安全设置"窗口，如图 1.1 所示。

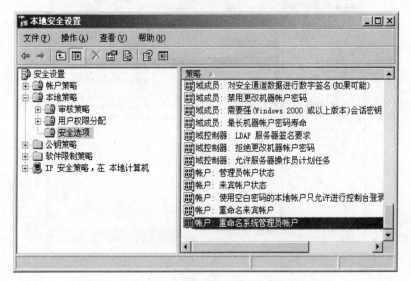

图 1.1　"本地安全设置"的"安全选项"列表

（2）依次选择"安全设置"|"本地策略"|"安全选项"选项，在右侧的安全列表框中双击"账户：重命名系统管理员账户"策略选项，打开如图 1.2 所示对话框，将系统管理员账户的名称"Administrator"设置成一个普通的用户名，如"zhanglaoshi"，而不要使用如"Admin"之类的用户名称，单击"确定"按钮完成设置。

（3）更改完成后，打开"计算机管理"窗口，单击"用户"选项，如图 1.3 所示，默认的"Administrator"账户名已被更改为"zhanglaoshi"。

（4）在图 1.3 左边窗口中选择"组"选项，在默认组列表中选择"Administrators"管理员组，右击在弹出的快捷菜单中选择"属性"选项，弹出如图 1.4 所示的"Adiministrators 属性"对话框，默认只有"Administrator"账户。选中"Administrator"账户，单击"删除"按钮将其删除。

图 1.2 "账户：重命名系统管理员账户 属性"对话框

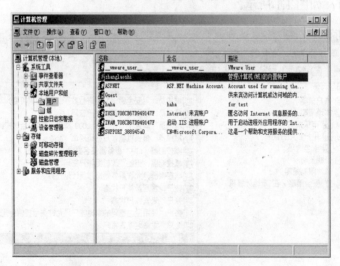

图 1.3 账户更改结果

图 1.4 "Administrators 属性"对话框

（5）单击"添加"按钮，打开"选择用户"对话框，如图 1.5 所示。在"输入对象名称来选择"文本框中，输入已经重命名的系统管理员账户名称，单击"检查名称"按钮完成账户的确认。

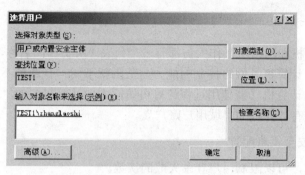

图 1.5　"选择用户"对话框

（6）单击"确定"按钮，将更改后的系统管理员账户添加到"Administrators"组中，完成系统管理员名称的更改。

2．创建陷阱账户

默认的系统账户"Administrator"重命名后，系统管理员可以创建一个同名的拥有最低权限的"Administrator"账户，并且添加到"Guests"组中，为该账户加上一个超过 20 位的复杂密码（其中包含字母、数字、特殊符号）。新创建的"Administrator"账户名称虽然和默认的系统管理员账户的名称相同，但是 SID 安全描述符不同，不会出现账户名称重复的问题。

（1）依次选中"开始"|"控制面板"|"管理工具"|"计算机管理"|"系统工具"|"本地用户和组"选项，右击"用户"选项，在弹出的快捷菜单上选择"新用户"选项，弹出"新用户"对话框，如图 1.6 所示。

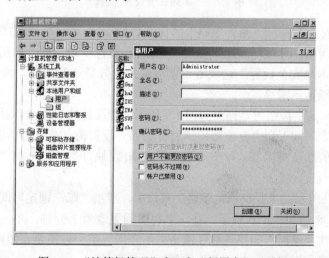

图 1.6　"计算机管理"窗口和"新用户"对话框

（2）在"用户名"文本框中输入"Administrator"用户名，在密码框中输入一个较复杂的密码。单击"创建"按钮，完成新用户的创建。

（3）将新用户"Administrator"添加到"Guests"组中。

3．管理账户

每个使用计算机和网络的操作人员都有一个代表"身份"的名称，称为"用户"。用户的权限不同，对计算机及网络控制的能力与范围就不同。有两种不同类型的用户，即只能用来访问本地计算机（或使用远程计算机访问本地计算机）的"本地用户账户"和可以访问网络中所有计算机的"域用户账户"。

1）账户锁定安全策略配置

通过以下操作，可以限制用户登录失败的次数。

（1）选择"开始"|"程序"|"管理工具"命令，在打开的"管理工具"窗口中双击"本地安全策略"图标，显示"本地安全设置"窗口，如图1.7所示。如果是在域控制器上，则需要打开"域安全策略"选项。

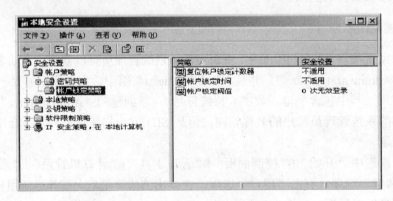

图1.7 "本地安全设置"窗口

（2）展开"安全设置"|"账户策略"|"账户锁定策略"选项，在右侧的策略窗口中，双击"账户锁定阈值"选项，显示"账户锁定阈值 属性"对话框，如图1.8所示。

（3）选择"本地安全设置"选项卡，然后输入无效登录的次数，例如3，则表示3次无效登录后，锁定该账户。

（4）单击"确定"按钮时，弹出如图1.9所示"建议的数值改动"对话框，这是系统建议的"账户锁定时间"和"复位账户锁定计数器"设置值。在该对话框中单击"确定"按钮，使用系统的默认时间值。单击"账户锁定阈值 属性"对话框的"确定"按钮，完成账户锁定阈值设置。

（5）在图1.7所示的"账户锁定策略"窗口中，双击"账户锁定时间"选项，可以更改账户的锁定时间，如图1.10所示，在这里将时间更改为3分钟，单击"确定"按钮。这样，当用户再次登录时，如果连续3次密码不正确，就会被锁定，锁定时间为3分钟，并显示"登录消息"对话框，提示该账户暂时不能登录。

图 1.8　"账户锁定阈值 属性"对话框

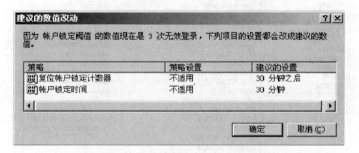

图 1.9　"建议的数值改动"对话框

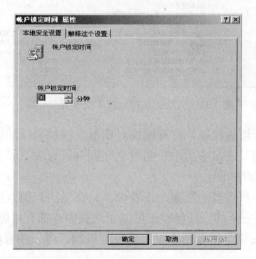

图 1.10　"账户锁定时间 属性"对话框

2）用户账户权限配置

如果计算机中的用户账户比较多，最好的办法就是将用户添加到组，并允许组内的用户继承组的权限。对于一些比较重要的组，最好是先不允许权限继承，应根据不同用户的身份，决定是否允许继承组的权限。

例如，在域控制器上，如果想将某个权限同时指派给组内的所有成员，可以在"域控制器安全策略"窗口中完成。当权限赋予用户组以后，会同时将权限赋予组内的所有用户。

通过以下操作，可以将用户权限指派到组。

（1）选择"开始"|"控制面板"|"管理工具"命令，在打开的"管理工具"窗口中双击"域控制器安全策略"图标，打开"默认域控制器安全设置"窗口。

（2）依次展开"Windows 设置"|"安全设置"|"本地策略"|"用户权限分配"选项，在右侧窗口中列出了可以分配给用户的所有用户权限，如图 1.11 所示。

图 1.11 "默认域控制器安全设置"窗口

（3）双击要分配给组的权限，打开属性对话框，添加要指派的组名即可。当为某个组分配了某个权限以后，该组中的用户同时也会拥有该权限，以后再向该组中添加新用户时，新用户也会拥有此权限。

安全意味着赋予用户恰当的权限，或者说，只有当用户拥有能够完成工作所必需的最小权限时，系统才是安全的。任何被过度赋予的权限，都有可能导致用户权限的滥用。Windows Server 2003 提供了设置用户权限的安全机制，可以任意设置指定用户在操作系统中拥有的可操作范围。

通过以下操作，可以配置用户权限。

（1）选择"开始"|"控制面板"|"管理工具"命令，在打开的"管理工具"窗口中双击"本地安全策略"图标，打开"本地安全设置"窗口。

（2）依次展开"本地策略"|"用户权限分配"选项，在右侧窗口中显示对应的用户

权限列表，如图 1.12 所示。

图 1.12 "本地安全设置"窗口

对于用户权限的设置，可按以下说明：

① 管理员组（Administrators）可以被授权更改系统事件、创建页面文件、装载和卸载设备驱动程序、在本地登录、管理审核安全日志、配置单一进程、配置系统性能、关闭系统、取得文件或者对象的所有权。

② 备份操作员组（Backup Operators）可以被授权备份文件和目录、在本地登录、还原文件和目录（如果不想让备份操作员具备还原文件和目录的权利，可以专建一个新的用户组）。

③ 用户组可以被授权在本地登录（默认的）。

④ 将有关 Everyone 组的权限删除。尤其是在 Windows Server 2003 系统中，默认情况下，Everyone 组被赋予"完全控制"权限，毫无疑问，对系统安全而言，这是非常危险的。

⑤ 将有关 Power User 组的权限删除。

⑥ 除非应用程序有特殊的要求，否则必须取消其他所有用户在默认状况下的权限设置。

4. 磁盘访问权限配置

以系统磁盘 C 盘为例说明设置访问权限的方法。

1）设置磁盘访问权限

磁盘在系统安装完成后，"Administrators"、"Everyone"、"Users"等组就赋予了部分权限，为了保证系统的安全，建议系统管理员对默认的磁盘权限进行调整，仅授予"Administrators"和"SYSTEM"两个组的成员访问磁盘的权限。

（1）打开"我的电脑"窗口，右击"本地磁盘（C:）"图标，在弹出的快捷菜单中选择"属性"命令，显示"磁盘属性"对话框。

（2）切换到"安全"选项卡，如图1.13所示。选中需要删除权限的组，如"Everyone"，单击"删除"按钮，删除"Everyone"访问权限，按照同样的方法删除"CREATOR OWNER"和"Users"的访问权限。

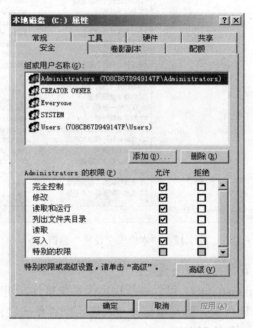

图1.13　"本地磁盘属性 安全"选项卡

③ 单击"确定"按钮，完成权限访问的设置。这时只有"SYSTEM"和"Administrators"组的用户才具备访问系统磁盘C盘的权限，这样可以有效地防止非授权用户的访问。

2）查看磁盘权限

微软公司提供了查看磁盘文件或文件夹当前权限的图形化工具"AccessEnum"。其下载的地址是：http://technet.microsoft.com/zh-cn/sysinternals/bb897332(en-us).aspx，利用AccessEnum可全面了解文件系统和注册表的安全设置，它是网络管理员查看安全权限的理想工具。

（1）下载并解压缩该软件后，直接执行AccessEnum.exe文件，显示如图1.14所示的"AccessEnum"窗口。

（2）单击该窗口中的"Directory"按钮，弹出如图1.15所示的"浏览文件夹"对话框。在该对话框中选择需要查看的目标文件夹，单击"确定"按钮，返回到"AccessEnum"

运行窗口。

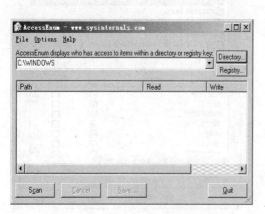 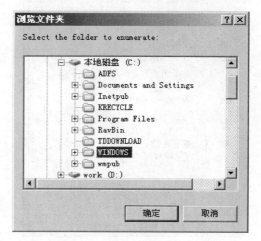

图 1.14　AccessEnum.exe 运行窗口　　　　图 1.15　"浏览文件夹"对话框

（3）单击图 1.14 所示对话框中的"Scan"按钮，软件将检测被选文件夹已经设置的权限。如果在扫描过程中单击"Cancel"按钮，将停止该次扫描。

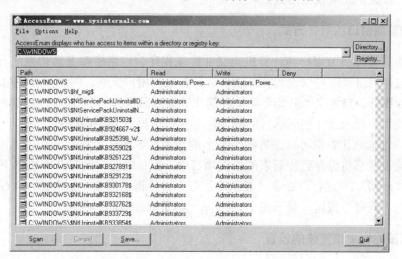

图 1.16　文件夹权限列表

检测的结果以列表的方式显示，分为 Path、Read、Write、Deny 4 个数据列。

- Path：文件夹的路径；
- Read：具备读权限的用户或者组；
- Write：具备写权限的用户或者组；
- Deny：具备拒绝权限的用户或者组。

（4）在图 1.16 所示的文件夹权限列表中，选中需要查看权限的文件夹路径，例如，"C:\WINDOWS\security"，双击打开，显示如图 1.17 所示的"security 属性"对话框。切换到"安全"选项卡，如图 1.18 所示。

15

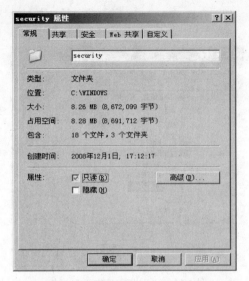

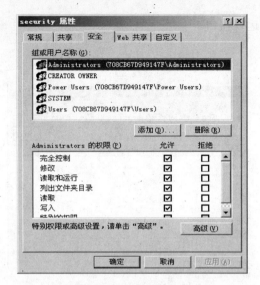

图 1.17 "security 属性"对话框   图 1.18 "安全"选项卡

（5）在"组或用户名称"列表框中，添加或者删除需要赋予权限的用户或者组，单击"确定"按钮，完成权限的设置。

5. 组策略窗口的打开方式

组策略是管理员为用户和计算机定义并控制程序、网络资源及操作系统行为的主要工具。通过使用组策略可以设置各种软件、计算机和用户策略。例如，可使用"组策略"从桌面删除图标、自定义"开始"菜单并简化"控制面板"，可以添加在计算机启动或停止时，以及用户登录或注销时运行的脚本，甚至可以配置 Internet Explorer。

组策略对本地计算机可以进行两个方面的设置：本地计算机配置和本地用户配置。所有策略的设置都将保存到注册表的相关项目中。组策略窗口的打开方式如下。

选择"开始"|"运行"命令，显示"运行"对话框，在文本框中输入"Gpedit.msc"命令，单击"确定"按钮，显示图 1.19 所示"组策略编辑器"窗口。

6. 组策略中审核策略的设置

在默认状态下，Windows Server 2003 操作系统的审核机制并没有启动，需要网络管理员手工或者使用"安全分析和配置"MMC 管理控制台加载安全模板的方式启动审核策略。下面将分别介绍审核策略的设置。

1）审核账户登录事件

该安全设置确定是否审核在这台计算机用于验证账户时，用户登录到其他计算机或者从其他计算机注销的每个实例。当在域控制器上对域用户账户进行身份验证时，将产生账户登录事件，该事件记录在域控制器的安全日志中。当在本地计算机上对本地用户进行身份验证时，将产生登录事件，该事件记录在本地安全日志中，不产生账户注销事件。

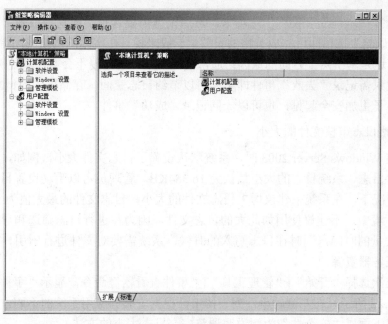

图 1.19 "组策略编辑器"窗口

如果定义该策略设置，可以指定是审核成功、审核失败，还是根本不对事件类型进行审核。当某个账户登录成功时，成功审核会生成审核项。当某个账户的登录失败时，失败审核会生成审核项。

以"审核账户登录事件"为例说明如何设置审核策略。

（1）在"组策略编辑器"中依次展开"计算机配置"|"Windows 设置"|"安全设置"|"本地策略"|"审核策略"，在右侧窗口中可以看到系统默认的所有策略，如图 1.20 所示。

（2）在"组策略编辑器"窗口中，双击"审核账户登录事件"选项，显示"审核账户登录事件 属性"对话框，如图 1.21 所示。

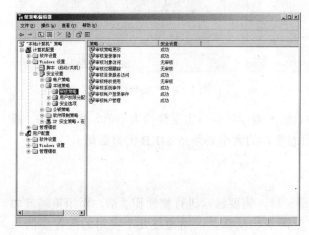

图 1.20 "组策略编辑器"窗口

图 1.21 "审核账户登录事件 属性"窗口

（3）选择"本地安全设置"选项卡，然后根据需要选择"成功"或者"失败"复选框，单击"确定"按钮即可完成策略的设置。一般来说，在实际的网络应用中，选择"失败"即可，这是基于两个方面的原因：通常情况下，外来入侵不会一次就能够登录成功，因此，一般只需记录"失败"事件即可；可以节约日志空间，存储更多的日志信息。

当然为了更加安全起见，也可以一同记录"成功"事件。

2）调整日志审核文件的大小

在安装 Windows Server 2003 时，系统默认设置了日志文件大小，例如，应用程序日志、安全性日志、系统日志的大小默认为 16 384KB。管理员可以手动设置日志文件的大小，通常情况下，在系统中建议增大日志文件的大小，日志文件的最大值为 512 000KB。实际应用环境中，不建议使用如此大的日志文件，因为在进行日志筛选和导出的时候，需要占用大量的时间，同时在日志写入的时候，系统需要对文件进行索引，这些都会消耗大量的服务器资源。

（1）依次选择"开始"|"管理工具"|"事件查看器"命令，显示"事件查看器"窗口，如图 1.22 所示。在左侧的事件列表树中，根据安装的应用系统的不同，会有不同的安全选项，下面以"安全性"为例说明调整安全日志大小的方法。

（2）在左侧的事件列表树中，右击"安全性"选项，在弹出的快捷菜单中单击"属性"选项，弹出如图 1.23 所示的"安全性 属性"对话框。

图 1.22 "事件查看器"窗口

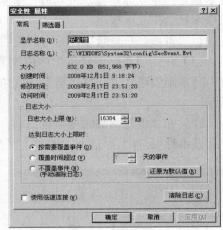

图 1.23 "安全性 属性"对话框

（3）在"日志大小上限"文本框中，输入要设置的日志文件的大小值，然后单击"确定"按钮完成日志文件大小的修改（日志文件的大小必须是 64KB 的整数倍）。

7. "桌面"安全设置

Windows 的桌面就像用户的办公桌一样，需要经常进行整理和清洁，而组策略就如同用户的贴身秘书，让桌面管理工作变得易如反掌。下面通过几个实用的配置实例来说明。

1）隐藏桌面的系统图标

虽然通过修改注册表的方式可以实现隐藏桌面上的系统图标的功能，但这样比较麻烦，也造成一定的风险，采用组策略配置的方法，即可方便快捷地达到此目的。

如要隐藏桌面上的"网上邻居"和"Internet Explorer"图标，只要在"组策略编辑器"窗口的右侧列表中将"隐藏桌面上'网上邻居'图标"和"隐藏桌面上的 Internet Explorer 图标"两个策略选项启用后即可，如图 1.24 所示；同样方法可以将"我的电脑"、"我的文档"、"回收站"等图标删除，具体方法是将"删除桌面上的我的电脑图标"、"删除桌面上的我的文档图标"、"删除桌面上的回收站"等策略项启用；如要隐藏桌面上的所有图标，只要将"隐藏和禁用桌面上的所有项目"启用即可。

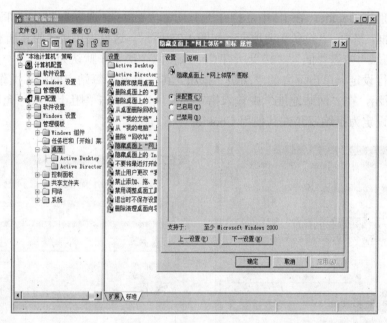

图 1.24　"隐藏桌面上'网上邻居'图标 属性"对话框

2）不要将最近打开的文档共享添加到"网上邻居"

如果禁用或未配置这项设置，那么当打开一个在远程共享文件夹中的文档时，系统会自动将该共享文件夹添加到"网上邻居"中。

如果启用这个设置，当打开一个共享文件夹中的文档时，系统则不再将该共享文件夹添加到"网上邻居"中。

具体操作如下：在"组策略编辑器"窗口中，选择"用户配置"|"管理模板"|"桌面"命令。双击右侧窗格中的"不要将最近打开的文档共享添加到'网上邻居'"一栏，选择"已启用"单选按钮，然后单击"确定"按钮即可。

3）禁止用户更改"我的文档"路径

此策略可以防止用户更改"我的文档"文件夹的路径。

在默认情况下，用户可以在"我的文档"的"属性"对话框中输入新路径，来更改

"我的文档"文件夹的位置。

如果启用此设置，用户将不能在"目标"框中输入新位置。

单击"组策略控制台"|"用户配置"|"管理模板"|"桌面"命令，在右侧窗格中双击"禁止用户更改我的文档路径"，选择"已启用"选项，然后单击"确定"按钮即可。

8. IE 安全设置

微软的 Internet Explorer 可以让用户轻松地在互联网上遨游，要想更好地使用 Internet Explorer，必须对它进行设置。

1）"Internet 选项"设置

（1）管理好 Cookie。在 IE 中，打开"工具"|"Internet 选项"命令，打开"Internet 选项"对话框，选择"隐私"选项卡，如图 1.25 所示。这里提供了"阻止所有 Cookie"、"高"、"中高"、"中"、"低"、"接受所有 Cookie"六个级别（默认为"中"），拖动滑块可以方便地进行设定。单击下方的"高级"按钮，可以打开"每站点的隐私操作"对话框，如图 1.26 所示，在"网站地址"中输入指定的网址，并单击"阻止"或"允许"按钮可以将该网址设定为拒绝或允许其使用 Cookie。

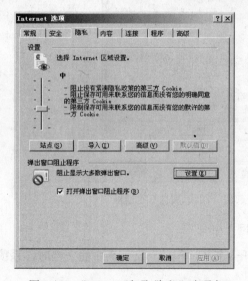
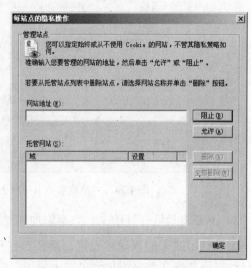

图 1.25　"Internet 选项 隐私"选项卡　　　　图 1.26　"每站点的隐私操作"对话框

（2）消除潜在威胁。通常情况下，一个恶意网站中可能存在多种恶意脚本。它们负责修改注册表、将自己添加到进程和启动程序中。这些脚本可能立即运行，也有可能在重启计算机后运行。机器中存留的 Cookie 是黑客常用的攻击方式之一。如果及时清除 Internet 临时文件夹、历史记录等内容即可消除此类危险隐患。

开启 IFRAME 功能意味着缓存中的有害程序可以直接执行，可以执行"IE 浏览器"中的"工具"|"Internet 选项"|"安全"|"自定义级别"命令，弹出"安全设置-Internet 区域"窗口，选中"在 IFRAME 中加载程序和文件"选项并将其"禁用"。

2）利用"组策略"设置

在 IE 浏览器的"Internet 选项"窗口中，提供了比较安全的设置（例如，"首页"、"临时文件夹"、"安全级别"和"分级审查"等项目），但部分高级功能没有提供，而通过组策略可以轻松实现这些功能，打开"组策略编辑器"，选择"用户配置"|"管理模板"|"Windows 组件"|"Internet Explorer"，选择需要的项目进行设置。

（1）禁用"在新窗口中打开"菜单项。出于对安全的考虑，有时候有必要屏蔽 IE 的一些功能菜单项，组策略提供了丰富的设置项目，比如禁用"另存为"、"文件"、"新建"项目等。下面以"禁用'在新窗口中打开'菜单项"为例介绍具体的设置方法。

在"组策略编辑器"窗口中，单击"用户配置"|"管理模板"|"Windows 组件"|"Internet Explorer"|"浏览器菜单"命令，双击打开"禁用'在新窗口中打开'菜单项"并设置为启用，如图 1.27 所示。启用该策略后，用户在指向某个超级链接后，右击选择"在新窗口中打开"命令时，该命令将不起作用，同时，IE 浏览器的"文件"|"新建"|"窗口"命令也无法使用，如图 1.28 所示。该策略可与"'文件'菜单：禁用'新建'菜单项"一起使用。

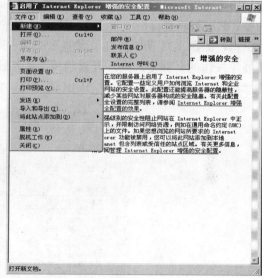

图 1.27 "禁用'在新窗口中打开'菜单项"   图 1.28 "新建"|"窗口"菜单项

（2）禁用"Internet 选项"控制面板。在"组策略编辑器"窗口中，单击"用户配置"|"管理模板"|"Windows 组件"|"Internet Explorer"|"Internet 控制面板"命令，在右边窗口中可以看到"禁用常规页"、"禁用安全页"等组策略项目。下面以"禁用常规页"进行说明：双击打开右边窗格中的"禁用常规页"并设置为"启用"，如图 1.29 所示。此时再打开"Internet 选项"对话框，会发现"常规"选项卡已经没有了，如图 1.30 所示。这样一来，用户将无法看到和更改主页、缓存、历史记录、网页外观等辅助功能设置。如果想对其他功能选项卡进行删除，可参考本方法。

 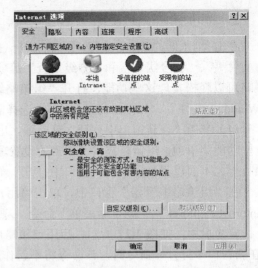

图 1.29　组策略编辑器"禁用常规页"选项　图 1.30　删除"常规"选项卡的"Internet 选项"对话框

（3）隐藏 IE 工具栏的按钮。如果要隐藏 IE 工具栏中的按钮，在 "组策略编辑器"窗口中单击"用户配置"|"管理模板"|"Windows 组件"|"Internet Explorer"|"工具栏"命令，然后在右侧窗格中双击"配置工具栏按钮"组策略，弹出"配置工具栏按钮 属性"对话框，如图 1.31 所示，在"设置"选项卡中选中"已启用"单选按钮，选中列表中需要显示按钮的名称复选框，若要隐藏某些按钮，则去除其前面的复选框的勾选。然后单击"确定"按钮即可。再次打开 IE 浏览器，就看不到未选中的按钮了。

图 1.31　"配置工具栏按钮 属性"对话框

（4）禁止修改 IE 浏览器的主页。如果不希望他人对自己设定的 IE 浏览器主页进行随意地更改，可以在"组策略编辑器窗口中单击"|"用户配置"|"管理模板"|"Windows 组件"|"Internet Explorer"|"工具栏"命令，然后选择"禁用更改主页设置"组策略并启用。另外在这个窗格中，还提供了更改历史记录设置、更改颜色设置和更改 Internet

临时文件设置等项目的禁用功能。

启用此策略后，在 IE 浏览器的"Internet 选项"对话框中，其"常规"选项卡的"主页"区域的设置将变灰。

（5）自定义 IE 工具栏。IE 工具栏的背景和按钮都是可以自定义的，我们经常使用手动修改注册表的方法进行定义，不过并不直观，现在可用"组策略"来方便地达到该效果。

在"组策略编辑器"窗口中，单击"用户配置"|"Windows 设置"|"Internet Explorer 维护"|"浏览器用户界面"命令，打开"浏览器工具栏自定义"对话框，如图 1.32 所示。选中"自定义工具栏背景位图"单选按钮，单击"浏览"命令可以选择一个 BMP 位图文件作为该工具栏的背景图片。

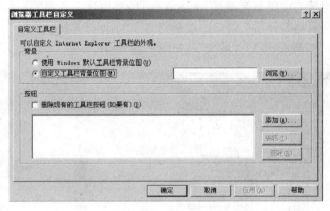

图 1.32 "浏览器工具栏自定义"对话框

要在 IE 的工具栏上添加自己的按钮，如添加"我的 QQ"按钮，也可以通过该对话框实现。

单击"添加"按钮，弹出如图 1.33 所示的"浏览器工具栏按钮信息"对话框，在"工具栏标题"文本框中输入"我的 QQ"，"工具栏操作"中选择 QQ 程序的路径，最后再选择"工具栏颜色图标"和"工具栏灰度图标"的路径（需要提前准备后缀名为.ico 的图标文件，可以使用相应软件进行提取）。设置完成后单击"确定"按钮，再次打开 IE 后就可以看到修改后的效果了。

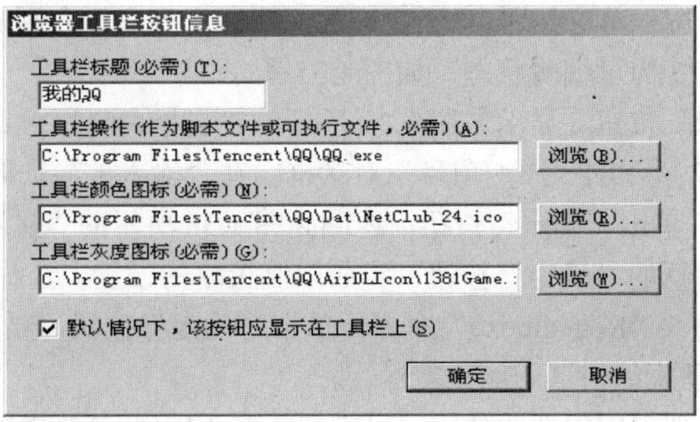

图 1.33 "浏览器工具栏按钮信息"对话框

9. 注册表基本知识及安全配置

Regedit.exe 是微软提供的一个编辑注册表的工具，是所有 Windows 系统通用的注册表编辑工具。Windows 系统没有提供运行这个应用程序的菜单项，因此必须手动启动。Regedit.exe 可以进行添加修改注册表主键、修改键值、备份注册表、局部导入导出注册表等操作。

1）禁止注册表编辑器运行

Windows 操作系统安装完成后，默认情况下 Regedit.exe 可以任意使用，为了防止非网络管理人员恶意使用，建议禁止 Regedit.exe 的使用，下面介绍禁止 Regedit.exe 使用的方法。我们使用组策略编辑器来禁止 Regedit.exe 的使用。

（1）打开"组策略编辑器"窗口，在左侧的"'本地计算机'策略"列表中，依次展开"用户配置"|"管理模板"|"系统"，如图 1.34 所示。

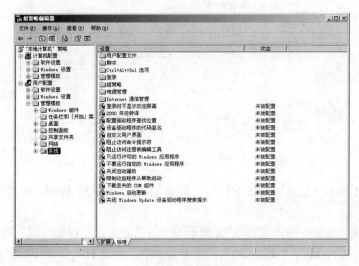

图 1.34　"组策略编辑器-系统"窗口

（2）在右侧的列表中，双击"不要运行指定的 Windows 应用程序"策略，显示"不要运行指定的 Windows 应用程序 属性"对话框。

（3）选择"已启用"单选按钮，"不允许的应用程序列表"右侧的"显示"按钮的状态由不可编辑状态转变为可编辑状态，如图 1.35 所示。

（4）单击"显示"按钮，显示如图 1.36 所示的"显示内容"对话框。单击"添加"按钮，显示如图 1.37 所示的"添加项目"对话框。在"输入要添加的项目"文本框中，输入"Regedit.exe"，单击"确定"按钮，返回到图 1.36 所示的"显示内容"对话框。

（5）单击各对话框的"确定"按钮，完成限制策略的设置。选择"开始"|"运行"命令，在文本框中输入"Regedit.exe"命令，单击"确定"按钮，显示如图 1.38 所示的"限制"对话框，注册表编辑器不能正常运行。

如果需要恢复注册表编辑器的使用，可在图 1.35 中将此策略设置为"未配置"或者"已禁用"。

图 1.35 "不要运行指定的 Windows 应用程序 属性"对话框

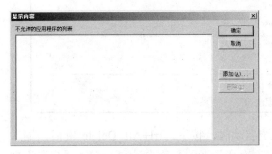

图 1.36 "显示内容"对话框

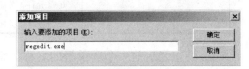

图 1.37 "添加项目"对话框

图 1.38 "限制"对话框

2) 安全登录配置

注意：此类设置在系统重新启动后生效。

（1）开机自动进入屏幕屏保。通过此设置可以实现系统启动成功后自动进入屏幕保护状态。操作如下：右击桌面，在弹出的快捷菜单中单击"显示属性"|"屏幕保护程序选项卡"|"密码保护"设置屏幕保护密码。运行注册表编辑器，打开如下操作子键，并根据表 1.1 所示内容编辑其相应键值项。如果不存在此键值项，可以在相应位置新建操作子键。

[HKEY_LOCAL_MACHINE\Software\Microsoft\Windows\CurrentVersion\Run]

表1.1　开机自动进入屏幕保护选项

键值项（数据类型）	键值（说明）
默认　（字符串值）	"C:\WINDOWS\system32\logon.scr"（在这里输入用户要启动的屏幕保护的路径）

（2）屏蔽"开始"菜单中的"运行"等功能。为了系统安全，有时计算机管理员不希望其他用户查找、运行或关闭计算机，这时，可通过修改注册表以屏蔽这些功能。操作如下：运行注册表编辑器，打开如下操作子键，并根据表1.2所示内容编辑其相应键值项。如果不存在此键值项可以在相应位置新建操作子键。

```
[HKEY_CURRENT_USER\Software\Microsoft\Windows\CurrentVersion\Polic
ies\Explorer]
```

表1.2　屏蔽"开始"菜单中的"运行"等功能选项

键值项（数据类型）	键值（说明）
NoRun　（DWORD值）	0　（允许"运行"）
	1　（屏蔽"运行"）
NoFind　（DWORD值）	0　（允许"查找"）
	1　（屏蔽"查找"）
NoClose（DWORD值）	0　（允许"关闭系统"）
	1　（禁止"关闭系统"）

（3）禁止显示前一个登录者的名称。系统启动时，按下 Ctrl+Alt+Delete 键后，输入用户名和密码，Windows NT/2000/XP 会将前一次登录者的名称自动显示在"用户名"文本框内，下面操作可以清除上次登录者的名称。运行注册表编辑器，打开如下操作子键，并根据表1.3所示内容编辑其相应键值项。如果不存在此键值项可以在相应位置新建操作子键。

```
[HKEY_LOCAL_MACHINE\Software\Microsoft\Windows NT\Current
Version\Winlogon]
```

表1.3　禁止显示前一个登录者的名称选项

键值项（数据类型）	键值（说明）
DefaultUserName（字符串值）	空（自动登录用户名为空）

3）加强文件/文件夹安全

（1）隐藏资源管理器中的磁盘驱动器。为了系统安全，有时需要将某个磁盘隐藏，这样可以提高数据的安全性。具体操作如下：运行注册表编辑器，打开如下操作子键，并根据表1.4所示内容编辑其相应键值项。如果不存在此键值项可以在相应位置新建操作子键。

```
[HKEY_CURRENT_USER\Software\Microsoft\Windows\CurrentVersion\Polic
ies\Explorer]
```

表 1.4　隐藏资源管理器中的磁盘驱动器选项

键值项（数据类型）	键值（说明）
NoDrives（二进制值）	00000000（不隐藏任何盘） 01000000（隐藏 A 盘） 02000000（隐藏 B 盘） 04000000（隐藏 C 盘） 08000000（隐藏 D 盘） 10000000（隐藏 E 盘） 20000000（隐藏 F 盘）

（2）从"Windows 资源管理器"中删除"文件"菜单。此设置用来从"我的电脑"及"Windows 资源管理器"中删除"文件"菜单，进行这一操作的具体步骤如下：运行注册表编辑器，打开如下操作子键，并根据表 1.5 所示内容编辑其相应键值项。如果不存在此键值项可以在相应位置新建操作子键。

[HKEY_CURRENT_USER\Software\Microsoft\Windows\CirrentVersion\Policies\Explorer]

表 1.5　从"Windows 资源管理器"中删除"文件"菜单选项

键值项（数据类型）	键值（说明）
NoFileMenu（DWORD 值）	0（禁止此功能） 1（删除"文件"菜单）

（3）禁止用户访问所选驱动器的内容。启用此项设置后，用户将无法查看在"我的电脑"或"Windows 资源管理器"中所选驱动器的内容，即当双击该驱动器后，弹出如图 1.38 所示的"限制"对话框，这样可以保证该驱动器的数据安全。运行"注册表编辑器"，打开如下操作子键，并根据表 1.6 所示内容编辑其相应键值项。如果不存在此键值项可以在相应位置新建操作子键。

[HKEY_CURRENT_USER\Software\Microsoft\Windows\CirrentVersion\Policies\Explorer]

表 1.6　禁止用户访问所选驱动器内容选项

键值项（数据类型）	键值（说明）
NoViewOnDrive（DWORD 值）	3（仅限制驱动器 A 和 B） 4（仅限制驱动器 C） 8（仅限制驱动器 D） 15（仅限制驱动器 A、B、C 和 D） 0（不限制驱动器）

4）限制系统功能

（1）从"我的电脑"菜单中删除"属性"菜单项。当用户启用此设置时，右击"我的电脑"图标或从"我的电脑"图标中选择"文件"菜单时，将无"属性"菜单选项。同时，选择"我的电脑"并按 Alt+Enter 组合键也不会有任何反应。运行注册表编辑器，打开如下操作子键，并根据表 1.7 所示内容编辑其相应键值项。如果不存在此键值项可以在相应位置新建操作子键。

[HKEY_LOCAL_MACHINE\Software\Microsoft\Windows\CurrentVersion\Policies\Explorer]

表 1.7　从"我的电脑"菜单中删除"属性"菜单选项

键值项（数据类型）	键值（说明）
NoPropertiesMyComputer(DWORD 值)	0　（显示属性） 1　（屏蔽属性）

（2）隐藏"控制面板"。通过此功能，可以直接隐藏"开始"菜单中的"控制面板"选项，以保证系统安全。运行注册表编辑器，打开如下操作子键，并根据表 1.8 所示内容编辑其相应键值项。如果不存在此键值项可以在相应位置新建操作子键。

[HKEY_CURRENT_USER\Software\Microsoft\Windows\CurrentVersion\Policies\Explorer]

表 1.8　隐藏"控制面板"选项

键值项（数据类型）	键值（说明）
NoControlPanel（DWORD 值）	0　（此设置无效） 1　（启用此设置，隐藏"控制面板"）

5）备份注册表数据库

注册表以二进制形式存储在硬盘上，错误地修改注册表可能会严重损坏系统。由于注册表包含了启动、文件关联、系统安全等一系列的重要数据，为了保证系统安全，建议备份注册表信息。下面介绍如何对 Windows Server 2003 注册表数据库进行备份和恢复。

（1）选择"开始"|"运行"命令，在文本框中输入"Regedit.exe"命令，单击"确定"按钮，显示如图 1.39 所示的"注册表编辑器"窗口。

（2）单击菜单栏中的"文件"菜单，在显示的下拉菜单中，选择"导出"命令，显示如图 1.40 所示的"导出注册表文件"对话框。

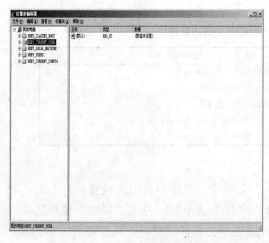

图 1.39　"注册表编辑器"窗口

图 1.40　"导出注册表文件"对话框

（3）在"导出范围"选项组中选择"全部"单选按钮，在"文件名"文本框中输入注册表数据库的备份文件名，单击"保存"按钮，完成注册表数据库的备份。

6）恢复注册表数据库

（1）打开注册表编辑器，单击菜单栏中的"文件"菜单，在显示的下拉菜单中，选择"导入"命令，显示如图 1.41 所示的"导入注册表文件"对话框。

（2）在"导入注册表文件"对话框中，选择需要导入的注册表数据库的备份文件，单击"打开"按钮，执行注册表数据库恢复操作，如图 1.42 所示。

（3）注册表恢复完成，建议重启计算机。

图 1.41　"导入注册表文件"对话框　　　　图 1.42　注册表数据库恢复过程

1.1.4　问题探究

1. 系统管理员账户设置

账户是计算机的基本安全对象，Windows Server 2003 本地计算机包含了两种账户：用户账户和组账户。用户账户适用于鉴别用户身份，并让用户登录系统，访问资源；组账户适用于组织用户账户和指派访问资源的权限。

Windows Server 2003 操作系统安装完成后，默认的系统管理员账户是众所周知的Administrator。系统管理员权限，正是非法入侵者梦寐以求的权限，一旦拥有该账号的密码，操作系统将完全暴露在黑客的眼前。

应尽量减少管理员的数量，因为管理员组成员拥有对系统的各项操作、配置和访问权限。系统管理员的数量越少，密码丢失或被猜到的可能性就越小，相对而言，系统也就越安全，这也是最大限度保证网络安全的重要手段。

在 Windows Server 2003 操作系统安装完成后，建议重命名 Administrator 账户，因为黑客往往会从 Adminitrator 账户进行探测。

通过禁用 Guest 账户，或者给 Guest 加一个复杂的密码，同时停用该用户，从而实现更高的安全机制。

2. 用户访问限制

保护计算机和计算机内存数据的安全措施之一，就是指定拥有不同访问权限的用户账户，通过限制用户账户权限的方式，实现对资源访问控制。用户名和密码用于在登录Windows 2000/XP/2003 时进行身份验证，登录的身份决定了该用户是否可以进入该计算机，以及可以在该计算机上做什么操作。因此，对用户账户和管理员账户要严格审批、发放和控制。严格的账户策略是确保服务器安全的重要手段。

如：禁止匿名访问。Internet Guest 账户是在 IIS 安装过程中自动创建的。默认状态下，所有 IIS 用户都使用该账户实现对 Web 或 FTP 网站的访问。也就是说，所有用户在通过匿名方式访问 Web 或 FTP 网站时，都被映射为 Internet Guest 账户，并拥有该账户的相应权限。这样，就如同利用该账号从本地直接登录到服务器了。应当允许只能使用 Internet Guest 账户远程访问服务器，远程用户不必提供自己的用户名和密码，服务器只分给他们 Internet Guest 账户的权限。这样做可以防止任何人以骗得的或非法获得的密码来得到对敏感信息的访问。一般来说，以上策略可以建立最为安全的系统。

Internet Guest 账户被加在 Guest 用户组中，Guest 组的设置同样适用于 Internet Guest 账户。

3. 磁盘访问权限

权限有高低之分，权限高的用户可以访问、修改权限低的用户的文件夹和文件。除了 Administrators 组之外，其他组的用户不能访问 NTFS 卷上其他用户的资料。

在默认安装完成的 Windows 操作系统中，不会感觉到有权限在阻挠计算机使用者的操作，这是因为在登录计算机的时候，默认使用 Administrators 中的用户登录系统。这样有利也有弊，利是计算机使用者在使用计算机上没有任何权限方面的限制；弊就是以 Administratosr 组成员身份运行计算机将使系统容易受到特洛伊木马、病毒及其他安全风险的威胁，如果默认的系统网络管理员密码为空或者是弱密码，那么在访问隐藏恶意代码的 Internet 站点或下载含有恶意程序的电子邮件附件等简单操作都可能破坏系统。因此，一定要为 Administrators 组成员设置较复杂的密码。

Windows Server 2003 操作系统对卷、目录或者文件提供了 7 种权限设置：完全控制、修改、读取和运行、列出文件夹目录、读取、写入和特别的权限。以下为这 7 种权限的控制范围。

① 完全控制权限：拥有不受限制的完全访问权限。地位就像 Administrators 在所有组中的地位一样。选择"完全控制"复选框，修改、读取和运行、列出文件夹目录、读取、写入 5 项属性将自动被选中。

② 修改权限：拥有读取和运行、列出文件夹目录、读取、写入 4 项属性的所有功能，这 4 项将自动被选中。如果 4 项属性中的任何一项没有被选中，"修改"条件将不再成立。

③ 读取和运行权限：允许读取和运行卷、目录或者文件下的任何文件，"列出文件夹目录"和"读取"是"读取和运行"权限的必要条件。

④ 列出文件夹目录权限：只能浏览卷、目录或者文件下的子目录，不能读取，也不能运行。

⑤ 读取权限：能够读取卷、目录或者文件下的数据。

⑥ 写入权限：可以向卷、目录或者文件下写入数据。

模块 1
Windows 系统安全加固
模块 1
模块 2
模块 3
模块 4
模块 5
模块 6
模块 7
模块 8
模块 9
模块 10
模块 11

⑦ 特别权限：对以上 6 种权限进行了细分。可以根据需要对"特别的权限"进行深入的设置。

Windows Server 2003 操作系统安装完成后，建议将默认系统磁盘权限设置进行如下修改。

① 所有磁盘只给 Administrators 和 SYSTEM 组的用户完全控制权限。

② 系统盘的"Documents and Settings"目录只给 Administrators 和 SYSTEM 组的用户完全控制权限。

③ 系统盘的"Documents and Settings"中的"All Users"子目录只给 Administrators 和 SYSTEM 组的用户完全控制权限。

④ 系统盘的"Windows"目录下的"System32"子目录中的 cacls.exe、cmd.exe、net.exe、netl.exe、ftp.exe、tftp.exe、telnet.exe、netstat.exe、regedit.exe、at.exe、attrib.exe、format.com、del 文件只给 Administrator 和 SYSTEM 组的用户完全控制权限，最好将其中的 cmd.exe、format.com、ftp.exe 等文件转移到其他目录或者对其更名。

4. 组策略的基本概念

注册表是 Windows 系统中保存系统、应用软件配置的数据库，随着 Windows 功能变得越来越丰富，注册表里的配置项目也越来越多。很多安全配置都是可以自定义设置的，但这些安全配置分布在注册表的各个角落，如果用手工配置，是很困难和烦杂的事情。而组策略则将系统重要的配置功能汇集成各种配置模块，提供给管理人员直接使用，从而达到方便其管理计算机的目的。简单地说，组策略就是修改注册表中的配置。组策略使用更完善的管理组织方法，可以对各种对象中的设置进行管理和配置，远比手工修改注册表要方便、灵活，而且功能也更加强大。

组策略是系统策略的高级扩展，它由 Windows 9X/NT 的"系统策略"发展而来，具有更多的管理模板和更灵活的设置对象，利用组策略及其工具，可以对当前注册表进行直接修改。目前组策略主要应用于 Windows 2000/XP/2003 系统。

Windows 2000/XP/2003 系统最大的特色的是网络功能，组策略工具可以打开网络上的计算机进行配置，甚至可以打开某个 Active Directory 对象（即站点、域或组织单位）并对它进行设置。这是以前"系统策略编辑器"工具无法做到的。

无论是系统策略还是组策略，它们的基本原理都是修改注册表中相应的配置项目，从而达到配置计算机的目的，只是它们的一些运行机制发生了变化和扩展而已。

5. 注册表基本概念及安全问题

注册表是 Windows 系统核心配置数据库，一旦注册表出现问题，整个系统将变得混乱甚至崩溃。注册表主要存储如下内容。

① 软、硬件的配置和状态信息；

② 应用程序和资源管理外壳的初始条件、首选项和卸载数据；

③ 计算机整个系统的设置和各种许可；

④ 文件扩展名与应用程序的关联；

⑤ 硬件描述、状态和属性；

⑥ 计算机性能和底层的系统状态信息，以及各类其他数据。

1.1.5 知识拓展

注册表包含系统中的所有设置，所有程序启动方式和服务启动类型都可通过注册表中的键值来控制。但病毒和木马也常常存在于此，威胁着操作系统。打造一个安全的系统才能有效地防范病毒和木马侵袭，保证系统正常运行。注意在对注册表进行修改之前，一定要备份原有注册表。

1. 禁止"Messenger"服务

在 Windows 2000/XP 系统中，默认 Messenger 服务处于启动状态，不怀好意者可通过"net send"指令向目标计算机发送信息。目标计算机会不时地收到他人发来的 Messenger 信息，严重影响正常使用。

打开注册表编辑器，利用注册表中"HKEY_LOCAL_MACHINE/SYSTEM/CurrentControlSet/Services"项下的各个选项来进行管理，其中的每个子键就是系统中对应的"服务"，如"Messenger"服务对应的子键是"Messenger"。找到 Messenger 项下的 START 键值，将该值修改为 4 即可。这样该服务就会被禁用，用户就再也不会受到 Messenger 骚扰了。

2. 关闭"远程注册表服务"

如果计算机启用了远程注册表服务（Remote Registry），黑客就可以远程设置注册表，因此远程注册表服务需要特别保护。

如果仅将远程注册表服务的启动方式设置为禁用，在黑客入侵计算机后，仍可以通过简单的操作将该服务从"禁用"转换为"自动启动"。因此有必要将该服务删除。

找到注册表中"HKEY_LOCAL_MACHINE/SYSTEM/CurrentControlSet/Services"下的 RemoteRegistry 项，右键单击该项选择"删除"，将该项删除后就无法启动该服务了。在删除之前，一定要将该项信息导出并保存。需要使用该服务时，只要将已保存的注册表文件导入即可。

3. 禁止病毒启动服务

一些高级病毒会通过系统服务进行加载，如果使病毒或木马没有启动服务的相应权限即可拒绝其入侵。

运行"regedt32"命令启用带权限分配功能的注册表编辑器。在注册表中找到"HKEY_LOCAL_MACHINE/SYSTEM/CurrentControlSet/Services"分支，单击菜单栏中的"安全/权限"，在弹出的 Services 权限设置窗口中单击"添加"按钮，将 Everyone 账号导入进来，然后选中"Everyone"账号，将该账号的"读取"权限设置为"允许"，将它的"完全控制"权限取消。此时，任何木马或病毒都无法自行启动系统服务了。当然，该方法只对没有获得管理员权限的病毒和木马有效。

4．阻止 ActiveX 控件的自动运行

不少木马和病毒都是通过在网页中隐藏恶意 ActiveX 控件的方法来私自运行系统中的程序，从而达到破坏本地系统的目的。为了保证系统安全，应该阻止 ActiveX 控件私自运行程序。

ActiveX 控件是通过调用 Windows scripting host 组件的方式运行程序的，所以先删除系统盘"Windows"文件夹中的"system32"文件夹下的"wshom.ocx"文件，这样"ActiveX"控件就不能调用 Windows scripting host 了。然后，在注册表中找到"HKEY_LOCAL_MACHINE/SOFTWARE/Classes/CLSID{F935DC22-1CF0-11D0-ADB9-00C04FD58A0B}"，将该项删除。通过以上操作，ActiveX 控件就再也无法私自调用脚本程序了。

1.1.6　检查与评价

1．简答题

（1）请说明 Windows 系统自身安全的重要性。

（2）请例举你所了解的 Windows 安全配置方法。

2．实做题

（1）将 Administrator 账户更名，设置密码，并创建陷阱账号。要求通过本实验对"本地安全策略"的各种配置方法有初步的掌握。

（2）更改 C 盘的访问权限。授予仅有"Administrators"和"SYSTEM"组的账号才可以访问的权限。要求通过本实验对各种账户访问权限配置有所掌握，如"共享文件夹"的访问权限配置等。

（3）打开"组策略编辑器"，对"计算机配置"|"Windows 设置"|"安全设置"|"账户策略"|"密码策略"部分进行配置，了解 Windows 系统对密码策略的规定，并制定自己的组策略中的"密码策略"，自己建立一个账户进行检测。

（4）打开"组策略编辑器"，对"计算机配置"|"Windows 设置"|"安全设置"|"账户策略"|"账户锁定策略"部分进行配置，具体配置方法可参考实践操作部分，自己建立一个账户进行检测。

（5）通过组策略编辑器对"桌面安全"和"IE 安全"进行设置，要求：隐藏桌面的系统图标；禁用"Internet 选项"对话框中的常规页。

（6）对注册表进行安全配置，配置前对注册表进行备份，配置要求：开机自动进入屏保；从 Windows 资源管理器中删除"文件"菜单；对配置结果进行检测，最后将备份的注册表还原。

模块 2
病毒防治

　　随着计算机网络技术的发展，伴随而来的计算机病毒传播问题越来越引起人们的关注。计算机病毒已经成为计算机用户信息安全的重大隐患之一，计算机病毒能破坏计算机系统中重要的信息资料，影响正常工作，尤其是在计算机网络中，一旦病毒爆发，将严重影响网络的使用，甚至造成网络瘫痪。因此，对计算机病毒的防治刻不容缓。

　　随着互联网的快速普及，大多数计算机病毒借助网络爆发流行，它们与以往的计算机病毒相比具有一些新的特点，给广大计算机用户带来了极大的损失。在与计算机病毒的对抗中，如果能采取有效的防范措施，就能使系统不染毒或者染毒后能减少损失。

　　计算机病毒防治，是指通过建立合理的计算机病毒防范体系和制度，及时发现计算机病毒侵入，并采取有效的手段阻止计算机病毒的传播和破坏，恢复受影响的计算机系统和数据。防治计算机病毒就是要监视、跟踪系统的操作，提供对系统的保护，最大限度地避免各种计算机病毒的传染破坏。

2.1.1　学习目标

通过本模块的学习，应该达到：

1. 知识目标

- 理解病毒的基本概念；
- 理解病毒的危害及病毒防治的意义；
- 了解病毒的特征、危害；
- 理解木马的基本含义；
- 了解木马的类型、特性、危害；
- 理解恶意软件的概念、分类、来源；
- 了解恶意软件的危害。

2. 能力目标

- 能安装、升级、配置流行杀毒软件；
- 能操作流行杀毒软件查杀病毒；
- 能安装、升级、配置流行木马专杀工具软件；
- 能操作流行木马专杀工具查杀木马；
- 能操作流行恶意软件卸载工具。

2.1.2 工作任务——病毒防治

1. 工作任务背景

小张办公室的计算机最近运行速度明显变慢，打开一个应用程序需要等很长时间，以前能正常运行的应用程序经常发生内存不足等错误，平时运行正常的计算机经常无缘无故地出现死机现象。打开任务管理器查看，发现有陌生的进程，而且进程的 CPU 使用率比较高，占用很大的内存空间。在使用过程中，还有其他一些现象，比如上网时自动打开一些不健康的网站或弹出一些广告窗口等。

2. 工作任务分析

从小张计算机最近出现的情况来看，这是木马或病毒发作的典型现象，估计小张计算机已经中了木马或病毒。查看计算机系统发现，小张没有安装查杀病毒相关的软件。

小张的计算机处于校园网中，校园网和 Internet 连接，小张又没有安装有效的防御工具软件，致使小张的计算机和网络之间，没有任何屏障，这又为病毒传播提供了条件。为了解决小张计算机的问题，应安装并升级杀毒软件和相关专杀工具，进行杀毒和清除木马操作，完成后开启杀毒软件的病毒监控功能。

如果小张的计算机一开始就装有杀毒软件并开启杀毒软件的病毒监控功能，那么被病毒和木马感染的概率就大大降低。杀毒软件的病毒监控功能对于保证系统的安全，起着非常重要的作用，它是防止网络中的计算机被外部病毒侵袭的一种常用手段。

防治和清除计算机病毒和木马的软件很多，目前有很多成熟的产品，如 McAfee 杀毒、360 安全卫士、江民杀毒、卡巴斯基杀毒、瑞星杀毒、诺顿杀毒等。

3. 条件准备

对于小张的计算机，小张准备了 McAfee VirusScan Enterprise 8.5i 和 360 安全卫士。

Mcafee（麦咖啡）与 Norton（诺顿）、Kaspersky（卡巴斯基）并称为世界三大杀毒软件，是一款非常优秀的杀毒软件，其监控能力和保护规则相当强大。360 安全卫士是国内最受欢迎的安全软件之一，是一款非常优秀的木马清除和恶意软件卸载工具。这两款工具软件配合使用，能达到较好的效果。

2.1.3 实践操作

安装使用 McAfee 杀毒和 360 安全卫士。

1. McAfee 杀毒软件

1）安装 McAfee

与其他软件的安装相似，双击安装包中的 setup.exe 可执行文件，一直单击"下一步"按钮即可完成安装。其中有以下几点需要注意。

（1）如图 2.1 所示，在这里"许可期限类型"可以选择使用期限，单击右侧倒三角形按钮，可以从下拉列表中选择"一年"、"二年"或者"永久"。在"请选择购买和使用的国家或地区"的下拉列表中可以选择所在国家。

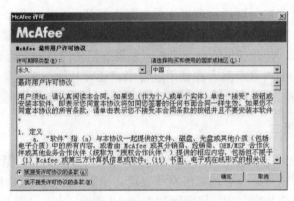

图 2.1　选择许可期限和使用国家对话框

（2）可以选择典型安装或者自定义安装，典型安装默认进行所有功能组件的最大化安装。自定义安装，可以选择安装相关的组件，如图 2.2 所示。两种安装方式都可以自定义安装目录。

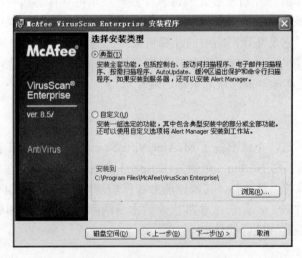

图 2.2　选择安装方式对话框

（3）如图 2.3 所示，安装过程到这一步的时候，可以选择访问保护的级别：标准保护或者最大保护。在这里推荐选择标准保护，在软件安装成功后，访问保护规则仍然可以自行定义和修改。

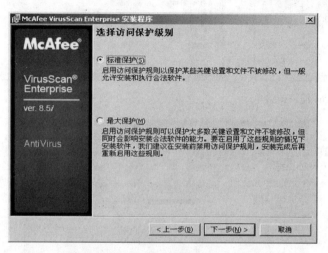

图 2.3　选择安装的保护级别对话框

（4）该软件安装完成后，不需要重新启动电脑，即能使用。如图 2.4 所示，显示的是"VirusScan Enterprise 8.5.0i"安装界面。在任务栏中有了 V 图标。

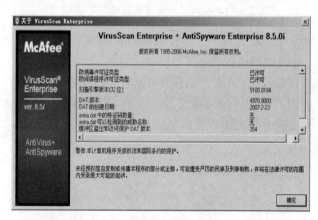

图 2.4　安装 VirusScan Enterprise 8.5.0i

2）设置 McAfee

McAfee 的最大特点就是可以设置规则来防病毒（包括未知病毒）。McAfee 的规则设置比较复杂，这里介绍基本设置。在任务栏中右击 V 图标会弹出 McAfee 快捷菜单，如图 2.5 所示。

（1）选择"VirusScan 控制台"命令，打开 McAfee 的控制台，如图 2.6 所示。

（2）右击"访问保护"选项，在快捷菜单中选择"属性"选项，打开"访问保护属性"对话框，如图 2.7 所示。

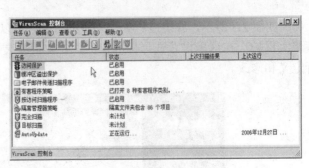

图 2.5　McAfee 的快捷菜单　　　　　图 2.6　McAfee 的控制台

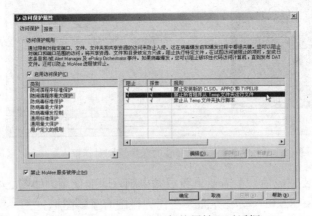

图 2.7　McAfee "访问保护属性" 对话框

（3）选择"防间谍程序最大保护"、"防病毒标准保护"项，这两项中的所有规则建议全部启用阻止，并同时启用报告。

（4）在 McAfee 的控制台对话框中，右击"按访问扫描程序"选项，在快捷菜单中选择"属性"菜单项，打开"按访问扫描属性"对话框，进行 McAfee 的实时监控。选择"常规设置"的"常规"选项卡，去掉"在关机过程中扫描软盘"的勾选，其他设置保持默认即可，如图 2.8 所示。

图 2.8　McAfee "按访问扫描属性　常规" 选项卡

（5）选择"所有进程"中"检测项"选项卡，如果电脑不在局域网中，去掉"在网络驱动器上"的勾选，如图 2.9 所示。

（6）选择"所有进程"中"高级"选项卡，去掉"压缩文件"栏里两个项目前的勾选，如图 2.10 所示。因这里设置的是实时监控，没有必要启用这两项，同时可以节省一些系统资源。

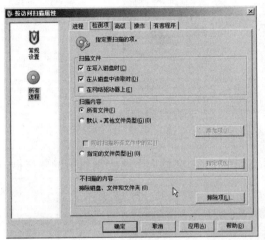 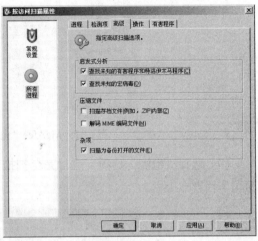

图 2.9　McAfee "按访问扫描属性 检测项"选项卡　　图 2.10　McAfee "按访问扫描属性 高级"选项卡

（7）选择"所有进程"中"操作"选项卡。设置发现威胁时的主要操作和辅助操作（即发现威胁时的第一操作，及第一操作失效后执行的第二辅助操作），如图 2.11 所示。"有害程序"选项卡的设置与此相同。

图 2.11　McAfee "按访问扫描属性 操作"选项卡

（8）在 McAfee 的控制台窗口中，右击"完全扫描"和"目标扫描"选项，在快捷菜单中选择"属性"菜单项，这两项都属于按需扫描，可以设置需要扫描的位置，如图 2.12 所示。

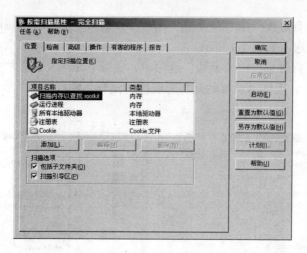

图 2.12　McAfee "完全扫描 位置" 选项卡

（9）选择 "检测" 选项卡进行完全扫描，选择 "压缩文件" 下两个项目前的复选框，如图 2.13 所示。

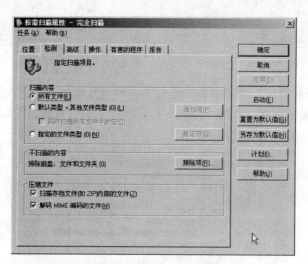

图 2.13　McAfee "完全扫描 检测" 选项卡

（10）选择 "高级" 选项卡，选择 "启发式分析" 下两个项目前的复选框，如图 2.14 所示。

至此，McAfee 的常用设置基本完成。

3）升级 McAfee

（1）安装 McAfee 后，最重要的是要经常升级病毒代码库，以保证能查杀比较新的病毒。McAfee 的升级很简单，右击任务栏中的 ☑ 图标，弹出如图 2.15 所示的菜单。

（2）在弹出的菜单中选择 "立即更新" 选项，弹出 "正在更新" 提示框，如图 2.16 所示。

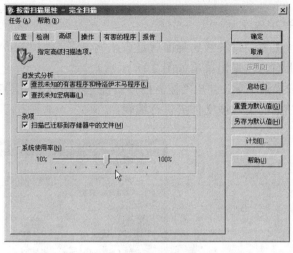

图 2.14 McAfee "完全扫描 高级" 选项卡

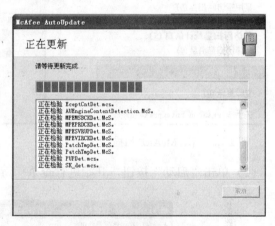

图 2.15 启动 McAfee 升级　　　　　　　　图 2.16 "正在更新" 提示框

（3）升级完成，提示框将自动关闭，如图 2.17 所示。

图 2.17 "更新完成" 提示框

4）使用 McAfee 杀毒

日常维护工作除去要经常升级病毒库就是查杀病毒了。使用 McAfee 杀毒很简单，在任务栏中的 Ⓥ 图标上右击，弹出菜单如图 2.18 所示。

（1）选中按需扫描菜单项，弹出"按需扫描属性"对话框，如图 2.19 所示。单击"编辑"按钮，对需要扫描的文件或文件夹进行编辑。

图 2.18　启动 McAfee 扫描　　　　　　图 2.19　"按需扫描属性"对话框

（2）单击"启动"按钮，开始进行查杀病毒操作，如图 2.20 所示。

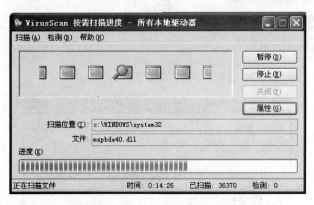

图 2.20　McAfee 查杀病毒对话框

（3）查杀病毒操作过程依据硬盘上文件多少所需时间不同，一般需要十几或几十分钟。查杀病毒操作完成后，系统会提示病毒所在的文件名、位置、检测结果、检测类型和状态等信息。单击"关闭"按钮可以退出查杀病毒操作，如图 2.21 所示。

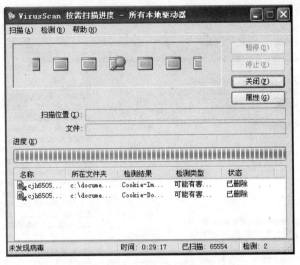

图 2.21　McAfee 查杀病毒完成对话框

2. 360 安全卫士软件

1）安装 360 安全卫士

（1）双击安装包中的 setup.exe 可执行文件，接受许可证协议，选择安装位置后，开始安装"360 安全卫士"，如图 2.22 所示。

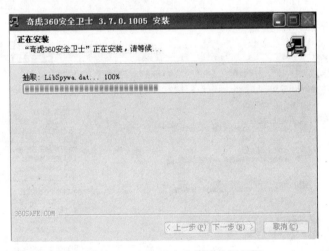

图 2.22　360 安全卫士安装等待提示框

（2）在安装中，选择开启主要实时保护，以保护系统关键位置的安全，全面抵御恶意软件及木马的入侵。

2）升级 360 安全卫士

360 安全卫士的升级是每次启动时自动完成的，在任务栏中单击图标，启动 360 安全卫士，系统自动完成升级，如图 2.23 所示。

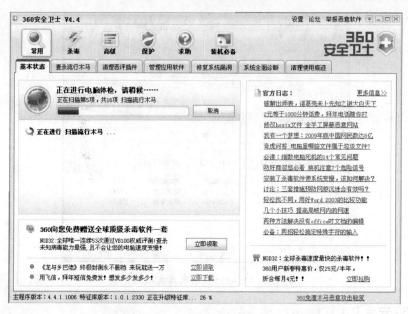

图 2.23　360 安全卫士自动升级提示框

3）使用 360 安全卫士清除木马

启动 360 安全卫士后，单击"常用"工具按钮"查杀流行木马"选项卡，如图 2.24 所示。

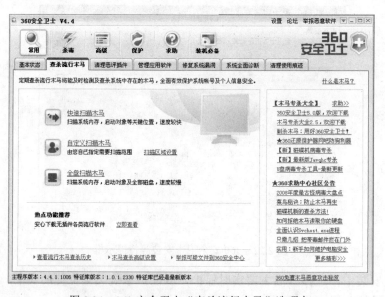

图 2.24　360 安全卫士"查杀流行木马"选项卡

查杀流行木马有三种方式，即快速扫描木马、自定义扫描木马、全盘扫描木马。选择"全盘扫描木马"选项，如有新的增加模块，系统会自动更新。单击"全盘扫描木马"按钮开始查杀流行木马，如图 2.25 所示。

图 2.25　360 安全卫士查杀流行木马提示框

查杀流行木马操作过程依据硬盘上文件多少所需时间不同，一般需要十几或几十分钟。查杀木马操作完成后，系统会提示木马名称、路径等信息。

4）使用 360 安全卫士卸载恶意软件

启动 360 安全卫士后，单击"常用"工具按钮"清理恶评插件"选项卡，如图 2.26 所示。

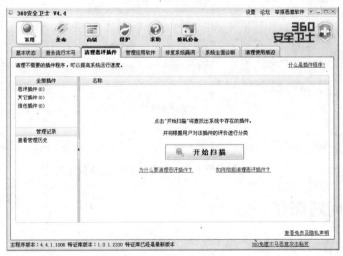

图 2.26　360 安全卫士"清理恶评插件"选项卡

插件有三种，即恶评插件、其他插件和信任插件，单击"开始扫描"按钮，开始清理恶评插件，如图 2.27 所示。

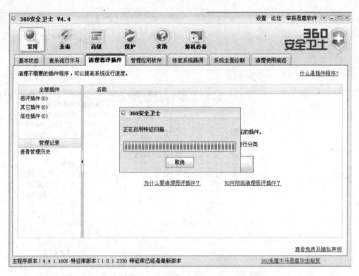

图 2.27　360 安全卫士清理恶评插件提示框

清理完成后，提示恶评插件、其他插件和信任插件的个数，如图 2.28 所示。

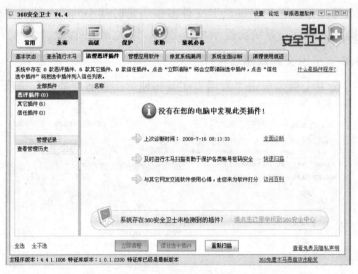

图 2.28　360 安全卫士清理恶评插件完成提示框

2.1.4　问题探究

1. 计算机病毒

计算机病毒是一种人为编制的、在计算机运行中对计算机信息或系统起破坏作用，影响计算机使用并且能够自我复制的一组计算机命令或程序代码，即病毒是一组程序代码的集合。这种程序是不能独立存在的，它隐蔽在其他可执行文件之中，轻则影响计算机运行速度，使计算机不能正常工作，重则使计算机系统瘫痪，会给用户带来不可估量

模块2
病毒防治 WANGLUOXINXI ANQUAN

模块1

模块2

模块3

模块4

模块5

模块6

模块7

模块8

模块9

模块10

模块11

的损失。计算机病毒必须满足能自行执行及自我复制两个条件。

1）病毒的特征

（1）非授权可执行性：一般正常的程序是由用户调用，再由系统分配资源，完成用户交给的任务。其目的对用户是可见的、透明的。而病毒具有正常程序的一切特性，它隐藏在正常程序中，当用户调用正常程序时窃取到系统的控制权，先于正常程序执行，病毒的动作、目的对用户是未知的、是未经用户允许的。

（2）隐蔽性：病毒一般是具有很高编程技巧、短小精悍的程序。通常附在正常程序中或磁盘较隐蔽的地方，使它不易被察觉。

（3）潜伏性：大部分的病毒感染系统之后一般不会马上发作，它可长期隐藏在系统中，只有在满足其特定条件时才启动其表现（破坏）模块，也只有这样它才可进行广泛的传播。

（4）传染性：传染性是计算机病毒最重要的特征，是判断一段程序代码是否为计算机病毒的依据。病毒程序一旦侵入计算机系统就开始搜索可以传染的程序或途径，然后通过自我复制迅速传播。

（5）破坏性：任何病毒只要侵入系统，都会对系统及应用程序产生程度不同的影响。轻者会降低计算机工作效率，占用系统资源，重者可对数据造成不可挽回的损失甚至导致系统崩溃。

（6）不可预见性：不同种类的病毒，它们的代码千差万别，但有些操作是共有的。但由于目前的软件种类极其丰富，且某些正常程序也使用了类似病毒的操作甚至借鉴了某些病毒的技术。使用病毒共性这种方法对病毒进行检测势必会造成较多的误报情况。而且病毒的开发技术也在不断地提高，病毒对反病毒软件永远是超前的。

（7）寄生性：指病毒对其他文件或系统进行一系列非法操作，使其带有这种病毒，并成为该病毒的一个新的传染源的过程。这是病毒的最基本特征。

（8）触发性：指病毒的发作一般都有一个激发条件，即一个条件控制。这个条件根据病毒编制者的要求可以是日期、时间、特定程序的运行或程序的运行次数等。

2）病毒的发展趋势

随着互联网的发展，计算机病毒开始了新一轮的进化，未来的计算机病毒也会越来越复杂，越来越隐蔽，呈现了新的发展趋势。病毒技术的发展对杀毒软件提出了巨大的挑战，呈现以下几种发展趋势。

（1）传播网络化：很多病毒都选择了网络作为主要传播途径。

（2）利用操作系统和应用程序的漏洞入侵系统。

（3）传播方式多样：可利用包括文件、电子邮件、Web 服务器、网络共享等途径传播。

（4）危害多样化：传统的病毒主要攻击单机，而现代病毒会造成网络拥堵甚至瘫痪，直接危害到网络系统。

（5）利用通信工具的病毒越来越多。

（6）利益驱动成为病毒发展新趋势。

3）病毒的命名规范

病毒名是由以下 6 字段组成的：主行为类型·子行为类型·宿主文件类型·主名称·版本信息·主名称变种号#附属名称·附属名称变种号·病毒长度。其中字段之间使用"·"分隔，#以后属于内部信息。

2．木马

特洛伊木马简称木马，英文名称"Trojan horse"。木马是指那些表面上是有用的软件而实际目的却是危害计算机安全并导致严重破坏的计算机程序。木马是一种基于远程控制的黑客工具，典型客户端/服务器（C/S）控制模式，客户端也成为控制端。

木马与病毒最大的区别是木马不具有传染性，不像病毒那样自我复制，也不"主动"地感染其他文件，主要通过将自己伪装起来，吸引计算机用户下载执行。

木马中包含能够在触发时导致数据丢失甚至被窃的恶意代码，要使木马传播，必须在计算机上有效地启用这些程序，例如打开电子邮件中的附件或将木马捆绑在软件中放到网上吸引浏览者下载执行。木马一般主要以窃取用户相关信息为主要目的，而计算机病毒是以破坏用户系统或信息为主要目的。

1）木马的特性

（1）木马包含在正常程序中，当用户执行正常程序时，启动自身，在用户难以察觉的情况下，完成一些危害用户的操作，具有隐蔽性。有些木马把服务器端和正常程序绑定成一个程序的软件，叫做 exe-binder 绑定程序，可以让人在使用绑定的程序同时，木马也入侵了系统。甚至有个别木马程序能把它自身的 exe 文件和服务端的图片文件绑定，当浏览图片的时候，木马便侵入了系统。它的隐蔽性主要体现在以下两个方面：第一，不产生图标；第二，木马程序自动在任务管理器中隐藏，并以"系统服务"的方式欺骗操作系统。

（2）具有自动运行性，木马为了控制服务端，它必须在系统启动时即跟随启动，所以它必须潜入启动配置文件中，如 win. ini、system. ini、winstart. bat 以及启动组等文件之中。

（3）包含具有未公开并且可能产生危险后果的功能程序。

（4）具备自动恢复功能，现在很多的木马程序中的功能模块已不再由单一的文件组成，而是具有多重备份，可以相互恢复。

（5）能自动打开特别的端口，木马程序潜入计算机之中的目的主要不是为了破坏系统，而是为了获取系统中有用的信息，当上网时与远端客户进行通信，这样木马程序就会用服务器客户端的通信手段把信息告诉黑客们，以便黑客们控制机器或实施进一步的入侵企图。根据 TCP/IP 协议，每台计算机有 256×256 个端口，但我们常用的只有少数几个，木马经常利用不常用的这些端口进行连接。

（6）功能的特殊性，通常的木马功能都是十分特殊的，除了普通的文件操作以外，还有些木马具有搜索 cache 口令、设置口令、扫描目标机器的 IP 地址、进行键盘记录、远程注册表的操作以及锁定鼠标等功能。

2）常见木马类型

（1）破坏型：唯一的功能就是破坏并且删除文件，可以自动删除电脑上的 DLL、INI、EXE 文件。

（2）密码发送型：可以找到隐藏密码并把它们发送到指定的信箱。有人喜欢把自己的各种密码以文件的形式存放在计算机中，认为这样方便；还有人喜欢用 Windows 提供的密码记忆功能，这样就可以不必每次都输入密码了。许多黑客软件可以寻找到这些文件，把它们送到黑客手中。也有些黑客软件长期潜伏，记录操作者的键盘操作，从中寻找有用的密码。

（3）远程访问型：最广泛的是特洛伊木马，只需有人运行了服务端程序，如果客户知道服务端的 IP 地址，就可以实现远程控制。

（4）键盘记录木马：只做一件事情，就是记录受害者的键盘敲击并且在文件里查找密码。这种木马随着 Windows 的启动而启动。它们有在线和离线记录这样的选项，分别记录在线和离线状态下敲击键盘时的按键情况。也就是说按过什么按键，种木马的人都知道，从这些按键中很容易就会得到密码等有用信息，甚至是信用卡账号。

（5）DoS 攻击木马：随着 DoS 攻击越来越广泛的应用，被用做 DoS 攻击的木马也越来越流行起来。如果有一台机器被种上 DoS 攻击木马，那么日后这台计算机就成为 DoS 攻击的最得力助手了。所以，这种木马的危害不是体现在被感染计算机上，而是体现在攻击者可以利用它来攻击一台又一台计算机，给网络造成很大的伤害和带来损失。还有一种类似 DoS 的木马叫做邮件炸弹木马，一旦机器被感染，木马就会随机生成各种各样主题的信件，对特定的邮箱不停地发送邮件，一直到对方瘫痪、不能接收邮件为止。

（6）代理木马：黑客在入侵的同时掩盖自己的足迹，防止别人发现自己的身份，因此，给被控制的计算机种上代理木马，让其变成攻击者发动攻击的跳板就是代理木马最重要的任务。

（7）FTP 木马：这种木马可能是最简单和最古老的木马了，它的唯一功能就是打开 21 端口，等待用户连接。现在新 FTP 木马还加上了密码功能，这样，只有攻击者本人才知道正确的密码，从而进入对方计算机。

（8）程序杀手木马：木马功能虽然各有不同，不过到了对方机器上要发挥自己的作用，还要过防木马软件这一关才行。程序杀手木马的功能就是关闭对方机器上运行的防木马程序，让其他的木马更好地发挥作用。

（9）反弹端口型木马：一般情况下，防火墙对于连入的链接往往会进行非常严格的过滤，但是对于连出的链接却疏于防范。与一般的木马相反，反弹端口型木马的服务端（被控制端）使用主动端口，客户端（控制端）使用被动端口。木马定时监测控制端的存在，发现控制端上线立即弹出端口主动联结控制端打开的主动端口。

3）感染木马后的常见症状

木马有它的隐蔽性，但计算机被木马感染后，会表现出一些症状。在使用计算机的过程中如发现以下现象，则很可能是感染了木马。

（1）文件无故丢失，数据被无故删改。

（2）计算机反应速度明显变慢。

（3）一些窗口被自动关闭。

（4）莫名其妙地打开新窗口。

（5）系统资源占用很多。

（6）没有运行大的应用程序，而系统却越来越慢。

（7）运行了某个程序没有反应。

（8）在关闭某个程序时防火墙探测到有邮件发出。

（9）密码突然被改变，或者他人得知你的密码或私人信息。

3. 恶意软件

恶意软件是指在未明确提示用户或未经用户许可的情况下，在用户计算机上安装运行，侵害用户合法权益的软件。

1）恶意软件的分类

（1）强制安装：指未明确提示用户或未经用户许可，在用户计算机上安装软件的行为。

（2）难以卸载：指未提供通用的卸载方式，或在不受其他软件影响、人为破坏的情况下，卸载后仍然有活动程序的行为。

（3）浏览器劫持：指未经用户许可，修改用户浏览器或其他相关设置，迫使用户访问特定网站或导致用户无法正常上网的行为。

（4）广告弹出：指未明确提示用户或未经用户许可，利用安装在用户计算机或其他终端上的软件弹出广告的行为。

（5）恶意收集用户信息：指未明确提示用户或未经用户许可，恶意收集用户信息的行为。

（6）恶意卸载：指未明确提示用户、未经用户许可，误导、欺骗用户卸载其他软件的行为。

（7）恶意捆绑：指在软件中捆绑已被认定为恶意软件的行为。

（8）其他侵害用户软件安装、使用和卸载知情权、选择权的恶意行为。

2）恶意软件的来源

互联网上恶意软件肆虐的问题，已经成为用户关心的焦点问题之一。恶意软件的来源主要有以下几种。

（1）恶意网页代码。某些网站通过修改用户浏览器主页的方法提高网站的访问量。它们在某些网站页面中放置一段恶意代码，当用户浏览这些网站时，用户的浏览器主页会被修改。当用户好奇打开浏览器时会首先打开这些网站，从而提高其访问量。

（2）插件。网络用户在浏览某些网站或者从不安全的站点下载游戏或其他程序时，往往会连同恶意程序一并带入自己的计算机，常常被安装了无数个插件、工具条软件。这些插件会让受害者的计算机不断弹出不健康网站或者是恶意广告。

（3）软件捆绑。互联网上有许多免费的共享软件资源，给用户带来了很多方便。而许多恶意软件将自身与共享软件捆绑，当用户安装共享软件时，会被强制安装恶意软件，且无法卸载。

2.1.5　知识拓展

1. 360 安全卫士的功能介绍

360 安全卫士是国内最受欢迎的安全软件之一，它除了拥有查杀流行木马、清理恶意插件功能外，还具有管理应用软件，系统实时保护，修复系统漏洞等数个强劲功能，同时还提供系统全面诊断，弹出插件免疫，清理使用痕迹以及系统还原等特定辅助功能，并且提供对系统的全面诊断报告，方便用户及时定位问题所在，真正为每一位用户提供全方位系统安全保护。

（1）传统优势项目如流行木马查杀、恶评插件清理、系统实时保护等功能日益强大。360 安全卫士目前可以查杀恶意软件接近上千种，各类流行木马上万个，已经成为国内恶意软件查杀效果最好，功能最强大，用户数量最多的安全辅助类软件之一。

360 安全卫士可以帮助用户清理很多使用痕迹，这些使用痕迹都是极易泄露个人隐私的地方，经常清理有助保护个人隐私。可以清理的使用痕迹包括上网保存在缓存中的网页文件、已访问过的网页历史记录、自动保存的密码、自动完成的表单资料等文件；清理使用 Windows 时留下的痕迹，比如 Windows 搜索记录、系统粘贴板、开始菜单中的文档记录等；清理使用比如 WinRAR、迅雷、ACDSee 等应用程序时留下的痕迹。

360 安全卫士的实时保护功能，包含恶评插件入侵拦截、网页防漏及恶意网站拦截、U 盘病毒免疫、局域网 ARP 攻击拦截和系统关键位置保护五大部分。恶评插件入侵拦截用于对恶评插件的安装进行警示，对捆绑有恶评插件的安装程序进行提示。

（2）全新升级系统漏洞修补程序可轻松更新补丁。针对很多用户更新系统补丁难的困惑，360 安全卫士补丁下载安装同时进行，即下即装，有效节省漏洞补丁修复时间，方便而快捷。另外，360 安全卫士可以检测的系统漏洞不仅局限在管理系统漏洞补丁一方面，它可以检测的漏洞还包括是否禁用 guest 账号、是否管理员权限账号密码为空、检测系统是否已安装杀毒软件、是否打开系统默认防火墙、是否存在共享资源、是否允许远程桌面以及系统日期是否正确等诸多方面，分别用"待修复漏洞"和"已修复漏洞"两项列出。对于待修复漏洞，360 安全卫士提供了详细的信息查询和快捷的修复措施。

（3）系统全面体检，所有安全隐患一网打尽。进入 360 主界面时，程序将自动扫描系统健康状况，扫描项目包括流行木马、恶评插件、漏洞补丁等共计 16 项，扫描全部安全隐患只需花费数秒时间，非常快速，检测完毕给出体检指数及体检报告，并详细列出了系统存在的安全风险，一目了然，根据体检报告可将系统调整或修复至最佳状态。

（4）最新流行软件推荐。360 安全卫士提供了一个 360 软件管理的模块，用于推荐一些装机必备软件和最新流行软件，通过该功能可以省去在网上搜索各常用软件的烦恼，轻松找到最新最全的必备软件，并提供下载和安装。

2. 其他病毒查杀工具

除了 McAfee 杀毒软件以外，还有很多适合普通个人用户使用的杀毒软件，例如，瑞星、江民等杀毒软件。

1）瑞星杀毒软件介绍

瑞星杀毒软件集成多项专利技术，独占式抢先杀毒，八大监控系统齐作用，有效保护计算机安全。

（1）第八代虚拟机脱壳引擎（VUE）。历时 4 年自主研发，病毒库减小 1/3，极大降低资源消耗，大幅提高了查杀加壳变种病毒能力及病毒处理速度。

（2）Startup Scan 独占式抢先杀毒。在操作系统尚未启动时，抢先加载瑞星杀毒程序，可以有效地清除系统引导型和具有自我防护能力的恶意程序、恶意软件。

（3）漏洞攻击防火墙联动。杀毒软件监控到病毒和黑客攻击程序时，将通知防火墙自动阻断病毒传染路径和攻击源，杜绝反复感染、网络交叉感染和持续攻击，有效阻止病毒通过网络传播。

（4）第二代智能提速增量查杀病毒使得查杀病毒速度更快。

（5）NTFS 流隐藏数据查杀。针对 NTFS 磁盘格式的流查杀技术，能够彻底清除隐藏在 NTFS 流中的病毒和恶意程序，不留死角。

（6）未知病毒查杀功能。此项专利技术不仅可查杀 DOS、邮件、脚本以及宏病毒等未知病毒，还可自动查杀 Windows 未知病毒，在国际上率先使杀毒软件走在了病毒前面。

（7）八大监控系统。"文件、注册表、内存、网页、邮件发送、邮件接收、漏洞攻击、引导区"八大监控系统，轻松查杀已知病毒，有效预防未知病毒，给计算机提供完整全面的保护。

（8）IE 执行保护（IE 防漏墙）。彻底防范病毒、木马及恶意软件通过 IE 浏览器漏洞侵害计算机。

（9）主动漏洞扫描修补、全自动无缝升级。

（10）高速邮件监控技术、迷你杀毒、文件粉碎技术、专利数据修复。

2）江民杀毒软件介绍

江民科技开发的 KV 系列产品是中国杀毒软件中的著名品牌。江民杀毒软件 KV2010 是江民反病毒专家团队针对网络安全面临的新课题，全新研发推出的计算机反病毒与网络安全防护软件，是全球首家具有灾难恢复功能的智能主动防御杀毒软件。新版本新增了三大技术和五项新功能，可有效防杀超过 40 万种计算机病毒、木马、网页恶意脚本、后门黑客程序等恶意代码以及绝大部分未知病毒。江民杀毒软件有以下三大技术。

（1）自我保护反病毒对抗技术。越来越多的病毒开始反攻杀毒软件，在自身运行前首先尝试关闭杀毒软件。江民杀毒软件 KV2010 采用窗口保护以及进程保护技术，避免病毒关闭杀毒软件进程，确保杀毒软件自身安全，只有自身足够强壮才能更好地保护用户电脑的安全。

（2）系统灾难一键恢复技术。江民杀毒软件 KV2010 全球首家融入灾难恢复技术，可以在系统崩溃无法进入的情况下，一键恢复系统，无论是恶性病毒破坏或电脑用户误删除系统文件，都可轻松还原系统到无毒状态或正常状态。

（3）双核引擎优化技术。江民杀毒软件 KV2010 基于双核和多核处理器进行了全面优化，扫描病毒时，双核或多核处理器同时启用多线程对硬盘数据进行扫描，扫描速度得到了大幅提升，让用户体验飞一般的杀毒快感。

江民杀毒软件由于技术上的先进性，具有以下五大功能。

（1）系统安全管理。KV2010 系统安全管理，能够对系统的安全性进行综合处理。如对系统共享的管理、对系统口令的管理、对系统漏洞的管理、对系统启动项和进程查看的管理等，使用该功能，可以从根本上消除系统存在的安全隐患，切断病毒和黑客入侵的途径，使得系统更强壮、更安全。

（2）网页防马墙。互联网上木马防不胜防，全球上亿网页被种植木马。江民防马墙在系统自动搜集分析带毒网页的基础上，通过黑白名单，阻止用户访问带有木马和恶意脚本的恶意网页并进行处理。该功能将大大降低目前通过搜索引擎频繁搜索资料的网民感染木马以及恶意脚本病毒的概率，有效保障用户上网安全。

（3）系统漏洞自动更新。江民杀毒软件系统漏洞检查新增对 Office 的文件漏洞扫描，可自动更新系统和 Office 漏洞补丁，有效防范利用系统漏洞传播的木马以及恶意代码。

（4）可疑文件自动识别。江民杀毒软件新增可疑文件自动识别功能，将可疑文件打上可疑标记，让潜在威胁一目了然。

（5）新安全助手。江民杀毒软件 KV2010 新安全助手全面检测"恶意软件"，给用户提供强大的卸载工具，并具有插件管理、系统修复、清除上网痕迹等多种系统安全辅助功能。

2.1.6　检查与评价

1. 简答题

（1）什么是计算机病毒？其基本特征是什么？
（2）计算机病毒防治有什么意义？
（3）什么是木马？其特性有什么？
（4）请说出六种常见的计算机中病毒的症状。
（5）恶意软件的特征有什么？
（6）计算机病毒的传播途径有什么？

2. 实做题

（1）请为机房计算机安装 McAfee 杀毒软件并完成升级。
（2）请为机房计算机安装 360 安全卫士软件。
（3）请为机房计算机查杀计算机病毒。
（4）请为机房计算机查杀木马。
（5）请为机房计算机卸载恶意软件。
（6）请为机房计算机修复系统漏洞。

项目 2   防范网络攻击

本项目重点介绍网络攻击的安全防范，包含四个模块，模块3配置防火墙，共分两个任务，主要介绍个人防火墙和企业防火墙的安全部署方法及常用的策略。模块4监听网络，主要介绍常用网络监听软件的设置及使用方法，Sniffer软件的原理、功能、作用及监听方法。模块5网络扫描，主要介绍网络扫描的流程，网络扫描工具Nessus扫描系统漏洞方法。模块6黑客攻击与入侵检测，主要介绍黑客的常用攻击手段及攻击方法，防范黑客入侵的方法。

通过本项目的学习，应达到以下目标：

1. 知识目标

◇　了解防火墙的基本概念、运行机制、功能和作用；

◇　了解防火墙的配置环境和原则；

◇　掌握防火墙的管理特性、对象管理、策略配置；

◇　了解防火墙的局限性；

◇　理解网络监听的基本概念及运行机制；

◇　掌握Sniffer Pro的功能和作用；

◇　掌握使用Sniffer Pro监视网络；

◇　掌握网络扫描的流程及实现方法；

◇　掌握网络扫描工具Nessus扫描系统漏洞方法；

◇　掌握防止黑客扫描的方法；

◇　掌握黑客的攻击手段；

◇　掌握黑客常用的攻击方法；

◇　掌握防范黑客入侵的方法。

2. 能力目标

◇　安装天网防火墙，设置天网防火墙口令，配置应用程序访问规则；

◇　配置安全选项，安装RG-WALL 60防火墙，使用Web方式登录防火墙；

◇　管理RG-WALL 60防火墙账号，定义RG-WALL 60防火墙对象；

◇　配置安全规则；配置抗攻击选项；

◇　部署与安装Sniffer Pro，使用Sniffer Pro捕获数据、Sniffer Pro监控网络流量；

◇　使用Nessus扫描系统漏洞、HostScan扫描网络主机；

◇　扫描要攻击的目标主机；

◇　入侵并设置目标主机、监视并控制目标主机；

模块 3
配置防火墙

当今，计算机网络系统面临着很多来自外部的威胁，对于这种威胁最好的方法就是对来自外部的访问请求进行严格的限制。在信息安全防御技术中，能够拒敌于外的铜墙铁壁就是防火墙，它是保证系统安全的第一道防线。

在网络中，为了保证个人计算机系统的安全，需要在每台PC中安装和配置个人防火墙。为了整个局域网的访问和控制的安全，需要在外网和内网之间安装硬件防火墙。

3.1　配置个人防火墙

个人防火墙是防止 PC 中的信息被外部侵袭的一种常用技术。它可以在系统中监控、阻止任何未经授权允许的数据进入或发出到互联网及其他网络系统。个人防火墙产品如瑞星个人防火墙、天网防火墙等，都能对系统进行监控及管理，防止特洛伊木马、spy-ware 等病毒程序通过网络进入电脑或在用户未知情况下向外部扩散。

天网防火墙是使用比较普遍的一款个人防火墙软件，它能为用户的计算机提供全面的保护，有效地监控网络连接。通过过滤不安全的服务，防火墙可以极大地提高网络安全，同时减小主机被攻击的风险，使系统具有抵抗外来非法入侵的能力，防止系统和数据遭到破坏。

3.1.1　学习目标

通过本模块的学习，应该达到：

1. 知识目标

- 了解防火墙的基本概念；
- 了解防火墙的运行机制；
- 了解防火墙的功能和作用；
- 了解防火墙的配置环境和原则；
- 了解防火墙的特点。

2．能力目标

● 安装天网防火墙；

● 设置天网防火墙口令；

● 配置应用程序访问规则；

● 配置安全选项；

● 配置 IP 策略；

● 设置管理权限；

● 管理日志。

3.1.2　工作任务——安装配置天网防火墙

1．工作任务背景

学生会只有一台公用计算机，学校为学生会配备该计算机的目的是让学生会干部能够从校园网内获取校内外最新的一些消息，同时也为学生会日常管理提供方便。然而，学生会毕竟是一个学生聚集的场所，在此计算机也就变成了部分学生和学生干部上网、聊天、游戏的工具。甚至有的学生在学校上班期间下载电影，严重影响了正常网络访问的速度，危及到学校的正常网络应用程序的安全和性能。部分学生的不负责任的行为，也导致该计算机病毒、木马、恶意软件泛滥，为正常办公构成严重的安全隐患。

2．工作任务分析

学生会计算机的日常工作包括两项，一个是日常办公软件的应用，即一些通知、活动、安排、消息等编辑排版和处理；二是从校内外网站获取一些新闻、消息、通知等。该计算机为公用办公计算机，不应该成为个别不负责任人的娱乐工具。为了杜绝一些非正常的应用软件和网络访问，我们需要为该计算机安装带有口令保护的个人防火墙。

有了防火墙软件，就可以有目的地允许和禁止网络信息的进出，从而实现该计算机对网络访问的控制。防火墙有软件防火墙，也有硬件防火墙。对于个人计算机或网络工作站来说，软件防火墙就足够了。对于软件防火墙，目前有很多成熟的产品，如天网防火墙、江民黑客防火墙、McAfee Desktop Firewall、瑞星个人防火墙等。

其中天网防火墙是应用比较广泛、功能比较强大、性能良好的一款软件防火墙。使用天网防火墙，可以对应用程序、IP 地址、端口进行筛选和过滤，有目的地控制网络信息的进出。

3．条件准备

对于学生会的计算机，我们准备了最新版的天网防火墙个人版 Athena 2006 3.0。

天网防火墙（SkyNet-FireWall）由广州众达天网技术有限公司制作，是国内首款个人防火墙。经过分析，选用天网防火墙个人版，它可以根据系统管理者设定的安全规则保护网络，提供强大的访问控制、应用选通、信息过滤等功能。可以抵挡网络入侵和攻击，

模块 3
配置防火墙 W
WANGLUOXINXI
ANQUAN

模块 1
模块 2
模块 3
模块 4
模块 5
模块 6
模块 7
模块 8
模块 9
模块 10
模块 11

防止信息泄露，并可与天网安全实验室的网站相配合，根据可疑的攻击信息，来找到攻击者。在新版本中采用了 3.0 的数据包过滤引擎，并增加了专门的安全规则管理模块，让用户可以随意导入导出安全规则。

3.1.3 实践操作

安装和配置天网防火墙。

1．安装天网防火墙个人版

天网防火墙个人版的安装过程如下。

（1）双击 Setup.exe 文件执行安装操作，弹出安装程序的欢迎对话框。在欢迎对话框中，浏览"天网防火墙个人版最终用户许可协议"，然后选中"我接受此协议"，单击"下一步"按钮，进入安装程序的选择安装的目标文件夹对话框。

（2）在选择安装的目标文件夹对话框中，查看目标文件夹是否为要安装的位置，如果需要更改目标文件安装位置，单击"浏览"按钮，选择合适的天网防火墙安装位置。在此使用默认的目标文件夹，单击"下一步"按钮，弹出安装程序的选择程序管理器程序组对话框。

（3）在选择程序管理器程序组对话框中，可以更改天网防火墙安装完成后在"开始"菜单中程序组的名称。在此不做更改而使用默认的程序组名称"天网防火墙个人版"。单击"下一步"按钮，进入开始安装对话框。直接单击"下一步"按钮，弹出正在安装对话框，如图 3.1 所示。安装完成后进入天网防火墙设置对话框。

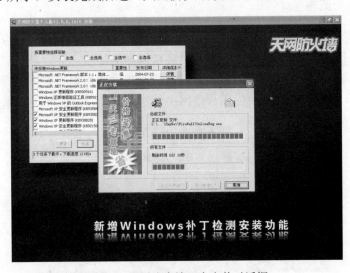

图 3.1　天网防火墙正在安装对话框

（4）在天网防火墙设置向导的安全级别设置对话框中，我们可以选择使用由天网防火墙预先配置好的 3 个安全方案：低、中、高。一般情况下，使用方案"中"就可以满足需要了，如图 3.2 所示。

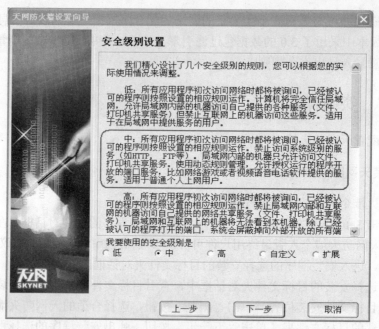

图 3.2　安全级别设置对话框

（5）选择完安全级别后，单击"下一步"按钮直到向导设置完成。重新启动计算机后，天网防火墙自动执行并开始保护计算机的安全。天网个人防火墙启动后，在系统任务栏显示 图标。

2．配置安全策略

对于天网防火墙的使用，可以不修改默认配置而直接使用。但是，学生会的计算机在校园网内部，需要做一些特定的配置来适应校园网的环境。

天网防火墙的管理界面如图 3.3 所示。在管理界面，可以设置应用程序规则、IP 规则、系统设置，也可以查看当前应用程序网络使用情况、日志，还可以做在线升级。

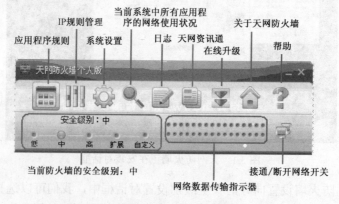

图 3.3　天网防火墙主界面

1）系统设置

在防火墙的控制面板中单击 ⚙ "系统设置"按钮即可展开防火墙系统设置面板，如图 3.4 所示。

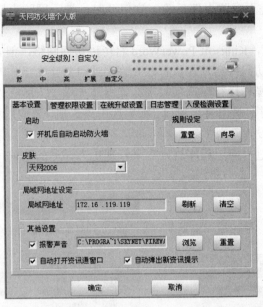

图 3.4　天网防火墙系统设置窗口

在系统设置界面中，包括基本设置、管理权限设置、在线升级设置、日志管理和入侵检测设置等。

（1）在基本设置页面中，选中"开机后自动启动防火墙"复选框，让防火墙开机自动运行，以保证系统始终处于监视状态。其次，单击"刷新"按钮或输入局域网地址，使配置的局域网地址确保是本机地址。

（2）在管理权限设置中，设置管理员密码，以保护天网防火墙本身，并且不选中 ☐ 在允许某应用程序访问网络时，不需要输入密码，以防止除管理员外其他人随意添加应用程序访问网络权限。

（3）在在线升级设置中，选中"有新的升级包就提示"选项，以保证能够即时升级到最新的天网防火墙版本。

（4）在入侵检测设置中，选中"启动入侵检测功能"选项，用来检测并阻止非法入侵和破坏。

设置完成后，单击"确定"按钮，保存并退出系统设置，返回到管理主界面。

2）应用程序规则

天网防火墙可以对应用程序数据传输封包进行底层分析拦截。通过天网防火墙可以控制应用程序发送和接收数据传输包的类型、通信端口，并且决定拦截还是通过。

基于应用程序规则，可以随意控制应用程序访问网络的权限，比如允许一般应用程序正常访问网络，而禁止网络游戏、BT 下载工具、QQ 即时聊天工具等访问网络。

（1）在天网防火墙运行的情况下，任何应用程序只要有通信传输数据包发送和接收动作，都会被天网防火墙先截获分析，并弹出窗口，询问是"允许"还是"禁止"，让用户可以根据需要来决定是否允许应用程序访问网络。如图 3.5 所示，Kingsoft PowerWord（金山词霸）在安装完天网防火墙后第一次启动时，被天网防火墙拦截并询问是否允许 PowerWord 访问网络。

如果执行"允许"，Kingsoft PowerWord 将可以访问网络，但必须提供管理员密码，否则禁止该应用程序访问网络。在执行"允许"或"禁止"操作时，如果不选中"该程序以后都按照这次的操作运行"选项，那么天网防火墙个人版在以后会继续截获该应用程序的传输数据包，并且弹出警告窗口；如果选中该选项，该应用程序将自动加入到"应用程序访问网络权限设置"表中。

管理员也可以通过"应用程序规则"来管理更为详尽的数据传输封包过滤方式，如图 3.6 所示。

图 3.5　天网防火墙警告信息

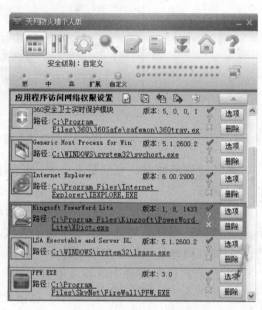

图 3.6　天网防火墙应用程序规则窗口

对于每一个请求访问网络的应用程序来说，都可以设置非常具体的网络访问细则。PowerWord 在被允许访问网络后，在该列表中显示"√"，即为"允许访问网络"，如图 3.7 所示。单击 PowerWord 应用程序的"选项"按钮，可以对 PowerWord 访问网络进行更为详细的设置，如图 3.8 所示。

图 3.7　应用程序权限设置

在如图 3.8 应用程序管理界面中，管理员可以设置更为详细的包括协议、端口等访问网络访问参数。

（2）对于一些即时通信工具、游戏软件、BT 下载工具等，管理员可以通过工具栏进行增加规则，或者检查失效的路径、导入规则、导出规则、清空所有规则等操作。

下面，我们对 QQ 工具设置禁止访问网络。

在天网防火墙应用程序规则管理窗口，单击工具栏按钮，在如图 3.9 所示的窗口中，设置 QQ 禁止访问网络。通过"浏览"按钮选择 QQ 应用程序，并选中"禁止操作"，然后单击"确定"按钮即可。

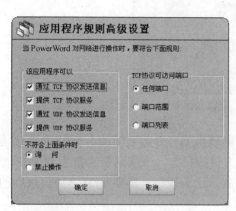

图 3.8　应用程序规则高级设置

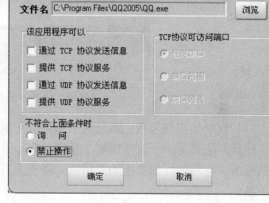

图 3.9　禁止 QQ 访问网络设置

其他应用程序和工具软件禁止网络访问的管理操作类似，在此不再赘述。

3）IP 规则管理

IP 规则是针对整个系统的网络层数据包监控而设置的。利用自定义 IP 规则，管理员可针对具体的网络状态，设置自己的 IP 安全规则，使防御手段更周到、更实用。单击"IP 规则管理"工具栏按钮或者在"安全级别"中单击"自定义"安全级别进入 IP 规则设置界面，如图 3.10 所示。

天网防火墙在安装完成后已经默认设置了相当好的默认规则，一般不需要做 IP 规则修改，就可以直接使用。

对于默认的规则各项的具体意义，这里只介绍其中比较重要的几项。

（1）防御 ICMP 攻击：选择时，即别人无法用 ping 的方法来确定用户主机的存在。但不影响用户去 ping 别人。因为 ICMP 协议现在也被用来作为蓝屏攻击的一种方法，而且该协议对于普通用户来说，是很少使用到的。

（2）防御 IGMP 攻击：IGMP 是用于组播的一种协议，对于 Windows 的用户是没有什么用途的，但现在也被用来作为蓝屏攻击的一种方法，建议选择此设置，不会对用户造成影响。

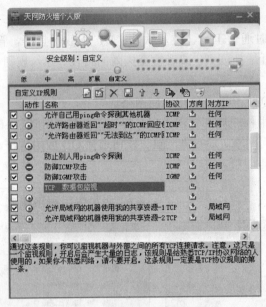

图 3.10　IP 规则管理

（3）TCP 数据包监视：通过这条规则，可以监视机器与外部之间的所有 TCP 连接请求。注意，这只是一个监视规则，开启后会产生大量的日志，该规则是给熟悉 TCP/IP 协议网络的人使用的，如果不熟悉网络，请不要开启。这条规则一定要是 TCP 协议规则的第一条。

（4）禁止互联网上的机器使用我的共享资源：开启该规则后，别人就不能访问该计算机的共享资源，包括获取该计算机的机器名称。

（5）禁止所有人连接低端端口：防止所有的机器和自己的低端端口连接。由于低端端口是 TCP/IP 协议的各种标准端口，几乎所有的 Internet 服务都是在这些端口上工作的，所以这是一条非常严厉的规则，有可能会影响使用某些软件。如果需要向外面公开特定的端口，需要在本规则之前添加使该特定端口数据包可通行的规则。

（6）允许已经授权程序打开的端口：某些程序，如 ICQ、视频电话等软件，都会开放一些端口，这样，同伴才可以连接到用户的机器上。本规则用来保证这些软件可以正常工作。

（7）禁止所有人连接：防止所有的机器和自己连接。这是一条非常严厉的规则，有可能会影响某些软件的使用。如果需要向外面公开特定的端口，需要在本规则之前添加使该特定端口数据包可通行的规则。该规则通常放在最后。

（8）UDP 数据包监视：通过这条规则，可以监视机器与外部之间的所有 UDP 包的发送和接受过程。注意，这只是一个监视规则，开启后可能会产生大量的日志，平常请不要打开。这条规则是给熟悉 TCP/IP 协议网络的人使用，如果不熟悉网络，请不要开启。这条规则一定要是 UDP 协议规则的第一条。

（9）允许 DNS（域名解析）：允许域名解析。注意，如果要拒绝接收 UDP 包，就一定要开启该规则，否则会无法访问互联网上的资源。

此外，还设置了多条安全规则，主要针对现时一些用户对网络服务端口的开放和木马端口的拦截。其实安全规则的设置是系统最重要、也是最复杂的地方。如果用户不太熟悉 IP 规则，最好不要调整它，而可以直接使用默认的规则。但是，如果用户熟悉 IP 规则，就可以非常灵活地设计适合自己使用的规则。

建立规则时，防火墙的规则检查顺序与列表顺序是一致的；在局域网中，只想对局域网开放某些端口或协议（但对互联网关闭）时，可对局域网的规则采用允许"局域网网络地址"的某端口、协议的数据包"通行"的规则，然后用"任何地址"的某端口、协议的规则"拦截"，就可达到目的；不要滥用"记录"功能，一个定义不好的规则加上记录功能，会产生大量没有任何意义的日志，并耗费大量的内存。

对于 IP 规则，可以单击工具栏上的按钮 ，来增加规则、修改规则、删除规则，由于规则判断是由上而下执行的，还可以通过单击"上移"、"下移"按钮调整规则的顺序（注意：只有同一协议的规则才可以调整相互顺序），还可以"导出"和"导入"已预设和已保存的规则。当调整好顺序后，可按"保存"按钮保存所做的修改。如需要删除全部 IP 规则，可单击"清空所有规则"按钮删除全部 IP 规则。

4）网络访问监控

使用天网防火墙，用户不但可以控制应用程序访问权限，还可以监视该应用程序访问网络所使用的数据传输通信协议、端口等。通过使用"当前系统中所有应用程序的网络使用状况" 功能，用户能够监视到所有开放端口连结的应用程序及它们使用的数据传输通信协议，任何不明程序的数据传输通信协议端口，例如特洛依木马等，都可以在应用程序网络状态下一览无遗，如图 3.11 所示。

天网防火墙对访问网络的应用程序进程监控还实现了协议过滤功能，对于普通用户而言，由于通常的危险进程都是采用 TCP 传输层协议，所以基本上只要对使用 TCP 协议的应用程序进程监控就可以了。一旦发现有非法进程在访问网络，就可以用应用程序网络访问监控的 结束进程功能来禁止它们，阻止它们的执行。

5）日志

天网防火墙会把所有不符合规则的数据传输封包拦截并且记录下来。一旦选择了监视 TCP 和 UDP 数据传输封包，发送和接收的每个数据传输封包就会被记录下来，如图 3.12 所示。

有一点需要强调，即不是所有被拦截的数据传输封包都意味着有人在攻击，有些是正常的数据传输封包，但可能由于设置的防火墙的 IP 规则的问题，也会被天网防火墙拦截下来并且报警。如果设置了禁止别人 ping 用户的主机，当有人向用户的主机发送 ping 命令，天网防火墙也会把这些发来的 ICMP 数据拦截下来记录在日志上并且报警。

天网防火墙个人版把日志进行了详细的分类，包括：系统日志、内网日志、外网日志、全部日志，可以通过单击日志旁边的下拉菜单选择需要查看的日志信息。

到此为止，天网防火墙已经安装完成并能够发挥作用，保护学生会计算机的安全免受外来攻击和内部信息的泄露。

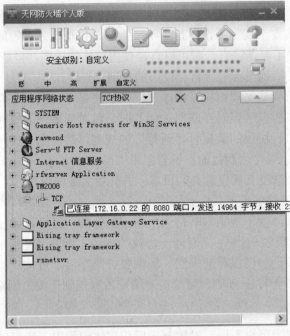

图 3.11 网络访问监控

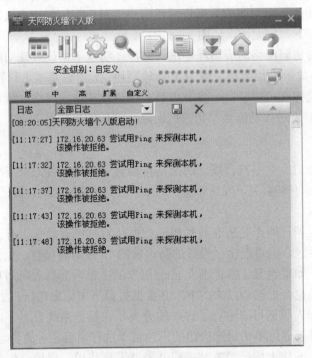

图 3.12 日志记录

3.1.4　问题探究

个人防火墙是防止电脑中的信息被外部侵袭的一项技术，它能在系统中监控、阻止任何未经授权允许的数据进入或发送到互联网及其他网络系统。个人防火墙能帮助用户对系统进行监控及管理，防止特洛伊木马、spy-ware 等病毒程序通过网络进入电脑或在未知情况下向外部扩散。

个人防火墙对流经它的网络通信进行扫描，这样能够过滤掉一些攻击，以免其在目标计算机上被执行。防火墙还可以关闭不使用的端口。而且它还能禁止特定端口的流出通信，封锁特洛伊木马。最后，它可以禁止来自特殊站点的访问，从而防止来自不明入侵者的所有通信。

当然，并不要指望防火墙能够给予完美的安全。防火墙可以保护计算机或者网络免受大多数的来自外部的威胁，但是却不能防止从内部的攻击。正常情况下，用户可以拒绝除了必要和安全的服务以外的任何服务。但是新的漏洞每天都会出现，关闭不安全的服务意味着一场持续的战争。

3.1.5　知识拓展

除了天网防火墙以外，还有很多适合普通个人用户使用的软件防火墙，例如，傲盾防火墙、Agnitum Outpost Firewall、Sygate Personal Firewall Pro、ZoneAlarm、Kaspersky Anti-Hacker 等。

1. 傲盾防火墙

傲盾防火墙 KFW 是一款免费的、比较好用的 ddos 防火墙，其严谨、丰实的界面和详尽、强大的功能是其大规模应用的前提。傲盾防火墙有以下特点。

（1）实时数据包地址、类型过滤可以阻止木马的入侵和危险端口扫描。

（2）功能强大的包内容过滤。

（3）包内容的截获。KFW 防火墙可以截获指定包的内容，以便用户保存、分析。为编写网络程序的程序员、想成为网络高手的网民提供了方便的工具。

（4）先进的应用程序跟踪。

（5）灵活的防火墙规则设置，可以设置几乎所有的网络包的属性，来阻挡非法包的传输。

（6）实用的应用程序规则设置。KFW 防火墙提供了应用程序跟踪功能，在应用程序规则设置里，可以针对网络应用程序来设置网络规则。

（7）详细的安全纪录。

（8）专业级别的包内容记录。KFW 防火墙提供了专业的包内容记录功能，可以使用户更深入地了解各种攻击包的结构、攻击原理以及应用程序的网络功能的分析。

（9）完善的报警系统。

（10）IP 地址翻译。

（11）方便漂亮的操作界面。

（12）强大的网络端口监视功能。

（13）强大的在线模块升级功能。

2. Agnitum Outpost Firewall

Agnitum Outpost Firewall 是一款短小精悍的网络防火墙软件，它能够从系统和应用两个层面，对网络连接、广告、内容、插件、邮件附件以及攻击检测多个方面进行保护，预防来自 Cookies、广告、电子邮件病毒、后门、窃密软件、解密高手、广告软件的危害。

（1）应用程序规则。Outpost 个人防火墙的应用程序过滤是一个重要功能，设置分为"禁止"、"部分允许"和"允许"三种。Outpost 已经在安装时为常用的网络应用程序预设了规则，参照它们可以手动建立新的访问规则。另外，Outpost 个人防火墙还能够对计算机实施系统级的防护。

（2）防火墙应用。Outpost 个人防火墙的特点在于使用简单，安装运行后立刻开始工作，无须用户做复杂的设置工作。Outpost 个人防火墙有五种防护模式，运行时会在系统托盘区显示目前处于哪一种防护模式下，切换模式可以通过程序在托盘图标中的右键菜单来完成。如果发现有网络入侵时，应立即停止所有网络访问。

（3）插件功能。Outpost 个人防火墙的一大特色是插件功能，这些插件之间以及与主防火墙模块之间是相互独立的，通过插件这种开放式结构，可以使功能得到进一步扩展，为应对不断出现的新型网络非法入侵提供了方便。Outpost 个人防火墙默认的插件有广告过滤、入侵检测、内容过滤、附件过滤、活动内容过滤、DNS 缓存等。

Outpost 个人防火墙除了可以在线升级以外，还提供了在线测试功能。可以选择"工具" | "在线测试计算机"命令来连接网站，选择好测试的项目单击"start test"即可。

3. Sygate Personal Firewall Pro

Sygate Personal Firewall Pro 个人防火墙能对网络、信息内容、应用程序以及操作系统提供多层面全方位保护，可以有效而且具有前瞻性地防止黑客、木马和其他未知网络威胁的入侵。与其他的防火墙不同的是，Sygate Personal Firewall Pro 能够从系统内部进行保护，并且可以在后台不间断地运行。另外它还提供安全访问和访问监视功能，并可提供所有用户的活动报告，当检测到入侵和不当的使用后，能够立即发出警报。

（1）更加强大的应用程序规则。Sygate Personal Firewall Pro 是以应用程序为中心的防火墙，所以它的应用程序规则设置更加强大。不仅可以设置应用程序访问网络的权限，还可以"启用时间安排"来设定它每天开始运行的时间以及持续的时间，超时后会自动终止它访问网络的权力。

（2）限制网络邻居通信。目前有许多病毒通过局域网以及网络共享进行传播，可以通过设置禁止本机别人浏览、共享文件和打印机来保护共享的安全，还可以设置安全密码，防止别人篡改设置。

（3）更多的安全保护。Sygate Personal Firewall Pro 中还有更多的安全设置选项，可以选择开启入侵监测和端口扫描检测，并打开驱动程序级保护、NETBIOS 保护，这样当受到特洛伊木马恶意下载、拒绝服务（DoS）等攻击时能够自动切断与对方主机的连接。甚至还可以设置中断与这一 IP 连接的持续时间，单位为秒，默认为 10 分钟。另外还可开启隐身模式浏览、反 IP 欺骗、反 MAC 欺骗等选项，以防止黑客获得用户的计算机信息。

（4）安全测试。Sygate Personal Firewall Pro 还提供了在线安全测试功能。

4．ZoneAlarm

ZoneAlarm 是一款老牌的防火墙产品，性能稳定，对资源的要求不高，非常适合家庭个人用户的使用。它能够监视来自网络内外的通信情况，同时兼具危险附件隔离、Cookies 保护和弹出式广告条拦截等六大特色功能。安装后运行，在系统概要中可以自行设置程序界面的颜色、修改密码以及自动更新等内容。

（1）网络防火墙的应用。在 ZoneAlarm 中，将用户的网络连接安全区域分为三类：Internet 区域、可信任区域和禁止区域。通过调整滑块可以方便地改变各个区域的安全级别，当设置为最高时，计算机将在网络上不可见，并禁止一切共享。可以自行定义防火墙允许对外开放的系统端口。还可以设置到达某一时间自动禁止所有或部分网络连接，这样可以控制上网时间。

（2）应用程序控制。当本机的某个应用程序首次访问网络时，ZoneAlarm 会自动弹出黄色的对话框，询问是否允许该程序访问网络，否则会弹出蓝色的重复程序提示框。

（3）隐私保护。ZoneAlarm 提供了强大的隐私保护功能，主要包括 Cookie、弹出式广告和活动脚本三个方面。

（4）邮件保护。针对目前邮件病毒越来越多的情况，ZoneAlarm 提供了对发送和接收邮件的保护功能，可以手动添加需要过滤的附件文件后缀名，比如"SCR、PIF、SHS、VBS"等，当软件检测到邮件中的附件，携带有病毒或恶意程序时将会自动进行隔离。

（5）网页过滤。网页过滤中包括家长控制和智能过滤两种措施，另外还可以自己设定要屏蔽的网站类型，例如暴力、色情、游戏等。

（6）ID 锁。随着网络交流方式的普及，可能在不经意间随手把一些个人资料，比如银行账号、网络游戏账号或邮箱密码等重要信息，直接以明文形式写在邮件中发送给朋友，其实这样做是非常危险的，因为邮件可能因服务器出错而错投给别人，还可能被计算机病毒、木马程序以及黑客等记录、截留或窃取，给用户带来重大损失。ZoneAlarm 中的 ID 锁功能可以防止这些重要的资料被泄露出去。

5．Kaspersky Anti-Hacker

Kaspersky Anti-Hacker 是卡巴斯基公司出品的一款非常优秀的网络安全防火墙。它能有效地保护用户的电脑不被黑客入侵和攻击，全方位保护数据安全。

（1）应用程序规则。Kaspersky Anti-Hackert 个人防火墙的应用级规则是一个重要功能，通过实施应用及过滤，可以决定哪些应用程序可以访问网络。当 Kaspersky Anti-Hacker 成功安装后，会自动把一些安全的有网络请求的程序，添加到程序规则列表中，并且根据每个程序的情况添加适当规则，Anti-Hacker 把程序共分 9 种类型，比如：OE 为邮件类，

MSN 是即时通信类，不同类型的访问权限不同。双击列表中的规则可进行编辑，如果对选中的程序比较了解，可以自定义规则，规定程序访问的协议和端口，这对防范木马程序非常有用。

（2）包过滤规则。Kaspersky Anti-Hacker 提供包过滤规则，主要是针对电脑系统中的各种应用服务和黑客攻击来制定的。

（3）网络防火墙的应用。Kaspersky Anti-Hacker 防火墙可以阻止部分攻击，入侵检测系统默认是启动的。由于网络状况是千变万化的，当遭到频繁攻击时，可以适当提高灵敏度或修改拦截的时间。上网时当遭到黑客攻击时，防火墙的程序主窗口会自动弹出，并在窗口级别的下方显示出攻击的类型和端口。这时可以根据情况禁用攻击者的远程 IP 地址与计算机之间的通信，并且在包过滤规则中添加上禁止该 IP 地址通信的规则，这样以后就再不会遭到来自该地址的攻击了。如果上述方法不能奏效，还可以选择全部拦截或者暂时断开网络。

Kaspersky Anti-Hacker 防火墙还有非常强大的日志功能，一切网络活动都会记录在日志中。从中可查找出黑客留下的蛛丝马迹，对防范攻击是非常有帮助的。另外，Kaspersky Anti-Hacker 还能查看端口和已建立的网络连接情况。

3.1.6　检查与评价

1. 简答题

（1）个人防火墙的功能有哪些？

（2）何时使用个人防火墙？

（3）如何选择合适的个人防火墙？

2. 实做题

安装并配置天网防火墙。

3.2　部署硬件防火墙

硬件防火墙是指把防火墙程序做到芯片里面，由硬件执行这些功能，能减少 CPU 的负担，使路由更稳定。硬件防火墙是保障内部网络安全的一道重要屏障。它的安全和稳定，直接关系到整个内部网络的安全。

3.2.1　学习目标

通过本情境的学习，应该达到：

1．知识目标

- 理解防火墙的基本特性；
- 理解防火墙的运行机制；
- 掌握防火墙的功能和作用；
- 掌握防火墙的管理特性；
- 掌握防火墙的对象管理；
- 掌握防火墙的策略配置；
- 了解防火墙的局限性。

2．能力目标

- 安装 RG-WALL 60 防火墙；
- 导入 RG-WALL 60 防火墙的数字证书；
- 使用 Web 方式登录防火墙；
- 管理 RG-WALL 60 防火墙账号；
- 定义 RG-WALL 60 防火墙对象；
- 配置安全规则；
- 配置抗攻击选项。

3.2.2 工作任务——安装配置硬件防火墙

1．工作任务背景

校园网对于当今学校的管理和运行已经成为最基本的条件，广泛应用于学校的日常办公，学生信息的管理，学生选课、成绩的管理等。如果没有校园网，学校的日常活动可能就难以开展下去。

但是，近来校园网的安全和性能问题越来越严重，特别是发现了对学校服务器的攻击行为，更是对校园网的安全构成了严重的威胁。校园网的日常运行存在非常大的安全隐患。

2．工作任务分析

从校园网当前存在的问题来看，这是典型的网络安全管理问题。一是对网络服务器的攻击和破坏是网络安全的最大威胁，服务器的安全是校园网正常运行的必要条件；二是病毒和木马的传播，给正常的学校网络运行构成了极大的隐患。

在当前校园网中，缺少一个对网络信息流动进行严格控制的机制。如果在校园网中加入一台硬件防火墙，对校园网中的网络活动进行筛选和控制，对日常的业务活动保证其网络活动的正常进行，对非正常的网络活动如病毒木马的传播和网络攻击进行限制，对网络安全构成威胁的活动严格禁止。对于这样的网络管理，防火墙是最合适的，如果能够进行合理的配置，现在所涉及的安全问题都可以很好地得到解决。

3. 条件准备

对于校园网的安全防护，我们准备了 RG-WALL 60 防火墙。

RG-WALL 系列是采用锐捷网络独创的分类算法（Classification Algorithm）设计的新一代安全产品——第三代防火墙，支持扩展的状态检测（Stateful Inspection）技术，具备高性能的网络传输功能；同时在启用动态端口应用程序（如 VoIP、H.323 等）时，可提供强有力的安全信道。

采用锐捷独创的分类算法使得 RG-WALL 产品的高速性能不受策略数和会话数多少的影响，产品安装前后丝毫不会影响网络速度；同时，RG-WALL 在内核层处理所有数据包的接收、分类、转发工作，因此不会成为网络流量的瓶颈。另外，RG-WALL 具有入侵监测功能，可判断攻击并且提供解决措施，且入侵监测功能不会影响防火墙的性能。

RG-WALL 的主要功能包括：扩展的状态检测功能、防范入侵及其他（如 URL 过滤、HTTP 透明代理、SMTP 代理、分离 DNS、NAT 功能和审计/报告等）附加功能。

RG-WALL 60 防火墙前面板示意图如图 3.13 所示，从左到右依次排列有公司标识、CONSOLE 口、7 个百兆网口（其中 4 个百兆交换网口）、电源指示灯、状态指示灯、网卡指示灯。后面板示意图如图 3.14 所示。

图 3.13　RG-WALL 60 前面板

图 3.14　RG-WALL 60 后面板

3.2.3　实践操作

1. 硬件防火墙的安装

考虑到现有校园网的特点，防火墙接入采用"纯透明"的拓扑结构，如图 3.15 所示。这样的拓扑结构有如下特点。

① 接入防火墙后无须改变原来拓扑结构。

② 防火墙无须启用 NAT 功能。

③ 可以禁止外网到内网的连接，限制内网到外网的连接，即只开放有限的服务，比如浏览网页、收发邮件、下载文件等。

④ 使用 DMZ 区对内外网提供服务，比如 WWW 服务、邮件服务等。

接入防火墙后，在防火墙的管理界面中只需要将防火墙接口 LAN、WAN、DMZ 启用混合模式；通过安全策略禁止外网到内网的连接；通过安全策略限制内网到外网的连接；通过安全策略限制外网到 DMZ 区的连接。

模块 3
配置防火墙 WANGLUOXINXI ANQUAN

模块 1
模块 2
模块 3
模块 4
模块 5
模块 6
模块 7
模块 8
模块 9
模块 10
模块 11

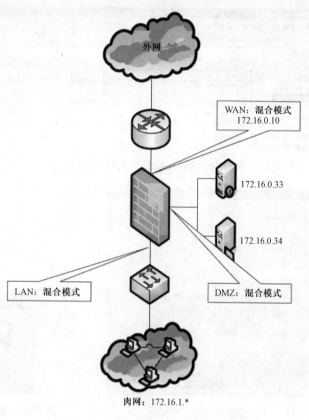

图 3.15　RG-WALL 60 接入后拓扑结构

2．连接管理主机与防火墙

利用网线直接连接管理主机网口和防火墙 WAN 网口（初始配置，只能将管理主机连接在防火墙的 WAN 网口上），把管理主机 IP 设置为 192.168.10.200，掩码为 255.255.255.0。连接好后，可以在管理主机运行 ping 192.168.10.100 命令（192.168.10.100 为防火墙 WAN 网口地址），以便验证是否真正连通，如不能连通，可检查管理主机的 IP（192.168.10.200）是否设置在与防火墙相连的网络接口上。

3．在管理机中导入数字证书

在管理主机中，要想对 RG-WALL60 实施配置，需要数字证书或者客户端软件+USB Key 进行身份认证。在此，使用数字证书来认证身份。数字证书（有关内容在学习情境 8 中介绍）必须导入才能使用，在 RG-WALL 60 随机附带的光盘上，可以找到数字证书文件 admin.p12，如图 3.16 所示。

（1）双击数字证书，运行"证书导入向导"。证书的导入，必须为私钥输入密码，RG-WALL60 证书的初始密码是"123456"，如图 3.17 所示。

（2）根据证书导入向导提示，一步一步操作，直到出现如图 3.18 所示的导入成功提示框。

图 3.16　RG-WALL 60 的数字证书

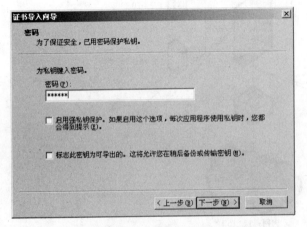

图 3.17　"证书导入向导"对话框

图 3.18　证书导入成功提示框

4. 登录防火墙 Web 界面

要想实施对防火墙的管理，必须登录到防火墙。登录防火墙有两种方式，一种是 Web 界面，另一种是超级终端。在此，使用 Web 界面方式来登录并管理防火墙。

（1）运行 IE 浏览器，在地址栏输入 https://192.168.10.100:6666（其他型号防火墙的登录方式参考配套资料），等待约 20 秒钟会弹出一个对话框提示接受证书，选择确认即可。系统提示输入管理员账号和口令，如图 3.19 所示。初始情况下，管理员账号是 admin，密码是：firewall。

（2）登录成功后，进入防火墙配置管理界面，如图 3.20 所示。

（3）在成功登录防火墙管理界面后，为了将防火墙成功应用于校园网，解决校园网的安全问题，需要为防火墙进行以下配置。

① 设置管理员账号。

② 定义内网、WWW 服务器、邮件服务器、数据库服务器等地址资源。

③ 定义 WWW 服务、邮件服务、文件服务等服务资源。

④ 设置防火墙接口为混合模式。

⑤ 添加包过滤规则：允许任意地址访问 WWW 服务器的 WWW 服务、邮件服务器的邮件服务。

⑥ 添加包过滤规则：允许内网访问任意地址的 WWW 服务、邮件服务、文件服务。

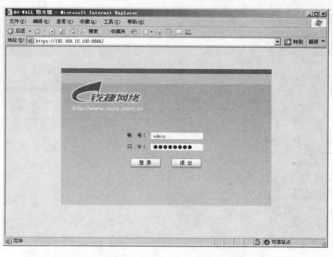

图 3.19　RG-WALL 60 登录界面

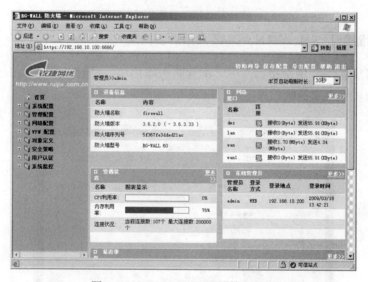

图 3.20　RG-WALL 60 配置管理界面

5．管理系统账号

通常，在第一次登录成功后，管理员需要修改初始管理员账号、管理主机、防火墙可管理 IP、管理方式或导入管理员证书，还可以新建其他管理员账号和管理主机。

（1）修改 admin 账号的账户名和密码。在如图 3.21 所示的管理员账号界面中，单击 admin 账号的编辑 按钮，对 admin 账号的信息进行修改。

（2）添加新的管理员账号。在图 3.21 所示的界面中，单击 添加 按钮，可以添加防火墙管理账号，如图 3.22 所示，添加一个 LiLiGong 账号，权限为配置管理员+策略管理员+日志审计员。

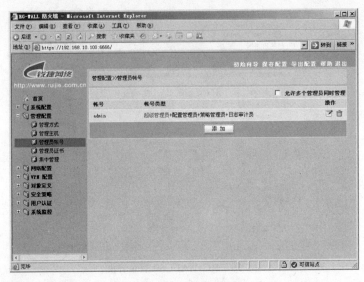

图 3.21　管理员账号界面

6. 防火墙接口 LAN、WAN、DMZ 启用混合模式

在"网络配置"|"网络接口"中，配置防火墙接口。对应 dmz、wan、lan，分别单击 编辑按钮，设置工作模式为"混合模式"，如图 3.23 所示。

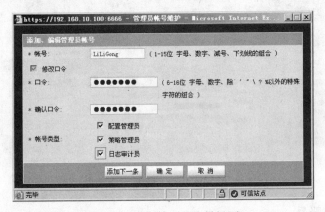

图 3.22　添加管理员账号界面

接口名称	工作模式	MTU	网口速率	TRUNK	VLANID	非IP协议	日志	操作
dmz	混合	1500	自动协商	✖		✖	✖	
lan	混合	1500	自动协商	✖		✖	✖	
wan	混合	1500	自动协商	✖		✖	✖	
wan1	路由	1500	自动协商	✖		✖	✖	

图 3.23　启用混合模式

7. 定义地址资源

在"对象定义"|"地址"|"地址列表"中，单击 添加 按钮来定义内网、服务地址资源。定义内网 interip 为 172.16.0.0/255.255.0.0，如图 3.24 所示。

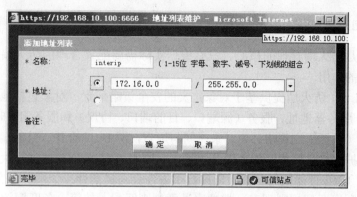

图 3.24　定义 interip 地址对象

同样的操作，定义服务器地址资源 serverip：172.16.0.33-172.16.0.34，如图 3.25 所示。

序号	名称	地址	备注	操作
1	interip	172.16.0.0 / 255.255.0.0		
2	serverip	172.16.0.33 - 172.16.0.34		

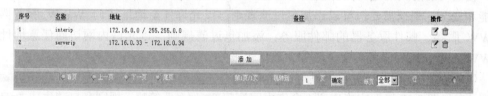

图 3.25　“地址”对象列表

8．定义服务资源

在“对象定义”|“服务”中，可以对当前“服务”对象进行管理，RG-WALL 60 在出厂时已经建立好了常用的“服务”对象，比如常用到的“http”、“ftp”、“pop3”等服务。在此也可以对现有的对象进行编辑或者使用“添加”按钮来定义新的“服务”对象。

常用到的 WWW、FTP、邮件服务对象在如图 3.26 所示的列表中都能够找到，通过编辑功能，查看这些对象的属性，已有配置完全能够满足日常的需要，不需要再添加新的“服务”对象。

10	http	TCP (0,65535)-(80,80)	www服务
11	https	TCP (0,65535)-(443,443)	https服务
12	l2tp	UDP (0,65535)-(1701,1701)	第二层隧道协议
13	lotusnote	TCP (0,65535)-(1352,1352) UDP (0,65535)-(1352,1352)	lotus notes
14	netbios	TCP (0,65535)-(137,137) TCP (0,65535)-(139,139) UDP (0,65535)-(137,137) UDP (0,65535)-(138,138)	windows文件共享
15	ntp	TCP (0,65535)-(123,123)	时间服务器服务
16	oicqc	UDP (0,65535)-(4000,4000)	QQ客户端打开端口
17	oicqs	UDP (0,65535)-(8000,8000)	QQ服务器打开端口
18	pcanywhere	TCP (0,65535)-(5631,5632) UDP (0,65535)-(5631,5632)	pcanywhere
19	pop3	TCP (0,65535)-(110,110)	邮件接收服务

图 3.26　“服务”对象列表

9．添加包过滤规则

策略管理是防火墙管理的核心，只有根据实际需要配置合理的防火墙策略，防火墙才能发挥真正的作用。

RG-WALL 60 防火墙提供基于对象定义的安全策略配置。对象包括地址和地址组、NAT 地址池、服务器地址、服务（源端口、目的端口、协议）和服务组、时间和时间组、用户和用户组（包括用户策略：如登录时间与地点，源 IP/目的 IP、目的端口、协议等）、连接限制（保护主机、保护服务、限制主机、限制服务）、带宽策略（最大带宽、保证带宽、优先级）、URL 过滤策略。最大限度提供方便性与灵活性。

防火墙按顺序匹配规则列表：按顺序进行规则匹配，按第一条匹配的规则执行，不再匹配该条规则以下的规则。

校园网的防火墙是为保证校园网的正常运行而服务的，必须保证校园网日常运行的性能和安全。根据需要，可以添加包过滤规则：以允许任意地址访问 WWW 服务器的 WWW 服务、邮件服务器的邮件服务；添加包过滤规则：以允许内网访问任意地址的 WWW 服务、邮件服务、文件服务、数据库服务。

（1）设置"允许内网访问 ftp 服务"策略。在"安全策略"|"安全规则"中，单击 添加 按钮，在如图 3.27 界面中来定义"允许内网访问 ftp 服务"策略。规则名自动生成"pf1"，源地址选在刚刚定义好的内网地址"interip"，目的地址选择定义的"serverip"，服务为"ftp"，执行的动作为"允许"。单击"确定"按钮完成 pf1 策略的添加。这样，就定义好了内网可以任意访问 ftp 服务的安全规则。

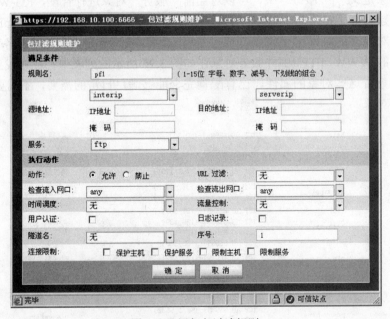

图 3.27　添加包过滤规则

（2）参照 pf1 规则，来定义内网访问 WWW 服务、邮件服务、数据库服务的规则。

（3）同样操作，定义外网访问 WWW 服务、邮件服务的规则。

定义好规则后，在安全规则列表中，就会按顺序显示所定义的规则，如图3.28所示。至此，防火墙就可以发挥正常的作用，确保校园网络安全。

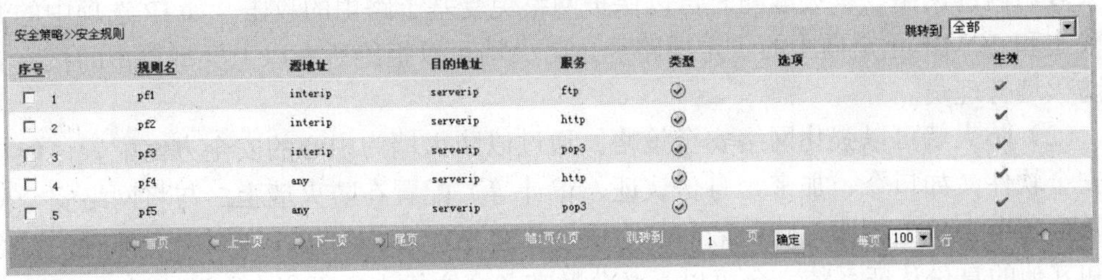

序号	规则名	源地址	目的地址	服务	类型	选项	生效
1	pf1	interip	serverip	ftp	✓		✓
2	pf2	interip	serverip	http	✓		✓
3	pf3	interip	serverip	pop3	✓		✓
4	pf4	any	serverip	http	✓		✓
5	pf5	any	serverip	pop3	✓		✓

图3.28 安全规则列表

注意

防火墙按顺序匹配规则列表：按顺序进行规则匹配，按第一条匹配的规则执行，不再匹配该条规则以下的规则。

系统不对规则进行逻辑性检查，需要由管理员自己判定以保证规则符合逻辑。例如，即使有两条矛盾的安全规则并存，系统也不警告报错。

3.2.4 问题探究

防火墙的本义原是指古代人们房屋之间修建的那道墙，这道墙在火灾发生时可以阻止火蔓延到别的房屋。而这里所说的防火墙当然不是指物理上的防火墙，而是指隔离在本地网络与外界网络之间的一道防御系统。

应该说，在互联网上防火墙是一种非常有效的网络安全模型，通过它可以隔离风险区域（即Internet或有一定风险的网站）与安全区域（局域网或PC）的连接。同时可以监控进出网络的通信，让安全的信息进入。

防火墙是指设置在不同网络（如可信任的企业内部网和不可信的公共网）或网络安全域之间的一系列部件的组合。它是不同网络或网络安全域之间信息的唯一出入口，能根据安全政策控制（允许、拒绝、监测）出入网络的信息流，且本身具有较强的抗攻击能力。它是提供信息安全服务，实现网络和信息安全的基础设施。

在逻辑上，防火墙是一个分离器，一个限制器，也是一个分析器，有效地监控了内部网和Internet之间的任何活动，保证了内部网络的安全。防火墙可以是软件类型，软件在电脑上运行并监控，对于个人用户来说软件型更加方便实用；也可以是硬件类型的，所有数据都首先通过硬件芯片监测，其实硬件型也就是芯片里固化了的软件，它不占用计算机CPU处理时间，可以功能非常强大，处理速度很快。

1. 防火墙的功能

（1）防火墙是网络安全的屏障。一个防火墙（作为阻塞点、控制点）能极大地提高一个内部网络的安全性，并通过过滤不安全的服务而降低风险。由于只有经过精心选择的应用协议才能通过防火墙，所以网络环境变得更安全。如防火墙可以禁止诸如众所周知的不安全的 NFS 协议进出受保护网络，这样外部的攻击者就不可能利用这些脆弱的协议来攻击内部网络。防火墙同时可以保护网络免受基于路由的攻击，如 IP 选项中的源路由攻击和 ICMP 重定向中的重定向路径。防火墙可以拒绝所有以上类型攻击的报文并通知防火墙管理员。

（2）防火墙可以强化网络安全策略。通过以防火墙为中心的安全方案配置，能将所有安全软件（如口令、加密、身份认证、审计等）配置在防火墙上。与将网络安全问题分散到各个主机上相比，防火墙的集中安全管理更经济。例如，在网络访问时，口令系统和其他的身份认证系统完全可以不必分散在各个主机上，而集中在防火墙一身上。

（3）对网络存取和访问进行监控审计。如果所有的访问都经过防火墙，那么，防火墙就能记录下这些访问并做出日志记录，同时也能提供网络使用情况的统计数据。当发生可疑动作时，防火墙能进行适当的报警，并提供网络是否受到监测和攻击的详细信息。另外，收集一个网络的使用和误用情况也是非常重要的。首先是可以清楚防火墙是否能够抵挡攻击者的探测和攻击，并且清楚防火墙的控制是否充足。其次，网络使用统计对网络需求分析和威胁分析等而言也是非常重要的。

（4）防止内部信息的外泄。通过利用防火墙对内部网络的划分，可实现内部网重点网段的隔离，从而限制了局部重点或敏感网络安全问题对全局网络造成的影响。再者，隐私是内部网络非常关心的问题，一个内部网络中不引人注意的细节可能包含了有关安全的线索而引起外部攻击者的兴趣，甚至因此而暴露了内部网络的某些安全漏洞。使用防火墙就可以隐蔽那些内部细节如 Finger、DNS 等服务。Finger 显示了主机的所有用户的注册名、真名，最后登录时间和使用 shell 类型等。但是 Finger 显示的信息非常容易被攻击者所获悉。攻击者可以知道一个系统使用的频繁程度，这个系统是否有用户正在连线上网，这个系统是否在被攻击时引起注意等。防火墙可以同样阻塞有关内部网络中的 DNS 信息，这样一台主机的域名和 IP 地址就不会被外界所了解。

除了安全作用，防火墙还支持具有 Internet 服务特性的企业内部网络技术体系 VPN。通过 VPN，将企事业单位在地域上分布在全世界各地的 LAN 或专用子网，有机地联成一个整体。不仅省去了专用通信线路，而且为信息共享提供了技术保障。

2. 防火墙的种类

根据防火墙的分类标准不同，防火墙可以有多种不同的分类方法。根据网络体系结构来进行分类，可以将防火墙划分为以下几种类型。

1）网络级防火墙

一般是基于源地址和目的地址、应用或协议以及每个 IP 包的端口来做出通过与否的判断。一个路由器便是一个"传统"的网络级防火墙，大多数的路由器都能通过检查这些信息来决定是否将所收到的包转发，但它不能判断出一个 IP 包来自何方，去向何处。

先进的网络级防火墙可以判断这一点，它可以提供内部信息以说明所通过的连接状态和一些数据流的内容，把判断的信息同规则表进行比较，在规则表中定义了各种规则来表明是否同意或拒绝包的通过。包过滤防火墙检查每一条规则直至发现包中的信息与某规则相符。如果没有一条规则能符合，防火墙就会使用默认规则，一般情况下，默认规则就是要求防火墙丢弃该包。其次，通过定义基于 TCP 或 UDP 数据包的端口号，防火墙能够判断是否允许建立特定的连接，如 Telnet、 FTP 连接。

网络级防火墙简洁、速度快、费用低，并且对用户透明，但是对网络的保护很有限，因为它只检查地址和端口，对网络更高协议层的信息无理解能力。

2）应用级网关

应用级网关就是常常说的"代理服务器"，它能够检查进出的数据包，通过网关复制传递数据，防止在受信任服务器和客户机与不受信任的主机间直接建立联系。应用级网关能够理解应用层上的协议，能够做复杂一些的访问控制，并做精细的注册和审核。但每一种协议需要相应的代理软件，使用时工作量大，效率不如网络级防火墙。

常用的应用级防火墙已有了相应的代理服务器， 例如： HTTP、 NNTP、 FTP、Telnet、rlogin、X-Windows 等，但是，对于新开发的应用，尚没有相应的代理服务，它们将通过网络级防火墙和一般的代理服务。

应用级网关有较好的访问控制，是目前最安全的防火墙技术，但实现困难，而且有的应用级网关缺乏"透明度"。在实际使用中，用户在受信任的网络上通过防火墙访问Internet 时，经常会发现存在延迟并且必须进行多次登录（Login）才能访问 Internet 或Intranet。

3）电路级网关

电路级网关用来监控受信任的客户或服务器与不受信任的主机间的 TCP 握手信息，这样来决定该会话（Session）是否合法，电路级网关是在 OSI 模型中会话层上来过滤数据包，这样比包过滤防火墙要高两层。

实际上电路级网关并非作为一个独立的产品存在，它与其他的应用级网关结合在一起。另外，电路级网关还提供一个重要的安全功能：代理服务器（ProxyServer），代理服务器是一个防火墙，在其上运行一个叫做"地址转移"的进程，来将所有公司内部的 IP地址映射到一个"安全"的 IP 地址，这个地址是由防火墙使用的。但是，作为电路级网关也存在着一些缺陷，因为该网关是在会话层工作的，它就无法检查应用层级的数据包。

4）规则检查防火墙

该防火墙结合了包过滤防火墙、电路级网关和应用级网关的特点。它同包过滤防火墙一样，规则检查防火墙能够在 OSI 网络层上通过 IP 地址和端口号，过滤进出的数据包。它也像电路级网关一样，能够检查 SYN 和 ACK 标记和序列数字是否逻辑有序。当然它也像应用级网关一样， 可以在 OSI 应用层上检查数据包的内容，查看这些内容是否能符合公司网络的安全规则。

规则检查防火墙虽然集成前三者的特点，但是不同于一个应用级网关的是，它并不打破客户机/服务机模式来分析应用层的数据，它允许受信任的客户机和不受信任的主机建立直接连接。规则检查防火墙不依靠与应用层有关的代理，而是依靠某种算法来识别进出的应用层数据，这些算法通过已知合法数据包的模式来比较进出数据包，这样从理论上就能比应用级代理在过滤数据包上更有效。

目前在市场上流行的防火墙大多属于规则检查防火墙，因为该防火墙对于用户透明，在 OSI 最高层上加密数据，不需要去修改客户端的程序，也不需对每个需要在防火墙上运行的服务额外增加一个代理。如 RG-WALL 60 防火墙就是一种规则检查防火墙。

从趋势上看，未来的防火墙将位于网络级防火墙和应用级防火墙之间，也就是说，网络级防火墙将变得更加能够识别通过的信息，而应用级防火墙在目前的功能上则向"透明"、"低级"方面发展。最终防火墙将成为一个快速注册审核系统，可保护数据以加密方式通过，使所有组织可以放心地在节点间传送数据。

3.2.5 知识拓展

在 RG-WALL 60 防火墙策略中，可以定义包过滤规则、NAT 规则（网络地址转换）、IP 映射规则、端口映射规则。还可以定义地址绑定、抗攻击策略。

1．NAT 规则

NAT（Network Address Translation）是在 IPv4 地址日渐枯竭的情况下出现的一种技术，可将整个组织的内部 IP 都映射到一个合法 IP 上来进行 Internet 的访问，NAT 中转换前源 IP 地址和转换后源 IP 地址不同，数据进入防火墙后，防火墙将其源地址进行了转换后再将其发出，使外部看不到数据包原来的源地址。一般来说，NAT 多用于从内部网络到外部网络的访问，内部网络地址可以是保留 IP 地址。

RG-WALL 60 防火墙支持源地址一对一的转换，也支持源地址转换为地址池中的某一个地址。

用户可通过安全规则设定需要转换的源地址（支持网络地址范围）、源端口。此处的 NAT 指正向 NAT，正向 NAT 也是动态 NAT，通过系统提供的 NAT 地址池，支持多对多、多对一、一对多、一对一的转换关系。

2．IP 映射规则

IP 映射规则是将访问的目的 IP 转换为内部服务器的 IP。一般用于外部网络到内部服务器的访问，内部服务器可使用保留 IP 地址。

当管理员配置多个服务器时，就可以通过 IP 映射规则，实现对服务器访问的负载均衡。一般的应用为：假设防火墙外网卡上有一个合法 IP，内部有多个服务器同时提供服务，当将访问防火墙外网卡 IP 的访问请求转换为这一组内部服务器的 IP 地址时，访问请求就可以在这一组服务器进行均衡。

3．端口映射规则

端口映射规则是将访问的目的 IP 和目的端口转换为内部服务器的 IP 和服务端口。一般用于外部网络到内部服务器的访问，内部服务器可使用保留 IP 地址。

当管理员配置多个服务器时，都提供某一端口的服务，就可以通过配置端口映射规则，实现对服务器此端口访问的负载均衡。一般的应用为：假设防火墙外网卡上有一个合法 IP，内部有多个服务器同时提供服务，当将访问防火墙外网卡 IP 的访问请求转换为这一组内部服务器的 IP 地址时，访问请求就可以在这一组服务器进行均衡。

4. 地址绑定

地址绑定是防止 IP 欺骗和防止盗用 IP 地址的有效手段。并且 RG-WALL 60 防火墙提供自动探测 IP/MAC 对功能，可以减轻管理员手工收集 IP/MAC 对的工作量。

如果防火墙某网口配置了“IP/MAC 地址绑定”启用功能、“IP/MAC 地址绑定的默认策略（允许或禁止）”，当该网口接收数据包时，将根据数据包中的源 IP 地址与源 MAC 地址，检查管理员设置好的 IP/MAC 地址绑定表。如果地址绑定表中查找成功，匹配则允许数据包通过，不匹配则禁止数据包通过。如果查找失败，则按默认策略（允许或禁止）执行。

5. 抗攻击

抗攻击是防火墙的基本功能之一，对于常见的网络攻击，RG-WALL 60 都可以有效屏蔽。RG-WALL 60 能抵抗如图 3.29 所示的攻击。

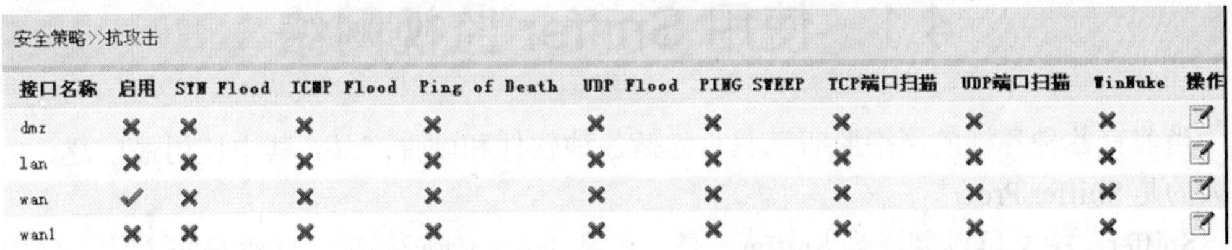
安全策略>>抗攻击

接口名称	启用	SYN Flood	ICMP Flood	Ping of Death	UDP Flood	PING SWEEP	TCP端口扫描	UDP端口扫描	WinNuke	操作
dmz	✖	✖	✖	✖	✖	✖	✖	✖	✖	
lan	✖	✖	✖	✖	✖	✖	✖	✖	✖	
wan	✔	✖	✖	✖	✖	✖	✖	✖	✖	
wan1	✖	✖	✖	✖	✖	✖	✖	✖	✖	

图 3.29　RG-WALL60 抗攻击设置界面

3.2.6　检查与评价

1. 选择题

（1）为控制企业内部对外的访问以及抵御外部对内部网的攻击，最好的选择是（　　）。

A. IDS　　B. 防火墙　　C. 杀毒软件　　D. 路由器

（2）内网用户通过防火墙访问公众网中的地址需要对源地址进行转换，规则中的动作应选择（　　）。

A. Allow　　B. NAT　　C. SAT　　D. FwdFast

（3）防火墙对于一个内部网络来说非常重要，它的功能包括（　　）。

A. 创建阻塞点　　B. 记录 Internet 活动　　C. 限制网络暴露　　D. 包过滤

2. 实做题

安装并配置 RG-WALL60 防火墙。

模块 4
网络监听

在网络中，当信息进行传播的时候，可以利用工具，将网络接口设置成监听模式，便可将网络中正在传播的信息截获，从而进行攻击。作为一种发展比较成熟的技术，网络监听在协助网络管理员监测网络传输数据、排除网络故障等方面具有不可替代的作用，一直备受网络管理员的青睐。然而，在另一方面网络监听也给网络安全带来了极大的隐患，许多的网络入侵往往都伴随着网络监听行为，从而造成口令失窃、敏感数据被截获等连锁性安全事件。

4.1 使用 Sniffer 监视网络

当前有各种各样的网络监听工具，包括各种软件和硬件产品，其中使用最广泛、功能强大的是 Sniffer Pro。

Sniffer，中文可以翻译为 Sniffer，是一种基于被动侦听原理的网络分析方式。使用这种技术方式，可以监视网络的状态、数据流动情况以及网络上传输的信息。当信息以明文的形式在网络上传输时，便可以使用网络监听的方式进行攻击。将网络接口设置在监听模式，便可以将网上传输的源源不断的信息截获。Sniffer 技术常常被黑客们用来截获用户的口令，如某个骨干网络的路由器网段曾经被黑客攻入，并嗅探到大量的用户口令。但实际上 Sniffer 技术主要是被广泛地应用于网络故障诊断、协议分析、应用性能分析和网络安全保障等各个领域。

Sniffer Pro 软件是 NAI 公司推出的功能强大的协议分析软件。它包括捕获网络流量进行详细分析，利用专家分析系统诊断问题，实时监控网络活动，收集网络利用率和错误等多种强大的功能。

4.1.1 学习目标

通过本模块的学习，应该达到：

模块 4
网络监听 WANGLUOXINXI
ANQUAN
W

模块 1
模块 2
模块 3
模块 4
模块 5
模块 6
模块 7
模块 8
模块 9
模块 10
模块 11

1. 知识目标

● 理解网络监听的基本概念；
● 理解网络监听的运行机制；
● 掌握 Sniffer Pro 的功能和作用；
● 掌握使用 Sniffer Pro 监视网络；
● 了解 Sniffer 软件的原理。

2. 能力目标

● 部署与安装 Sniffer Pro；
● 使用 Sniffer Pro 捕获数据；
● 使用 Sniffer Pro 监控网络流量；
● 使用 Sniffer Pro 监视网络运行情况。

4.1.2　工作任务——应用 Sniffer Pro 捕获网络数据

本任务内容包括安装 Sniffer Pro 4.7.5，使用 Sniffer pro 4.7.5 捕获网络数据，监控网络整体性能。

1. 工作任务背景

小张在学校网络中心工作，负责校园网络的管理和维护，作为网络管理员需要时刻了解校园网络流量情况，并对网络流量进行监控。最近有多位老师反映，近期访问网站的速度时快时慢，应对网络进行监控。

2. 工作任务分析

从各位老师反映的现象来看，网速变慢是最近发生的事情，近期没有进行网络设备的调整，网络环境没有变化，网络应用也没有大的变化，这是网络中有异常流量造成的网络速度变化。需要分时段对网络中数据进行分析，找出网络变化的具体原因，进行解决。

经分析，小张决定安装、部署 Sniffer 软件监控网络运行情况，找出异常的原因，分析异常流量，解决网络性能变差的问题。

3. 条件准备

对于小张管理的网络，小张准备了 Sniffer Pro 4.7.5。

4.1.3　实践操作

1. 在网络中正确部署 Sniffer Pro 4.7.5

尽管 Sniffer 集众多优秀功能于一身，但对软件部署却有一定的要求。首先 Sniffer 只能嗅探到所在链路上"流经"的数据包，如果 Sniffer 被安装在交换网络中普通 PC 位置上并不做任何设置，那么它仅仅能捕获本机数据。因此，Sniffer 的部署位置决定它所能嗅探到的数据包，它能嗅探到的数据包，又决定它所能分析的网络环境。

在以 Hub 为中心的共享式网络中，Sniffer 的部署非常简单，只需要将它安置在需要的网段中任意位置即可。但是随着 LAN 的发展，Hub 也在近几年迅速地销声灭迹，网络也由以 Hub 为中心的共享式网络演变成以交换机为中心的交换式网络，因此在交换环境下的 Sniffer 软件部署又有了新的内容。目前在交换环境下部署 Sniffer 大多使用 SPAN（Switch Port Analysis）技术，SPAN 技术可以把交换机上想要监控的端口的数据镜像到被称为 MIRROR 的端口上，MIRROR 端口连接安装有 Sniffer 软件或者专用嗅探硬件的计算机设备。

图 4.1 为在网络中简单的使用 SPAN 技术部署 Sniffer Pro 的图例，可以作为参考。

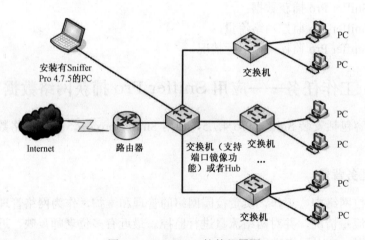

图 4.1　Sniffer Pro 软件部署图

2．配置交换机端口镜像（以思科 2950 系列交换机为例）

（1）创建端口镜像源端口。

命令：monitor session session_number source interface interface-id [,|-] [both|rx|tx]

① session_number：SPAN 会话号，2950、3550 思科系列交换机一般支持的本地 SPAN 最多是 2 个，即 1 或者 2。

② interface-id：源端口号，[,|-]源端口接口符号，即被镜像的端口，交换机会把这个端口的流量复制一份，可以输入多个端口，多个用“，”隔开，连续的用“-”连接。

③ [both | rx | tx]：可选项，是指复制源端口双向的（both）、仅进入（rx）还是仅发出（tx）的流量，默认是 both。

（2）创建端口镜像目的端口。

命令：monitor session session_number destination interface interface-id [encapsulation {dot1q　[ingress vlan vlan id] | ISL [ingress]} | ingress vlan vlan id]

① interface-id：目的端口，在源端口被复制的流量会从这个端口发出去，端口号不能被包含在源端口的范围内。

② [encapsulation {dot1q | ISL}]：可选，指被从目的端口发出去时是否使用 802.1q 和 ISL 封装，当使用 802.1q 时，对于本地 VLAN 不进行封装，其他 VLAN 封装，ISL 则全部封装。

（3）此次工作创建端口镜像源端口和目的端口的命令如下：

monitor 1 source interface f0/2,f0/3 both

monitor 1 destination interface f0/1

上述两条命令的意思就是：把 f0/2 和 f0/3 流入和流出的数据复制一份给 f0/1，这样连接在 f0/1 端口上的 Sniffer 工作站就可以截取到 f0/2 和 f0/3 的数据了。

3. 安装 Sniffer Pro 4.7.5

Sniffer Pro4.7.5 的具体安装过程如下。

（1）打开资源管理器，进入 Sniffer Pro 4.7.5 安装目录，找到 Sniffer Pro 4.7.5 的安装文件 Sniffer Pro_4_70_530.exe，双击该文件执行安装操作，弹出安装向导对话框。在该话框中，单击"Next"按钮，安装程序解压缩安装文件，弹出欢迎对话框，如图 4.2 所示。

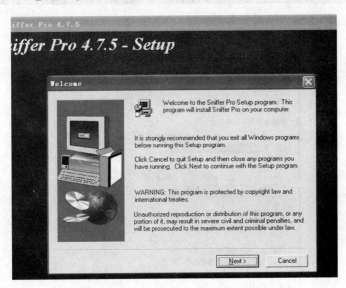

图 4.2　Sniffer Pro 安装向导对话框

（2）单击"Next"按钮，进入软件许可协议对话框，选择"Yes"按钮，弹出用户信息对话框，填写用户名与公司名。再选择安装的目标文件夹对话框中，选择合适的 Sniffer Pro 安装位置。单击"下一步"按钮，安装程序开始安装 Sniffer Pro。输入 Sniffer Pro 用户注册信息，包括使用者的名、姓、公司名称、邮件地址等，根据实际情况填写。单击"Next"按钮，软件会提示输入产品序列号，如图 4.3 所示，正确填写后，单击"下一步"按钮，软件会提示需要 IE 5.0 以上的浏览器及虚拟机。为了提高 Sniffer Pro 性能需要卸载 QoS 服务，最后重新启动计算机，完成 Sniffer Pro 的安装。

安装完成后，在网络适配器属性中会自动添加一个项目"Sniffer Protocol Driver"，如图 4.4 所示。

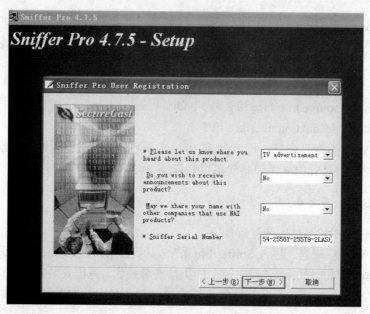

图 4.3　输入产品序列号

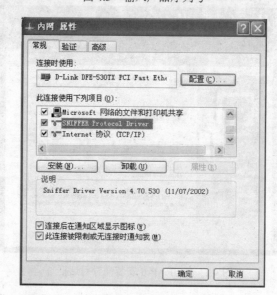

图 4.4　网卡属性

4．进行网络流量捕获

1）开始进行捕获

在进行流量捕获之前首先选择网络适配器，确定从计算机的哪个网络适配器上接收数据，选择正确的网络适配器后才能正常工作，如图 4.5 所示。操作位置："文件"|"选定设置"。

图 4.5　选择网络适配器

Sniffer Pro 的界面并不复杂，通过工具栏和菜单栏就可以完成大部分操作，并在当前窗口中显示出所监测的效果，如图 4.6 所示。图中分别标出菜单栏、捕获报文工具栏、网络性能监视工具栏在软件界面中的位置。单击捕获报文工具栏上的"　▶　"按钮将按默认过滤器开始对网络进行报文捕获，如图 4.7 所示。

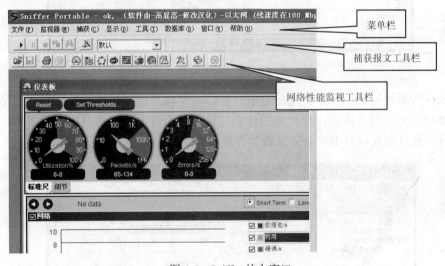

图 4.6　Sniffer 的主窗口

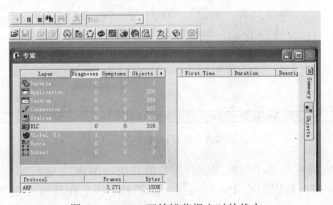

图 4.7　Sniffer 开始捕获报文时的状态

2）专家分析系统

单击捕获报文工具栏上的"**⚔**"按钮可停止捕获，Sniffer Pro 软件对于捕获的报文提供了一个 Expert 专家分析系统进行分析，另外还包括解码选项及图形和表格的统计信息，如图 4.8 所示。

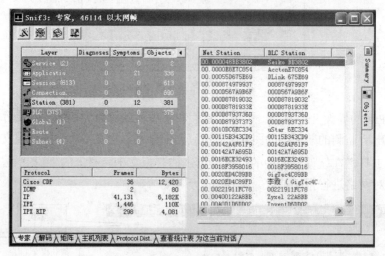

图 4.8　专家捕获面板

专家分析系统提供了一个性能的分析平台，系统自身根据捕获的数据包从链路层到应用层进行分类并做出诊断，分析出的诊断结果可以查看在线帮助获得。对于某项统计分析，可以通过用鼠标双击此条记录查看详细统计信息，如图 4.9 所示。

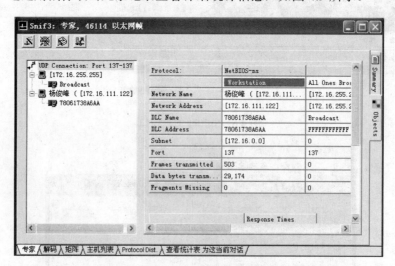

图 4.9　查看详细捕获信息

Sniffer Pro 同样也提供了对报文进行解码的功能，图 4.10 是对捕获报文进行解码的显示。Sniffer Pro 可以解码至少 450 种协议，除了 IP、IPX 和其他一些"标准"协议外，Sniffer Pro 还可以解码分析很多由厂商自己开发或者使用的专门协议，比如思科 VLAN

中继协议（ISL）等。对于解码主要要求分析人员对协议以及报文的组成形式比较熟悉，这样才能看懂解析出来的报文。利用软件解码分析来解决问题的关键是要对各种层次的协议了解得比较透彻，工具软件只是提供一个辅助的手段。

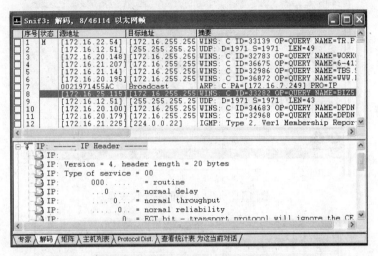

图 4.10　捕获数据的解码显示

专家分析系统中还提供"矩阵"、"主机列表"、"Protocol Dist"、"查看统计表"四大功能模块，可以通过操作很快掌握，这里不再详细介绍。

5. 网络监视

Sniffer Pro 网络监视功能能够时刻监视网络统计、网络上资源的利用率，并能够监视网络流量的异常状况，Sniffer Pro 提供了仪表盘、主机列表、矩阵、ART、协议分析、历史样本、全局信息共 7 大网络监视模式，这里主要介绍仪表板和主机列表，其他功能可以参看在线帮助。

1）仪表板

在仪表板窗口，共显示了 3 个仪表盘，即"Utilization%"、"Packets/s"、"Errors/s"，分别用来显示网络利用率、传输的数据和错误统计，如图 4.11 所示。表盘的红色区域表示警戒值，仪表盘上的指针如进入红色区域，Sniffer 警告记录中就会加入一条警告信息。在仪表板窗口中，单击"细节"按钮，显示如图 4.12 所示的窗口，以表格的形式显示了关于利用率、数据包传输速度和出错率的详细统计结果。

在该窗口下方的"网络"窗口中，可以选择要显示的内容，如数据包/秒（每秒出现的数据包的总数）、利用率（网络利用率，这是 Sniffer 中最常用的功能，可以查看哪一天中哪个时间利用率最高）、错误/秒（每秒出现的整体错误的数目，若设定基准，可以看到一天中哪个时间段遗失的数据包最多）、字节/秒（每秒出现的数据的总字节数，这与数据包不同，字节预先设定好了长度，而数据包长度各不相同）、广播/秒（每秒产生的广播数据包数目，广播是从主机发往区段上所有其他主机的数据包）、每秒组播的数据包的数目

（一个主机向特定的主机发送的数据包）。可以单击仪表盘窗口上方的 Reset（重置）按钮，清除仪表盘的值。

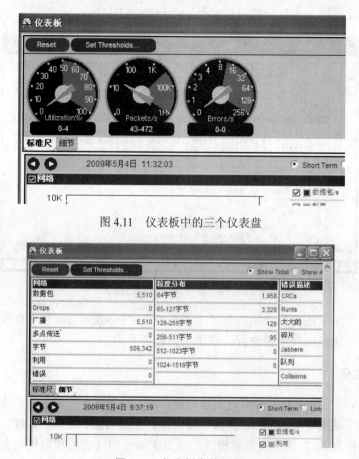

图 4.11　仪表板中的三个仪表盘

图 4.12　仪表板中的细节

这三个仪表盘是非常有用的工具，用它们可以很容易地看到从运行捕获过程开始，有多少数据包经过网络，多少帧被过滤挑选出来（拒绝接收），以及计算机因没有足够的资源完成捕获而遗失了多少帧，可以看到从开始到当前时间内，网络的利用率、数据包数目和广播数。如果发现网络在每天的一定时间都会收到大量的组播数据包，这就可能出现了问题，就需要分析哪个应用程序在发送组播数据包。

2）主机列表

选择"监视器"菜单中的"主机列表"选项，显示如图 4.13 所示"主机列表"对话框，该列表框中显示了当前与该主机连接通信的信息，包括连接地址、通信量、通信时间等，例如，选择"IP"标签，可以看到与本机相连接的所有主机的 IP 地址及其信息。在该对话框左侧，可以选择不同的按钮，使该主机列表以不同的图形显示，如柱形、圆形等，如图 4.14 所示。

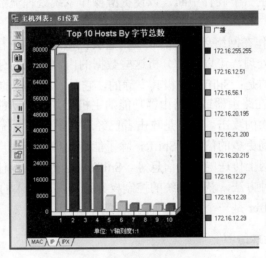

图 4.13 "主机列表"选项

图 4.14 主机列表的柱形显示

上面的柱形图显示为网络中传输字节总数前 10 位的主机,流量以 3D 柱形图的方式动态显示,其中最左边绿色柱形图表示网关流量最大,其他依次减小。由图中可看出网络中广播流量所占的比重相当大,而且 172.16.12.51 与 172.16.56.1 两个主机的数据收发也相当多且持久,推断网络中存在异常,这两个主机有可能存在蠕虫病毒或者正在使用某种 P2P 软件。

4.1.4 问题探究

Sniffer 几乎和 Internet 有一样久的历史。Sniffer 是一种常用的收集有用数据的方法,这些数据可以是用户的账号和密码,可以是一些商用机密数据等。随着 Internet 及电子商务的日益普及，Internet 的安全也越来越受到重视。Sniffer 虽然在协助网络管理员监测网络传输数据，排除网络故障等方面具有不可替代的作用，但它也被黑客利用来攻击网络，在 Internet 安全隐患中扮演重要角色，受到越来越多的关注。

1. Sniffer 工作原理

通常在同一个网段的所有网络接口都有访问物理媒体上传输的所有数据的能力，而每个网络接口都有一个硬件地址，该硬件地址不同于网络中存在的其他网络接口的硬件地址，同时，每个网络至少还有一个广播地址（代表所有的接口地址）。在正常情况下，一个合法的网络接口应该只响应这样的两种数据帧：帧的目标区域具有和本地网络接口相匹配的硬件地址；帧的目标区域具有"广播地址"。

在接收到上面两种情况的数据包时，网卡通过 CPU 产生一个硬件中断，该中断能引起操作系统注意，然后将帧中所包含的数据传送给系统进一步处理。而 Sniffer 就是一种能将本地网卡状态设成 promiscuous 状态的软件（绝大多数的网卡具备设置为 promiscuous 方式的能力），当网卡处于这种"混杂"方式时，该网卡具备"广播地址"，它对所有遭遇到的每一个帧都产生一个硬件中断，以便提醒操作系统处理流经该物理媒体上的每一个报文包。

可见，Sniffer 工作在网络环境中的底层，它会拦截所有的正在网络上传送的数据，并且通过相应的软件处理，可以实时分析这些数据的内容，进而分析所处的网络状态和整体布局。值得注意的是：Sniffer 是极其安静的，它是一种消极的安全攻击。

Sniffer 通常运行在路由器或有路由器功能的主机上，这样就能对大量的数据进行监控。Sniffer 属第二层次的攻击。通常是攻击者已经进入了目标系统，然后使用 Sniffer 作为攻击手段，以便得到更多的信息。Sniffer 除了能得到口令或用户名外，还能得到更多的其他信息，比如在网上传送的金融信息等。Sniffer 几乎能得到任何以太网上传送的数据包。黑客会使用各种方法，获得系统的控制权并留下再次侵入的后门，以保证 Sniffer 能够执行。总之，Sniffer 是一个用来窃听的黑客手段和工具。

2. Sniffer 的工作环境

Snifffe 嗅探器能够捕获网络报文，主要用于分析网络的流量，以便找出所关心的网络中潜在的问题。例如，网络的某一段运行得不是很好，报文的发送比较慢，但又不知道问题出在什么地方，此时就可以用 Sniffer 来做出精确的问题判断。

Sniffer 在功能和设计方面有很多不同。有些只能分析一种协议，而另一些能够分析几百种协议。一般情况下，大多数的 Sniffer 至少能够分析标准以太网、TCP/IP、IPX、DECNet 协议。

Sniffer 通常是软/硬件的结合。专用的 Sniffer 价格非常昂贵，免费的 Sniffer 不需要任何费用，但相应支持也较少。Sniffer 与一般的键盘捕获程序不同，键盘捕获程序捕获在终端上输入的键值，而 Sniffer 则捕获真实的网络报文。Sniffer 通过将其置身于网络接口来达到这个目的。

数据在网络上是以帧（Frame）为单位进行传输的，帧分为几个部分，不同的部分执行不同的功能。例如，以太网的前 12 个字节存放的是源地址和目的地址，这就告诉网络数据的来源和去处。以太网帧的其他部分存放实际的用户数据、TCP/IP 的报文头或 IPX 报文头等。

帧通过特定的称为网络驱动程序的软件进行成型，然后通过网卡发送到网线上。通过网线到达目的主机。目的主机的以太网卡捕获到这些帧，并通知操作系统帧的到达，然后对其进行存储。在这个传输和接收的过程中，Sniffer 会造成安全方面的问题。

每一个在 LAN 上的工作站都有其硬件地址。这些地址唯一地表示网络上的机器（这一点和 Internet 地址系统比较相似）。当用户发送一个报文时，这些报文就会发送到 LAN 上所有可用的机器。

在一般情况下，网络上所有的机器都可以"监听"到通过的流量，但对不属于自己的报文则不予响应。换句话说，工作站 A 不会捕获属于工作站 B 的数据，而是简单地忽略这些数据。

如果工作站的网络接口处于杂收模式，那么它就可以捕获网络上所有的报文和帧，一个工作站被配置成这样的方式，它（包括其软件）就是一个 Sniffer。

基于以太网络嗅探的 Sniffer 只能抓取一个物理网段内的包，也就是 Sniffer 和监听的目标中间不能有路由或其他屏蔽广播包的设备，这一点很重要。所以，对一般拨号上网的用户来说，是不可能利用 Sniffer 来窃听到其他人的通信内容的。

3．Sniffer 的分类

Sniffer 分为软件和硬件两种，软件的 Sniffer 有 Sniffer Pro、Network Monitor、PacketBone 等，其优点是易于安装部署、学习使用及交流；缺点是无法抓取网络上所有的传输数据，某些情况下无法真正了解网络的故障和运行情况。硬件的 Sniffer 通常称为协议分析仪，是一个网络故障、性能和安全管理的有力工具，它能够自动地帮助网络专业人员维护网络，查找故障，极大地简化了发现和解决网络问题的过程，广泛适用于 Ethernet、Fast Ethernet、Token Ring、Switched LANs、FDDI、X.25、DDN、Frame Relay、ISDN、ATM 和 Gigabits 等网络。一般都是商业性的，价格也比较昂贵，但会具备支持各类扩展的链路捕获能力以及高性能的数据实时捕获分析的功能。

4．Sniffer 的扩展应用

（1）专业领域的 Sniffer。Sniffer 被广泛应用到各种专业领域，例如 FIX（金融信息交换协议）、MultiCast（组播协议）、3G（第三代移动通信技术）的分析系统。Sniffer 可以解析这些专用协议数据，获得完整的解码分析。

（2）长期存储的 Sniffer 应用。由于现代网络数据量惊人，带宽越来越大。采用传统方式的 Sniffer 产品很难适应这类环境，因此诞生了伴随有大量硬盘存储空间的长期记录设备。例如 nGenius Infinistream 等。

（3）易于使用的 Sniffer 辅助系统。由于协议解码这类的应用曲高和寡，很少有人能够很好地理解各类协议。但捕获下来的数据却非常有价值。因此在现实意义上非常流行如何把协议数据采用最好的方式进行展示，从而产生了可以把 Sniffer 数据转换成 Excel

的 BoneLight 类型的应用和把 Sniffer 分析数据进行图形化的开源系统 PacketMap 等。这类应用使用户能够更简明地理解 Sniffer 数据。

4.1.5 知识拓展

前面已提到，Sniffer 可以是硬件也可以是软件。现在品种最多，应用最广的是软件 Sniffer，以下是一些被广泛用于调试网络故障的 Sniffer 工具。

1. 商用 Sniffer

（1）Network General。Network General 开发了多种产品。最重要的是 Expert Sniffer，它不仅仅可以进行网络嗅探，还能够通过高性能的专门系统发送/接收数据包，帮助诊断故障。还有一个增强产品 "Distrbuted Sniffer System" 可以将 UNIX 工作站作为 Sniffer 控制台，而将 Sniffer agents（代理）分布到远程主机上。

（2）Microsoft 的 Net Monitor。对于某些商业站点，可能同时需要运行多种协议——NetBEUI、IPX/SPX、TCP/IP、802.3 和 SNA 等。这时很难找到一种 Sniffer 帮助解决网络问题，因为许多 Sniffer 往往将某些正确的协议数据包当成了错误数据包。Microsoft 的 Net Monitor（以前叫 Bloodhound）可以解决这个难题。它能够正确区分诸如 Netware 控制数据包、NT NetBIOS 名字服务广播等独特的数据包。这个工具运行在 MS Windows 平台上。它甚至能够按 MAC 地址（或主机名）进行网络统计和会话信息监视。

2. 免费软件 Sniffer

（1）Sniffit：由 Lawrence Berkeley 实验室开发，运行于 Solaris、SGI 和 Linux 等平台。可以选择源、目标地址或地址集合，还可以选择监听的端口、协议和网络接口等。这个 Sniffer 默认状态下只接受最先的 400 个字节的信息包，这对于一次登录会话进程刚刚好。

（2）SNORT：这个 Sniffer 有很多选项可供使用而且可移植性强，可以记录一些连接信息，用来跟踪一些网络活动。

（3）TCPDUMP：这个 Sniffer 很有名，Linux、FREEBSD 还搭带在系统上，被很多 UNIX 高手认为是一个专业的网络管理工具。

（4）ADMsniff：这是非常有名的 ADM 黑客集团编写的一个 Sniffer 程序。

4.1.6 检查与评价

1. 简答题

（1）什么是 Sniffer？
（2）如何部署 Sniffer？
（3）如何使用 Sniffer 捕获数据？

模块 4
网络监听 WANGLUOXINXI ANQUAN W

模块 1
模块 2
模块 3
模块 4
模块 5
模块 6
模块 7
模块 8
模块 9
模块 10
模块 11

2. 实做题

请为网络中心安装 Sniffer Pro 软件，并使用 Sniffer Pro 监控该网络。

4.2 使用 Sniffer 检测网络异常

Sniffer Pro 可以进行网络数据包的分析、检测，可以检测网络流量、发现异常数据传输、异常流量等。利用 Sniffer Pro，可以查找、分析病毒传播途径、确定网络病毒位置。

4.2.1 学习目标

通过本单元的学习，应该达到：

1. 知识目标

- 理解 Sniffer 检测网络病毒原理；
- 掌握使用 Sniffer 发现网络病毒；
- 掌握使用 Sniffer 对网络病毒进行定位；
- 了解 Sniffer 检测网络的不足之处。

2. 能力目标

- 配置捕获数据过滤器；
- 使用 Sniffer 监控网络流量；
- 使用 Sniffer 发现网络病毒；
- 使用 Sniffer 对网络病毒进行定位。

4.2.2 工作任务——部署 Sniffer Pro 并检测网络异常

本任务内容包括在网络中部署 Sniffer Pro，并检测网络，发现并定位网络异常原因。

1. 工作任务背景

学校很多老师给小张打电话说，最近网络有问题，上网浏览网页变得特别慢，连访问本地的站点都有延迟现象。

2. 工作任务分析

老师反映出问题后，小张首先联系了互联网服务提供商，他们近期并没有进行网络维护，因此排除了外因，紧接着又检查了一下网关及代理服务器，一切都运行正常。经过分析认为，网络中可能有 ARP 攻击、蠕虫病毒或者有主机使用 P2P 软件。

3．条件准备

对于小张管理的网络，小张准备了 Sniffer Pro 4.7 软件，进行网络流量监控和网络异常分析。

4.2.3　实践操作

1．扫描 IP-MAC 对应关系

这样做是因为在判断具体流量终端的位置时，MAC 地址不如 IP 地址方便。执行菜单命令"工具"|"地址簿"，单击左边的放大镜（Auto discovery 扫描），在弹出的窗口中输入所要扫描的 IP 地址段，本例输入：172.16.20.1 到 172.16.20.255，单击"好"按钮，如图 4.15 所示，系统会自动扫描 IP-MAC 对应关系。

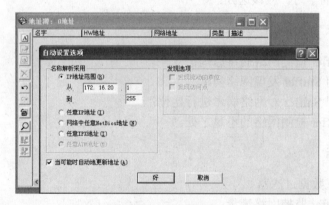

图 4.15　设置扫描选项

扫描完毕后，执行菜单命令"数据库"|"保存地址簿"，系统会自动保存对应关系，以便今后再次使用，如图 4.16 所示。

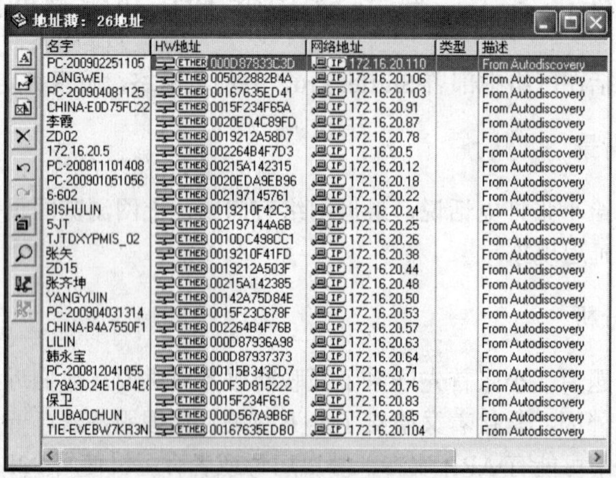

图 4.16　扫描 IP-MAC 对应关系

2．配置捕获数据过滤器

在默认情况下，Sniffer Pro 会接收网络中传输的所有数据包，但在分析网络协议查找网络故障时，有许多数据包不是我们需要的，这就要对捕获的数据包进行过滤，只接收与分析问题或事件相关的数据。Sniffer Pro 提供了捕获数据包前的过滤规则和定义，过滤规则包括二、三层地址的定义和几百种协议的定义。

在 Sniffer Pro 主窗口中，选择"捕获"|"定义过滤器"菜单项，单击"配置文件"，单击"新建"按钮，在"新配置文件名"处输入"ARP"，新建一个新的过滤器，如图 4.17 所示。

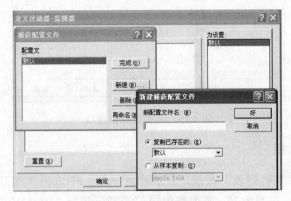

图 4.17　新建过滤器窗口

单击"完成"按钮，返回"定义过滤器—捕获"窗口中，在"为设置："处选择新建的过滤器"ARP"，然后选择"高级"选项卡，在"可用到的协议"中选择"ARP"复选框，然后单击"确定"按钮，如图 4.18 所示。

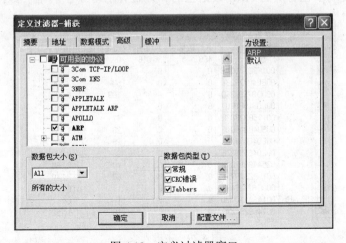

图 4.18　定义过滤器窗口

系统默认过滤器为"默认"，选择刚才新建过滤器"ARP"。首先，选择菜单栏中"监视器"|"选择过滤器"，在弹出的对话框中单击 ARP，在这里要注意的是：一定要选择

"应用监视过滤器"复选框,如图 4.19 所示。单击"确定"按钮,过滤器定义和选择工作准备完毕。

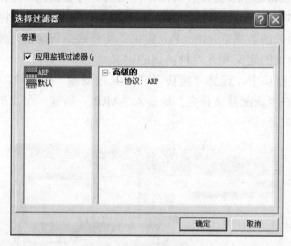

图 4.19　选择过滤器窗口

3. 对网络进行监视

单击工具栏中"主机列表"按钮,在弹出的子窗口中选择"细节"工具(放大镜图标),如图 4.20 所示。按照定义,监视器内协议类型仅包括"IP_ARP",这对于查找问题,层次上更加分明。这里需要注意以下两点。

(1)地址以 MAC 或者机器名的形式显示,如果显示 MAC,可执行菜单命令"工具"|"地址簿",进行 IP 地址与 MAC 地址显示的转换,这有利于快速定位主机节点。

(2)网内终端中包含所有 ARP 数据包的和,合计后等于"广播"数据包。

协议	地址	入埠数据包	入埠字节	出埠数据包	出埠字节
	广播	469	30,016	0	0
	001F3C771CD6	0	0	17	1,088
	00E04C773231	0	0	50	3,200
	000D8793736D	0	0	103	6,592
	00E0815F1F1D	0	0	25	1,600
	00115B32B63E	0	0	41	2,624
	00904B915D0C	0	0	29	1,856
	00E04C598235	0	0	29	1,856
	00E04C59827E	0	0	35	2,240
	5254AB387B46	0	0	40	2,560
	0015F234F658	0	0	60	3,840
	000D87937496	0	0	1	64
IP_ARP	001A64A1D830	0	0	1	64
	00145E29423F	0	0	18	1,152

图 4.20　主机列表

单击工具栏上的"仪表板",再单击"细节"并选中"Show Average Rate(per second)",观察此时每秒产生数据包 105 个,如图 4.21 所示,说明此时网络出现异常,正常的网络状况如图 4.22 所示,显示每秒产生数据包为 1 个。

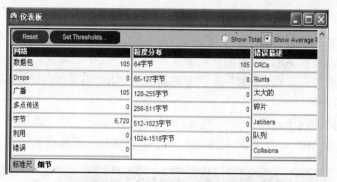

图 4.21　仪表板（网络异常时）

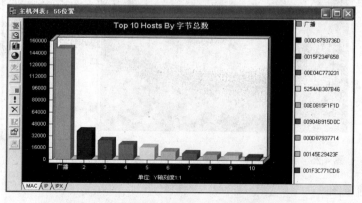

图 4.22　仪表板（网络正常时）

4．发现网络异常流量并定位

1）TOP 流量分布图

在正常网络状况下，ARP 协议的 TOP 流量分布图，如图 4.23 所示，该图方便观察者的区分、判断。单击左边工具栏中的 Bar（柱形图标），则目前数据包流量排行前 10 位的主机，会通过动态柱型图的方式显示出来。柱形图在界面上对于观察者来讲更为直观。需要注意以下两点。

图 4.23　TOP10 传输广播数据包（正常网络状况下）

（1）roadcast（网内所有节点的广播）占 TOP 排行第一位。

（2）其他节点依次排开。但是，流量差距不大。

再来观察网内存在 ARP 攻击情况时流量排行图，如图 4.24 所示。仔细对比两图，我们会发现问题的所在：节点"JPK"占据网内第二大 ARP 流量；TOP2 中的流量急速增大且与 TOP3 差距悬殊。

在网络正常的情况下，不同节点的 ARP 流量会有差距，但应该相差不大。对比在网络正常情况下显示 ARP 流量的图 4.23，并以它作为基准，问题就显而易见了。

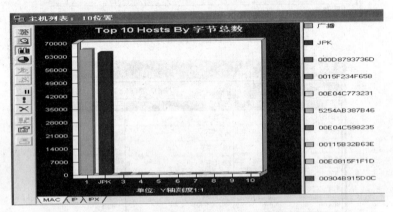

图 4.24　TOP10 传输广播数据包（存在 ARP 攻击网络状况下）

其实从图 4.25 更能直观地看到此次监听中产生的 ARP 流量绝大部分来自于"JPK"所产生的数据包，由此可以初步推断出主机"JPK"可能对网络进行 ARP 攻击。

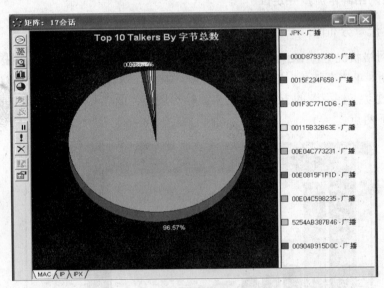

图 4.25　TOP10 传输广播数据包（存在 ARP 攻击网络状况下）

2）通信流量图

再看一下在监视过程中的矩阵图，如图 4.26 所示。

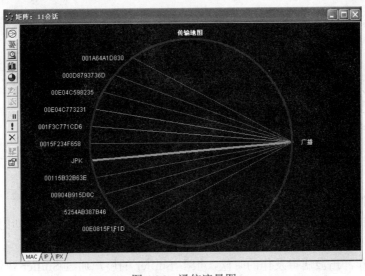

图4.26　通信流量图

需要注意的是，绿色线条状态为正在通信中，暗绿色线条状态为通信中断，线条的粗细与流量的大小成正比。如果将鼠标移动至线条处，将显示出流量双方位置及通信流量的大小（包括接收、发送），并自动计算流量占当前网络的百分比。从此图中可以明显看出主要的通信流量集中在"JPK"与广播之间。

3）查看数据包的解码

最后再看一看用 Sniffer 进行捕获数据包得出的结果，首先单击菜单栏"捕获"|"停止并显示"命令，弹出专家分析系统，再选择"解码"选项卡，如图4.27所示。

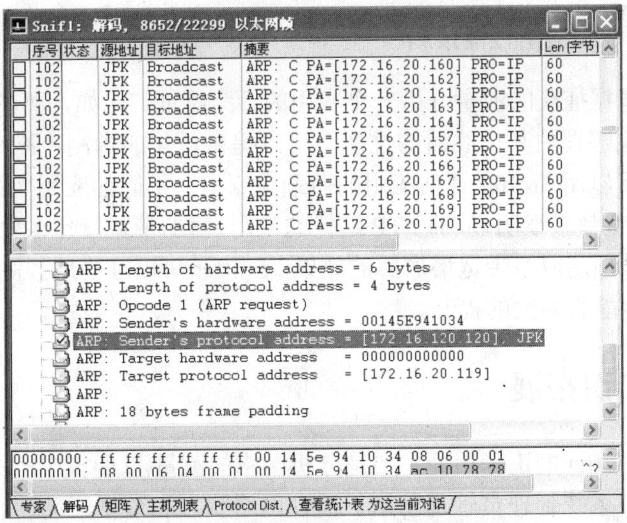

图4.27　对捕获的数据包进行解码

从图中可见，大量的数据包都是从"JPK"（172.16.120.120）发出的，由此可推断出"JPK"具有 ARP 欺骗形式的病毒，它启用包转发功能，然后 ARP reply 向网内所有设备发送数据包,此时,当网内主机要与网关通信时,所有的数据包都转向欺骗主机。

4.2.4 问题探究

Sniffer 还具有其他两大应用功能。

1. Sniffer 可以用来排除来自内部的威胁

现在网络中有各种各样的网络安全产品,防火墙、IDS、防病毒软件,它们都有相应的功能,但并不是所有产品都有效,都能解决全部威胁,需要进行有效的评估。用 Sniffer 就能评估内网的安全状况:有没有病毒、有没有受到攻击、有没有被扫描等,防火墙、IDS、防病毒软件等都是后知后觉的,必须有一定特征才能阻绝,而 Sniffer 是即时监控的工具,通过发现网络中的行为特征,判断网络是否有异常流量。

在 2003 年冲击波病毒发作的时候,很多 Sniffer 的用户通过 Sniffer 快速定位受感染的机器,后来很多人都知道 Sniffer 可以用来发现病毒,直到再后来震荡波发作的时候,很多人都开始用 Sniffer 来协助解决问题。但是 Sniffer 不是防病毒工具,这只是它的一个用途,而且只针对网络影响大的蠕虫类型病毒有效,对于文件型的病毒,它很难发现。

前面提到的异常流量,这是一个很重要的概念,什么是异常流量?怎么判断是否异常?这又涉及另外一个概念,叫基准线分析。基准线是指网络正常情况下的行为特征,包括利用率、应用响应时间、协议分布、各用户带宽消耗等,不同工程师会有不同基准线,因为他关心的内容不同,只有知道网络正常情况下的行为特征,才能判断什么是异常流量。所以,作为一个网络工程师要做流量的趋势分析,通过长期监控,可以发现网络流量的发展趋势,为将来网络改造提供建议和依据。

2. Sniffer 可以做应用性能预测

Sniffer 能够根据捕获的流量分析一个应用的行为特征,比如,现在有一个新的应用,还没有上线,就能够评估其上线后的性能,可以提供量化的预测,准确率高,误差不超过 10%。我们还可以用 Sniffer 评估应用的瓶颈在哪里。不同的应用瓶颈不同,有些应用变慢,增加网络带宽效果很明显,而 FTP 这样的应用,增加带宽没什么效果,对于 TELNET 应用,我们还可以预测网络带宽增加后的效果,Sniffer 可以准确地预测出,将带宽从 2M 提高到 8M 应用性能有多大的提升。

4.2.5 知识拓展

前面介绍了 Sniffer 的正当用处主要是分析网络的流量,以便找出所关心的网络中潜在的问题,它是为了系统管理员管理网络、监视网络状态和数据流动而设计的。但是由于它有着截获网络数据的功能,所以它也成为黑客所惯用的伎俩之一,黑客安装 Sniffer 以获得用户名和账号、信用卡号码、个人信息和其他的信息,可以对个人或公司造成极大的危害。当得到这些信息后,黑客将使用密码来进攻其他的 Internet 站点甚至倒卖信用卡号码。下面是对网络监听防范的一些方法。

（1）Sniffer 是发生在以太网内的，那么很明显就要确保以太网的整体安全性。因为 Sniffer 行为要想发生，一个最重要的前提条件就是以太网内部的一台有漏洞的主机被攻破，只有利用被攻破的主机，才能进行 Sniffer，去收集以太网内敏感的数据信息。

（2）采用加密手段是一个很好的办法。因为如果 Sniffer 抓取到的数据都是以密文传输的，那么入侵者即使抓取到了传输的数据信息，意义也是不大的。比如作为 TELNET、FTP 等服务的安全替代产品，目前采用 ssh2 还是安全的。这是目前相对而言使用较多的手段之一，在实际应用中往往是指替换掉不安全的采用明文传输数据的服务，如在 Server 端用 ssh、openssh 等替换 UNIX 系统自带的 TELNET、FTP、RSH，在 Client 端使用 securecrt、sshtransfer 替代 TELNET、FTP 等。

（3）除了加密外，使用交换机目前也是一个应用比较多的方式。不同于工作在第一层的 Hub，交换机是工作在二层，即数据链路层，以 CISCO 的交换机为例，交换机在工作时维护着一张 ARP 的数据库，在这个库中记录着交换机每个端口绑定的 MAC 地址，当有数据报发送到交换机上时，交换机会将数据报的目的 MAC 地址与自己维护的数据库内的端口对照，然后将数据报发送到"相应的"端口上，注意，不同于 Hub 的报文广播方式，交换机转发的报文是一一对应的。对二层设备而言，仅有两种情况会发送广播报文，一是数据报的目的 MAC 地址不在交换机维护的数据库中，此时报文向所有端口转发，二是报文本身就是广播报文。由此，可以看到，这在很大程度上解决了网络监听的困扰。

（4）此外，对安全性要求比较高的公司可以考虑 kerberos。kerberos 是一种为网络通信提供可信任第三方服务的面向开放系统的认证机制，它提供了一种强加密机制使 client 端和 server 即使在非安全的网络连接环境中也能确认彼此的身份，而且在双方通过身份认证后，后续的所有通信也是被加密的。在实现中建立可信任的第三方服务器保留与之通信的系统的密钥数据库，仅 kerberos 和与之通信的系统本身拥有私钥（private key），然后通过私钥以及认证时创建的 session key 来实现可信的网络通信连接。

4.2.6 检查与评价

1. 简答题

（1）为什么需要端口镜像？

（2）什么是 ARP 攻击？

（3）如何使用 Sniffer Pro 中的地址簿？

2. 实做题

（1）使用 Sniffer Pro 获取 FTP 服务器账号和密码。

（2）使用 Sniffer Pro 抓数据包，分析 ARP 攻击，确定 ARP 攻击源。

模块 5
网络安全扫描

计算机网络技术在不断地发展，开放、共享的网络使资源得到效率更高的运用，而黑客进行攻击的手段和方法也在日新月异地发展，计算机安全问题成为信息化过程中急需解决的问题。网络安全扫描技术是重要的网络安全技术之一，同防火墙、入侵检测系统互相配合，能够有效提高网络的安全性。通过对网络扫描，网络管理员可以了解网络的安全配置以及运行的应用服务，及时发现安全漏洞，客观评估网络风险等级。网络管理员可以根据扫描的结果更正网络安全漏洞和系统中的错误配置，在黑客攻击前进行防范。如果说防火墙和网络监控系统是被动的防御手段，那么网络扫描就是一种主动的防范措施，可以有效地避免黑客攻击行为，做到防患于未然。

网络安全扫描技术主要分为两类：主机安全扫描技术和网络安全扫描技术。主机安全扫描技术是通过执行一些脚本文件模拟对系统进行攻击并记录系统的反应，从而发现系统的漏洞，网络安全扫描技术主要针对系统中设置不合适的脆弱口令，以及针对其他同安全规则抵触的对象进行检查。

5.1 主机漏洞扫描

主机的安全是整个信息系统安全的关键。Microsoft 的 Windows 操作系统由于易用性、兼容性是目前个人计算机中使用最广泛的操作系统，利用网络对计算机的攻击主要也是针对 Windows 操作系统的。基于 Windows 操作系统的主机安全是安全领域中一个主要解决的问题。

许多攻击者在发起攻击前需要通过各种方式收集目标主机的信息，如探测哪些主机已经开启并可达（主机扫描），哪些端口是开放的（端口扫描），有哪些不合适的设置，对脆弱的口令以及其他同安全规则抵触的对象进行检查。因为开放的端口一般与特定的任务相对应，攻击者掌握了这些信息就可以进一步整理和分析这些服务可能存在的漏洞并发起攻击，主机管理者应针对不安全的地方进行修复，确保主机系统安全。

5.1.1 学习目标

通过本模块的学习，应该达到：

1. 知识目标

- 理解漏洞的概念；
- 理解漏洞产生的原因；
- 掌握扫描器的工作原理；
- 掌握主机漏洞扫描的作用。

2. 能力目标

- 能安装 360 安全卫士；
- 能使用 360 安全卫士扫描系统漏洞。

5.1.2　工作任务——运用网络扫描工具

本任务为利用扫描工具扫描主机，提高主机安全性。

1. 工作任务背景

网管中心小张负责学校网络维护、管理，近期学校网站经常出现蓝屏、死机等现象，学校责成小张对此现象进行分析并进行防范。

2. 工作任务分析

微软公司的操作系统是目前个人计算机中使用最广泛的操作系统，从最初的 DOS1.0 发展到目前的 Windows 7，微软的操作系统经历了重大变革，但是仍然出现蓝屏、死机、上网资料遗失、服务器遭受攻击等问题。综合分析漏洞成因主要分为三类：一是用户操作和管理不当造成的漏洞，二是 Windows 系统在设计中存在的漏洞，三是黑客行为。

1）系统管理员误配置

大部分计算机安全问题是由于管理不当引起的。不同的系统配置直接影响系统的安全性。系统管理漏洞包括系统管理员对系统的设置存在漏洞，如直接影响主机安全的设置信息（如注册表设置）、简单口令等，还包括系统部分功能自身存在安全漏洞，在 Windows 的操作系统中，由于其本身就是基于网络服务平台而设计的操作系统，在默认的情况下，都会打开许多服务端口，这些端口就是攻击者攻击的对象，所以管理员使用这些操作系统时就要关闭一些不需要的服务端口。

2）操作系统和应用软件自身的缺陷

据统计调查数据显示，半数以上的攻击行为都是针对操作系统漏洞的，例如 Windows IIS4.0-5.0 存在 Unicode 解码漏洞，会导致用户可以远程通过 IIS 执行任意命令。当用户用 IIS 打开文件时，如果该文件名包含 Unicode 字符，系统会对其进行解码；如果用户提供一些特殊的编码，将导致 IIS 错误地打开或者执行某些 Web 根目录以外的文件。未经授权的用户可能会利用 IUSR_machine name 账号的上下文空间访问任何已知的文件。因为该账号在默认情况下属于 Everyone 和 Users 组的成员，因此任何与 Web 根目录在同一逻辑驱动器上的能被这些用户组访问的文件都可能被删除、修改或执行。对应用软件而言，首先，这些软件在最初设计时可能考虑不周全，很少考虑到抵挡黑客的攻击，因而在安全设计上存在着严重的漏洞；此外，软件在使用时可能没正确实现设计中引入的安全机制。一个大型软件通常需要很多程序员共同协作，受编程人员的能力、经验和安全技术所限，程序中难免会有不足之处。在一个相互作用的系统里，小小的缺陷就有可能被黑客利用。

3）黑客行为（如木马程序）

木马一般通过电子邮件或捆绑在供下载的可执行文件中进行传播，它们通过一些提示诱使用户打开它们，然后潜伏到用户系统并且安装，同时利用各种技术手段对自己进行简单或复杂的隐身，并且发送相关信息给攻击者，等待攻击者的响应。导致攻击者可以像操作自己的机器一样控制用户的机器，甚至可以远程监控用户的所有操作。

总之，主机的漏洞通常涉及系统内核、文件属性、操作系统补丁、口令解密等问题，因此为确保主机的安全可靠，应该对系统中不合适的设置、脆弱的口令以及其他同安全规则相抵触的对象进行检查，准确定位系统中存在的问题，提前发现系统漏洞。

经过分析，学校网站服务器采用的是 Windows 2003 Server 操作系统，正是由于小张的一时疏忽，没有及时地对漏洞进行修补，才导致服务器出现以上症状。因此小张决定扫描系统存在的漏洞，下载最新的补丁程序并及时安装，降低安全威胁。

3. 条件准备

小张准备了 360 安全卫士。

5.1.3 实践操作

使用 360 安全卫士，扫描系统漏洞的操作如下。

（1）360 安全卫士安装简捷，直接从 360 网站上下载安装即可。

（2）运行 360 安全卫士，选择"修复系统漏洞"选项卡，如图 5.1 所示。

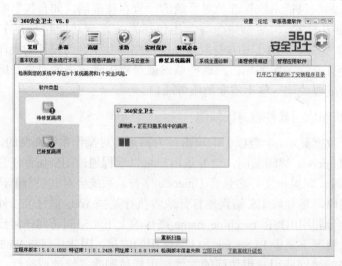

图 5.1　使用 360 安全卫士扫描系统漏洞

（3）360 安全卫士会自动扫描系统漏洞，列出系统没有安装的补丁和系统的安全配置方面的相关漏洞，因计算机的操作系统不同，扫描的结果也会有所不同，扫描结束后弹出如图 5.2 所示的窗口。

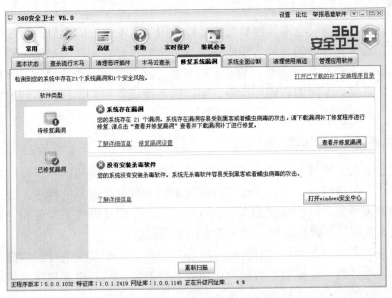

图 5.2　扫描系统漏洞后结果

（4）单击"查看并修复漏洞"按钮，进入修复漏洞界面。选择相关系统漏洞补丁前的复选框，单击"修复选中漏洞"按钮，即可自动下载 Windows 系统补丁并安装，消除系统漏洞，如图 5.3 所示。其中红色表示安全等级为严重的系统漏洞，如不修复可能导致远程代码执行等非常危险的后果，必须立即修复，以加强系统安全。

图 5.3　选择漏洞进行修复

5.1.4 问题探究

1. 漏洞

网络攻击、入侵等安全事件频繁发生多数是因为系统存在安全隐患引起的。计算机系统在硬件、软件及协议的具体实现或系统安全策略上存在的这类缺陷，称为漏洞。漏洞（Vulnerability）也称为脆弱性。它一旦被发现，就可以被攻击者用于在未授权的情况下访问或破坏系统。不同的软硬件设备、不同的系统或者相同系统在不同的配置下，都会存在各自的安全漏洞。

2. 扫描器基本工作原理

在系统发生安全事故之前对其进行预防性检查，及时发现问题并予以解决不失为一种很好的办法。扫描器是一种自动检测远程或本地主机安全漏洞的程序，通过使用扫描器可以不留痕迹地发现操作系统的各种 TCP 端口的分配及提供的服务和它们的软件版本，间接地或直观地了解到远程主机所存在的安全问题。

扫描器采用模拟攻击的形式对目标可能存在的已知安全漏洞进行逐项检查。目标可以是工作站、服务器、交换机、数据库应用等各种对象。然后根据扫描结果向系统管理员提供周密可靠的安全性分析报告，为提高网络安全整体水平提供重要依据。在网络安全体系的建设中，安全扫描工具花费低、效果好、见效快、与网络的运行相对独立、安装运行简单，可以大规模减少安全管理员的手工劳动，有利于保持全网安全的统一和稳定。

扫描器并不是一个直接的攻击网络漏洞的程序，它仅仅能帮助我们发现目标机的某些存在的弱点。一个好的扫描器能对它得到的数据进行分析，帮助我们查找目标主机的漏洞。但它不会提供进入一个系统的详细步骤。

扫描器应该有三项功能：发现一个主机和网络的能力；一旦发现一台主机，有发现什么服务正运行在这台主机上的能力；通过测试这些服务，发现存在漏洞的能力。

扫描器对 Internet 安全很重要，因为它能揭示一个网络的脆弱点。在任何一个现有的平台上都有几百个熟知的安全脆弱点。在大多数情况下，这些脆弱点都是唯一的，仅影响一个网络服务。人工测试单台主机的脆弱点是一项极其烦琐的工作，而扫描程序能轻易地解决这些问题。扫描程序开发者利用可得到的常用攻击方法并把它们集成到整个扫描过程中，这样使用者就可以通过分析输出的结果发现系统的漏洞。

3. 主机漏洞扫描

对于主机漏洞引起的安全问题，采用事先检测系统的脆弱点防患于未然，是减少损失的有效办法。漏洞的检测依赖于人的发现，因此它是一个动态的过程。一般而言，系统的规模、复杂度与自身的脆弱性成正比：系统越大、越复杂，就越脆弱。当发现系统的一个或多个漏洞时，对系统安全的威胁便随之产生。通常，黑客进行一次成功的网络攻击，首先会收集目标网络系统的信息，确定目标网络的状态，如主机类型、操作系统、开放的服务端口以及运行的服务器软件等信息，然后再对其实施具有针对性的攻击。而对目标系统信息及漏洞信息的获取，目前主要是通过漏洞扫描器实现的。

漏洞扫描器是一种自动检测远程或本地主机安全性弱点的程序。通过使用漏洞扫描器，系统管理员能够发现所维护的 Web 服务器的各种 TCP 端口的分配、提供的服务、Web 服务软件版本和这些服务及软件呈现在 Internet 上的安全漏洞。基于主机的漏洞扫描器通过执行一些脚本文件模拟对系统进行攻击的行为并记录系统的反应，从而发现其中的漏洞；主机扫描就是进行自身的伪攻击，类似于接种疫苗，自己攻击自己，看计算机对这样的攻击行为是否有反应，以确定计算机是否存在漏洞，这也是杀毒软件的扫描原理。

5.1.5　知识拓展

漏洞扫描主要通过以下两种方法来检查目标主机是否存在漏洞：在端口扫描后得知目标主机开启的端口以及端口上的网络服务，将这些相关信息与网络漏洞扫描系统提供的漏洞库进行匹配，查看是否有满足匹配条件的漏洞存在；通过模拟黑客的攻击手法，对目标主机系统进行攻击性的安全漏洞扫描，如测试弱势口令等。若模拟攻击成功，则表明目标主机系统存在安全漏洞。

1. 漏洞扫描技术的分类及实现

基于网络系统漏洞库，漏洞扫描大体包括 CGI 漏洞扫描、POP3 漏洞扫描、FTP 漏洞扫描、SSH 漏洞扫描、HTTP 漏洞扫描等。这些漏洞扫描将扫描结果与漏洞库相关数据匹配比较得到漏洞信息；漏洞扫描还包括没有相应漏洞库的各种扫描，如 Unicode 遍历目录漏洞探测、FTP 弱势密码探测、OPENRelay 邮件转发漏洞探测等，这些扫描通过使用插件（功能模块技术）进行模拟攻击，测试出目标主机的漏洞信息。

（1）漏洞库的匹配方法。基于网络系统漏洞库的漏洞扫描的关键部分就是它所使用的漏洞库。通过采用基于规则的匹配技术，即根据安全专家对网络系统安全漏洞、黑客攻击案例的分析和系统管理员对网络系统安全配置的实际经验，可以形成一套标准的网络系统漏洞库，然后再在此基础之上构成相应的匹配规则，由扫描程序自动地进行漏洞扫描的工作。

这样，漏洞库信息的完整性和有效性决定了漏洞扫描系统的性能，漏洞库的修订和更新的性能也会影响漏洞扫描系统运行的时间。因此，漏洞库的编制不仅要对每个存在安全隐患的网络服务建立对应的漏洞库文件，而且应当能满足前面所提出的性能要求。

（2）插件（功能模块技术）。插件是由脚本语言编写的子程序，扫描程序可以通过调用它来执行漏洞扫描，检测出系统中存在的一个或多个漏洞。添加新的插件就可以使漏洞扫描软件增加新的功能，扫描出更多的漏洞。插件编写规范化后，用户甚至自己都可以用 perl、C 语言或自行设计的脚本语言编写的插件来扩充漏洞扫描软件的功能。这种技术使漏洞扫描软件的升级维护变得相对简单，而专用脚本语言的使用也简化了编写新插件的编程工作，使漏洞扫描软件具有较强的扩展性。

2. 漏洞扫描技术的比较

现有的安全隐患扫描系统基本上是采用上述的两种方法来完成对漏洞的扫描，但是这两种方法在不同程度上也各有不足之处。

1）系统配置规则库问题

网络系统漏洞库是基于漏洞库的漏洞扫描的灵魂所在，而系统漏洞的确认是以系统配置规则库为基础的。但是，这样的系统配置规则库存在其局限性。

（1）如果规则库设计得不准确，预报的准确度就无从谈起。

（2）规则库是根据已知的安全漏洞进行安排和策划的，而对网络系统的很多危险的威胁却是来自未知的漏洞，这样，如果规则库更新不及时，预报准确度也会逐渐降低。

（3）受漏洞库覆盖范围的限制，部分系统漏洞可能不会触发任何一个规则，从而不被检测到。

因此，系统配置规则库应能不断地被扩充和修正，这样也是对系统漏洞库的扩充和修正。

2）漏洞库信息要求

漏洞库信息是基于网络系统漏洞库的漏洞扫描的主要判断依据。如果漏洞库信息不全面或得不到即时的更新，不但不能发挥漏洞扫描的作用，还会给系统管理员以错误的引导，从而对系统的安全隐患不能采取有效措施并及时地消除。

因此，漏洞库信息不但应具备完整性和有效性，也应具有简易性的特点，这样即使是用户自己也易于对漏洞库进行添加配置，从而实现对漏洞库的即时更新。比如漏洞库在设计时可以基于某种标准（如 CVE 标准）来建立，这样便于扫描者的理解和信息交互，使漏洞库具有比较强的扩充性，更有利于以后对漏洞库的更新升级。

5.1.6 检查与评价

1. 简答题

（1）什么是网络扫描？

（2）网络安全扫描有哪两种方式？

（3）什么是主机漏洞扫描？漏洞扫描有什么作用？

2. 实做题

扫描本机，查看扫描结果，提出修补意见。

5.2 网络扫描

网络扫描技术是一种基于 Internet 远程检测目标网络或本地主机安全脆弱点的技术。通过网络安全扫描，系统管理员能够发现所维护的 Web 服务器的各种 TCP/IP 端口的分配、开放的服务、Web 服务软件版本和这些服务及软件呈现在 Internet 上的安全漏洞。它采用积极的、非破坏性的办法来检验系统是否有可能被攻击而崩溃。它利用了一系列的脚本模拟对系统进行攻击的行为，并对结果进行分析。这种技术通常被用来进行模拟攻击实验和安全审计。网络扫描技术与防火墙、安全监控系统互相配合能够为网络提供很高的安全性。

5.2.1 学习目标

通过本模块的学习，应该达到：

1．知识目标

- 了解黑客攻击前的准备工作；
- 掌握网络扫描的流程；
- 掌握网络扫描的实现方法；
- 掌握网络扫描工具 Nessus 扫描系统漏洞方法；
- 掌握防止黑客扫描的方法。

2．能力目标

- 使用 Nessus 扫描系统漏洞；
- 使用 HostScan 扫描网络主机。

5.2.2 工作任务——使用 Nessus 发现并修复漏洞

本任务为使用 Nessus 扫描服务器安全状况，发现并修复漏洞。

1．工作任务背景

近期学校网站的主页一打开，立即跳转到其他网站的页面，学校责成小张进行及时处理并做好网站安全维护工作，保站网站正常运行，防止信息丢失。

2．工作任务分析

小张马上对网站服务器进行检查，安装系统漏洞、软件漏洞检测工具，进行木马检测，发现了木马程序，有人在恶意攻击网站。为进一步进行分析，小张采用了 Nessus 扫描工具。

Nessus 是一个功能强大而又易于使用的远程安全扫描器，它不仅免费而且更新极快。它对指定网络进行安全检查，找出该网络是否存在可导致攻击的安全漏洞。该系统被设计为 Client/Server 模式，服务器端负责进行安全检查，客户端用来配置管理服务器端。在服务器端还采用了 plug-in 的体系，允许用户加入执行特定功能的插件，可以进行更快速和更复杂的安全检查。在 Nessus 中还采用了一个共享的信息接口，称之为知识库，其中保存了以前检查的结果。该结果可以采用 HTML、纯文本、LaTeX（一种文本文件格式）等几种格式保存。

Nessus 的优点在于以下几个方面。

（1）其采用了基于多种安全漏洞的扫描，避免了扫描不完整的情况；

（2）它是免费的，比起商业的安全扫描工具如 ISS 具有价格优势；

（3）Nessus 扩展性强、容易使用、功能强大，可以扫描出多种安全漏洞。

Nessus 的安全检查完全是由 plug-ins 的插件完成的。Nessus 提供的安全检查插件已达到 2 万多个，并且这个数量以后还会增加。比如：在"useless services"类中，"Echo port open"和"Chargen"插件用来测试主机是否易受到已知的 Echo-chargen 攻击。在"backdoors"类中，"pc anywhere"插件用来检查主机是否运行了 BO、PcAnywhere 等后台程序。

除了这些插件外，Nessus 还为用户提供了描述攻击类型的脚本语言，进行附加的安全测试，这种语言称为 Nessus 攻击脚本语言（NSSL），用它来完成插件的编写。

在客户端，用户可以指定运行 Nessus 服务的机器、使用的端口扫描器和测试的内容以及测试的 IP 地址范围。Nessus 本身是工作在多线程基础上的，所以用户还可以设置系统同时工作的线程数。这样用户在远端就可以设置 Nessus 的工作配置了。安全检测完成后，服务器端将检测结果返回到客户端，客户端生成直观的报告。在这个过程当中，由于服务器向客户端传送的内容是系统的安全弱点，为了防止通信内容受到监听，其传输过程还可以选择加密。

3．条件准备

对于学校网络，还准备了 Nessus-3.2.1.1 软件。

5.2.3　实践操作

1．安装 Nessus-3.2.1.1 for Windows

（1）访问 http://www.nessus.org，下载 Nessus-3.2.1.1 for Windows。该版本包含客户端和服务端软件。双击下载的 Nessus-3.2.1.1.exe 文件，选择"Next"|"接受协议"|"Next"|"select features"，将客户端和服务端全部选中，如图 5.4 所示。

（2）单击"Next"，Nessus 开始复制文件，进行安装操作。在此过程中会弹出选择注册对话框，在这选择"否"按钮，以后再进行注册，如图 5.5 所示。

（3）Nessus 的安装过程中会自动安装插件并进行更新。这个过程将会花费较多的时间，如图 5.6 所示。

（4）Nessus 安装完成后，如图 5.7 所示，单击"Yes"按钮。就可以立即登录连接到 Nessus 服务器端，使用它进行网络安全扫描。

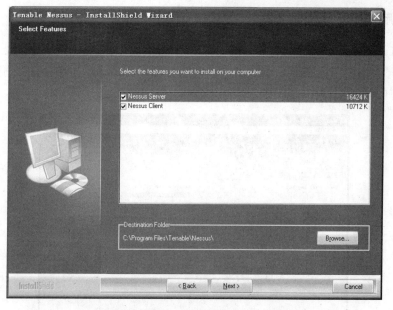

图 5.4　选择客户端和服务端功能模块

图 5.5　选择是否注册 Nessus 产品

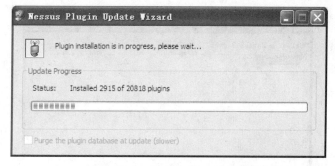

图 5.6　安装更新 Nessus 插件

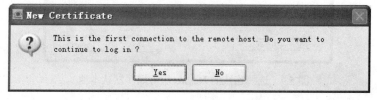

图 5.7　登录连接到服务器端

2. 使用 Nessus 扫描服务器

（1）打开 Nessus 客户端软件，界面如图 5.8 所示。"Scan"选项卡主要是扫描相关的设置信息。"Report"选项卡显示扫描后的结果，也可以通过此标签查看以前扫描过的报告。单击"Connect"按钮，连接 Nessus 服务器端。

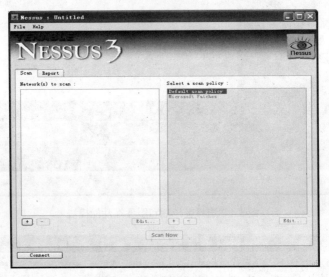

图 5.8　Nessus 客户端界面

（2）选择 localhost（本地，安装 Nessus 时服务器端已经安装到本地，默认已经启动），单击"Connect"按钮，连接到 Nessus 服务器端，如图 5.9 所示。

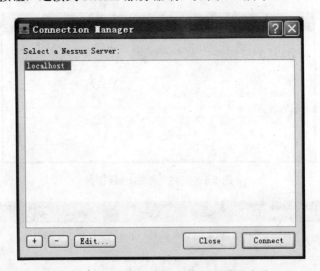

图 5.9　选择连接的 Nessus 服务端（默认本地）

（3）服务器连接完成后，"Connect"按钮会变成"Disconnect"按钮。左侧是网络扫描框，可以使用"+"号按钮和"-"号按钮添加、删除网络扫描对象，单击"Edit"按钮进行编辑。右侧是扫描策略，同样使用"+"号、"−"号或"Edit"按钮进行添加、删除或编辑扫描策略，如图 5.10 所示。

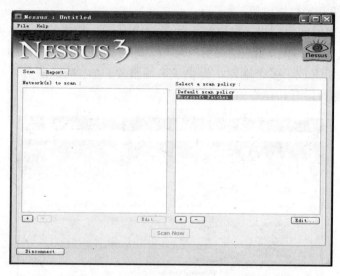

图 5.10　连接 Nessus 服务端后的界面

（4）选择左侧扫描网络框中的"+"号按钮，添加扫描对象。如图 5.11 所示，这里有 4 个扫描选项。其中，"Single host"是指扫描单个主机，"IP Range"是指扫描一个指定 IP 地址范围内的所有主机；"Subnet"是指扫描指定网络号的一个子网络；"Hosts in file"是指导入一个包含主机地址数据的文件，对其中的主机进行扫描。这里以扫描单个主机为例简述扫描的操作过程，其他扫描选项与此类似。单击"Save"按钮保存后，要扫描主机的数据，出现在左侧的网络扫描框中。

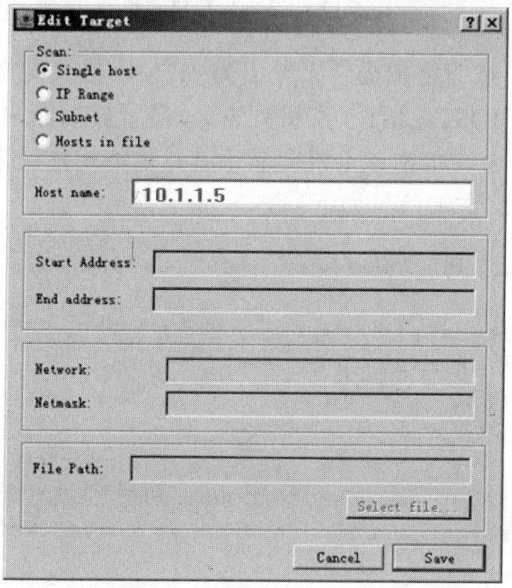

图 5.11　确定扫描主机对象

（5）选择图 5.10 右侧的扫描策略后，就可以对目标主机进行扫描。选择"Default scan policy"选项，也可以单击"Edit"按钮对所选项进行编辑，制定自己的扫描策略。单击"Scan Now"按钮开始扫描主机。

（6）经过一段时间的扫描，扫描结果如图 5.12 所示。扫描的信息按照服务（端口）在左侧窗口树状排列。单击相应的服务（端口）即可查看该项目的详细信息。如本次扫描结果，目标主机开放了多个端口，提供了多种服务。如 Web 服务，单击左侧的 http（80/tcp），在右侧窗口有其详细的信息显示。

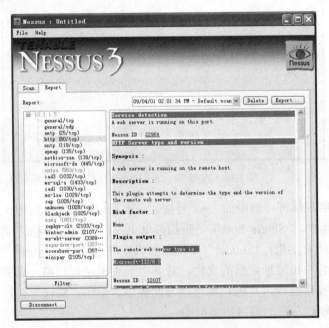

图 5.12　Nessus 扫描结果

（7）单击"Export"按钮将扫描结果导出为 HTML 格式的文件存档并查看。打开该 HTML 文档，最上端是 HOST LIST（主机列表），显示被扫描的主机的 IP 地址，本次扫描只有一个主机"10.1.1.5"，单击该主机会显示其具体的扫描结果。首先是本次扫描的概要信息，如图 5.13 所示。详细信息如下：

Start time （开始时间）Wed Apr 01 14:01:47 2009，End time（结束时间）Wed Apr 01 14:16:49 2009
Number of vulnerabilities :（弱点的数目）其中：
Open ports（开放的端口）: 21
Low（低危险）: 40
Medium（中等危险）: 1
High（高危险）: 0
Information about the remote host :（远程主机的信息）
Operating system : Microsoft Windows Server 2003 Service Pack 2 （操作系统）
NetBIOS name : Web-Server （主机名）
DNS name : Web-Server.（DNS 名）

10.1.1.5	
Scan time :	
Start time :	Wed Apr 01 14:01:47 2009
End time :	Wed Apr 01 14:16:49 2009
Number of vulnerabilities :	
Open ports :	21
Low :	40
Medium :	1
High :	0
Information about the remote host :	
Operating system :	Microsoft Windows Server 2003 Service Pack 2
NetBIOS name :	WEB-SERVER
DNS name :	WEB-SERVER.

图 5.13　HTML 格式扫描报告

（8）另外，该文档会按照端口分项详细列出扫描结果。在这里以危险性为中等的弱点举例说明如何查看、分析扫描报告。

> Private IP address leaked in HTTP headers （弱点名称：在 HTTP 头私有 IP 地址泄露）
> Synopsis：（摘要）
> This web server leaks a private IP address through its HTTP headers. （这个 Web 服务通过它的 HTTP 报头导致泄露私有 IP 地址）
>
> Description：（描述）
> This may expose internal IP addresses that are usually hidden or masked behind a Network Address Translation (NAT) Firewall or proxy server. There is a known issue with IIS 4.0 doing this in its default configuration. （这会暴露内部 IP 地址，这些 IP 地址通常是被隐藏在使用 NAT 技术的防火墙或代理服务之后，这是一个已知的 IIS4.0 默认配置弱点）
> See also：（参看，给出厂商有关这个问题的详细描述）
> http://support.microsoft.com/support/kb/articles/Q218/1/80.ASP
> See the Bugtraq reference for a full discussion.
> Risk factor：（威胁因素）
> Medium / CVSS Base Score：5.0（中）
> (CVSS2#AV:N/AC:L/Au:N/C:P/I:N/A:N)
> Plugin output：（输出信息）
> This web server leaks the following private IP address：/10.1.1.5
> CVE：CVE-2000-0649
> BID：1499
> Other references：OSVDB:630
> Nessus ID：10759 （Nessus 知识库的 ID，可以单击该 ID 连接到 Nessus 主页查看该弱点的描述）

通过以上内容，可以知道这个弱点的详细信息，知道它的威胁性为中等，通过 See also 给出的 URL（http://support.microsoft.com/support/kb/articles/Q218/1/80.ASP），可以访问该链接，这是厂商针对此问题的详细描述，在"RESOLUTION"链接中有关此问题的详细解决方案，按要求实施即可解决这个弱点。

5.2.4　问题探究

网络扫描是识别网络中活动主机身份的过程，无论其目的在于对它们进行攻击还是在于网络安全评估。扫描程序，如 ping 扫描和端口扫描，都会返回映射到在因特网中运行主机的 IP 地址，并返回它们所能提供的服务。另一种扫描方式是逆扫描，返回的是不能映射到活动主机的 IP 地址；这能够使攻击者找到可用的 IP 地址。

1．黑客攻击的手段

某种意义上说没有攻击就没有安全，了解黑客常用的攻击手段，可以促使系统管理员对系统进行检测，并对相关的漏洞采取措施。

网络攻击有善意的也有恶意的，善意的攻击可以帮助系统管理员检查系统漏洞，恶意的攻击可以包括：为了私人恩怨而攻击、商业或个人目的获得秘密资料、民族仇恨、利用对方的系统资源满足自己的需求、寻求刺激、给别人帮忙以及一些无目的的攻击。黑客攻击一般采用隐藏 IP、踩点扫描、获得系统或管理员权限、种植后门、在网络中隐身五部分。

2．网络主机扫描流程

（1）存活性扫描：是指大规模去评估一个较大网络的主机存活状态。例如跨地域、跨系统的大型企业网络。但是被扫描主机可能会有一些欺骗性措施，例如使用防火墙阻塞 ICMP 数据包，可能会逃过存活性扫描的判定。

（2）端口扫描：针对主机判断端口开放和关闭情况，不管其是不是存活。端口扫描也成为存活性扫描的一个有益补充，如果主机存活，必然要提供相应的状态，因此无法隐藏其存活情况。

（3）服务识别：通过端口扫描的结果，可以判断出主机提供的服务及其版本。

（4）操作系统识别：利用服务的识别，可以判断出操作系统的类型及其版本。

3．网络主机存活性扫描技术

主机扫描的目的是确定在目标网络上的主机是否可达。这是信息收集的初级阶段，其效果直接影响到后续的扫描。ping 就是最原始的主机存活扫描技术，利用 ICMP(Internet 控制报文协议)的 Echo 字段，发出的请求如果收到回应的话代表主机存活。

常用的传统扫描手段有以下 4 种。

（1）ICMP Echo 扫描：精度相对较高。通过简单地向目标主机发送 ICMP Echo Request 数据包，并等待回复的 ICMP Echo Reply 包，如 ping 命令。

（2）ICMP Sweep 扫描：Sweep 中文是机枪扫射的意思，ICMP 进行扫射式的扫描，即并发性扫描，使用 ICMP Echo Request 一次探测多个目标主机。通常这种探测包会并行发送，以提高探测效率，适用于大范围的评估。

（3）Broadcast ICMP 扫描：广播型 ICMP 扫描，利用了一些主机在 ICMP 实现上的差异，设置 ICMP 请求包的目标地址为广播地址或网络地址，则可以探测广播域或整个网络范围内的主机，子网内所有存活主机都会给以回应。但这种情况只适用于 UNIX/Linux 系统。

（4）Non-Echo ICMP 扫描：在 ICMP 协议中不仅只有 ICMP Echo 的 ICMP 查询信息类型，在 ICMP 扫描技术中也用到 Non-Echo ICMP 技术（不仅仅能探测主机，也可以探测网络设备）。它利用了 ICMP 的服务类型（Timestamp 和 Timestamp Reply、Information Request 和 Information Reply、Address Mask Request 和 Address Mask Reply）。

4. 端口扫描技术

在完成主机存活性判断之后，就应该去判定主机开放信道的状态，端口就是在主机上开放的信道，端口总数是 65535，其中 0～1024 为知名端口。端口实际上就是从网络层映射到进程的通道。一个端口就是一个潜在的通信通道，也就是一个入侵通道。对目标计算机进行端口扫描，能得到许多有用的信息。通过这个关系就可以掌握什么样的进程使用了什么样的通信，在这个过程里，通过进程取得的信息，就为查找后门、了解系统状态提供了有力的支撑。常见流行的端口扫描技术通常有 TCP 扫描和 UDP 扫描。

1）TCP 扫描

TCP 扫描技术中主要利用 TCP 连接的三次握手特性和 TCP 数据头中的标志位来进行，利用三次握手过程与目标主机建立完整或不完整的 TCP 连接。

（1）TCP connect()扫描：TCP 的报头里，有 6 个连接标记。

① URG：（Urgent Pointer field significant）紧急指针。用到的时候值为 1，用来处理避免 TCP 数据流中断。

② ACK：（Acknowledgment field significant）置 1 时表示确认号（Acknowledgment Number）为合法，为 0 的时候表示数据段不包含确认信息，确认号被忽略。

③ PSH：（Push Function）Push 标志的数据，置 1 时请求的数据段在接收方得到后就可直接送到应用程序，而不必等到缓冲区满时才传送。

④ RST：（Reset the connection）用于复位因某种原因引起出现的错误连接，也用来拒绝非法数据和请求。如果接收到 RST 位时候，通常发生了某些错误。

⑤ SYN：（Synchronize sequence numbers）用来建立连接，在连接请求中，SYN=1，ACK=0，连接响应时，SYN=1，ACK=1。即，SYN 和 ACK 来区分 Connection Request 和 Connection Accepted。

⑥ FIN：（No more data from sender）用来释放连接，表明发送方已经没有数据发送了。

TCP 协议连接的三次握手过程是这样的：首先客户端（请求方）在连接请求中，发送 SYN=1，ACK=0 的 TCP 数据包给服务器端（接收请求端），表示要求同服务器端建立一个连接；如果服务器端响应这个连接，就返回一个 SYN=1，ACK=1 的数据报给客户端，表示服务器端同意这个连接，并要求客户端确认；最后客户端再发送 SYN=0，ACK=1 的数据包给服务器端，表示确认建立连接。利用这些标志位和 TCP 协议连接的三次握手特性来进行扫描探测。

（2）Reverse-ident 扫描：这种技术利用了 Ident 协议（RFC1413），TCP 端口 113。很多主机都会运行这些协议，用于鉴别 TCP 连接的用户。

Ident 的操作原理是查找特定 TCP/IP 连接并返回拥有此连接的进程的用户名。它也可以返回主机的其他信息。但这种扫描方式只能在 TCP 全连接之后才有效，实际上很多主机都会关闭 Ident 服务。

（3）TCP syn 扫描：向目标主机的特定端口发送一个 SYN 包，如果应答包为 RST 包，则说明该端口是关闭的，否则，会收到一个 SYN|ACK 包。于是，发送一个 RST，停止建立连接，由于连接没有完全建立，所以称为"半开连接扫描"。

TCP syn 扫描的优点是很少有系统会记录这样的行为，缺点是在 UNIX 平台上，需要 root 权限才可以建立这样的 SYN 数据包。

2）UDP 扫描

UDP 端口扫描（UDP port scanning）是执行端口扫描来决定哪个用户数据报协议（UDP）端口是开放的过程。UDP 扫描能够被黑客用于发起攻击或用于合法的目的。

由于现在防火墙设备的流行，TCP 端口的管理状态越来越严格，不会轻易开放，并且通信监视严格。为了避免这种监视，达到评估的目的，就出现了秘密扫描。这种扫描方式的特点是利用 UDP 端口关闭时返回的 ICMP 信息，不包含标准的 TCP 三次握手协议的任何部分，隐蔽性好，但这种扫描使用的数据包在通过网络时容易被丢弃从而产生错误的探测信息。

UDP 扫描方式的缺陷很明显，速度慢、精度低。UDP 的扫描方法比较单一，当发送一个报文给 UDP 端口，该端口是关闭状态时，端口会返回一个 ICMP 信息，所有的判定都是基于此原理。如果关闭的话，什么信息都不发。

使用 UDP 扫描要注意以下两点。

（1）UDP 状态、精度比较差，因为 UDP 是不面向连接的，所以整个精度会比较低。

（2）UDP 扫描速度比较慢，TCP 扫描开放 1 秒的延时，在 UDP 里可能就需要 2 秒，这是由于不同操作系统在实现 ICMP 协议的时候，为了避免广播风暴，都会有峰值速率的限制（因为 ICMP 信息本身并不是传输载荷信息，不会有人拿它去传输一些有价值信息。操作系统在实现的时候是不希望 ICMP 报文过多的。为了避免产生广播风暴，操作系统对 ICMP 报文规定了峰值速率，不同操作系统的速率不同），利用 UDP 作为扫描的基础协议，就会对精度、延时产生较大影响。

5. 服务及系统指纹

在判定完端口情况之后，继而就要判定服务。

1）根据端口判定

这种判定服务的方式就是根据端口，直接利用端口与服务对应的关系，比如 23 端口对应 TELNET 服务，21 端口对应 FTP 服务，80 端口对应 HTTP 服务。根据端口判定服务是较早的一种方式，对于大范围评估是有一定价值的，但其精度较低。例如使用 NC 工具在 80 端口上监听，扫描时会以为 80 端口在开放，但实际上 80 端口并没有提供 HTTP

服务，由于这种关系只是简单对应，并没有去判断端口运行的协议，于是就产生了误判，认为只要开放了 80 端口就是开放了 HTTP 协议。但实际并非如此，这就是端口扫描技术在服务判定上的根本缺陷。

2）Banner

Banner 的方式相对精确，获取服务的 Banner，是一种比较成熟的技术，可以用来判定当前运行的服务，对服务的判定较为准确。而且不仅能判定服务，还能够判定具体服务的版本信息。这种技术比较灵活。像 HTTP、FTP、TELNET 都能够获取一些 Banner 信息。为了判断服务类型、应用版本、OS 平台，通过模拟各种协议初始化握手，就可以获取信息。

不过，在安全意识普遍提升的今天，对 Banner 的伪装导致精度大幅降低。例如 IIS&Apache：修改存放 Banner 信息的文件字段进行修改，这种修改的开销很低。现在流行的一个伪装工具 Servermask，不仅能够伪造多种主流 Web 服务器的 Banner，还能伪造 HTTP 应答头信息里项的序列。

3）指纹技术

指纹技术利用 TCP/IP 协议栈实现的特点来辨识一个操作系统。可辨识的 OS 种类，包括哪些操作系统，甚至小版本号。指纹技术分为主动识别和被动识别两种技术。

（1）主动识别技术：采用主动发包，利用多次的试探，一次次筛选不同信息，比如根据 ACK 值判断，有些系统会发回所确认的 TCP 分组的序列号，有些会发回序列号加 1。还有一些操作系统会使用一些固定的 TCP 窗口。某些操作系统还会设置 IP 头的 DF 位来改善性能。这些都成为判断的依据。这种技术判定 Windows 的精度比较差，只能够判定一个大致区间，很难判定出其精确版本，但在 UNIX 操作系统，对网络设备甚至可以判定出小版本号，比较精确。目标主机与源主机跳数越多，精度越差。因为数据包里的很多特征值在传输过程中都已经被修改或模糊化，会影响到探测的精度。

（2）被动识别技术：不是向目标系统发送分组，而是被动监测网络通信，以确定所用的操作系统。它利用对报头内 DF 位、TOS 位、窗口大小、TTL 的嗅探进行判断。因为并不需要发送数据包，只需要抓取其中的报文，所以叫做被动识别技术。

6．网络扫描工具

在系统安全扫描工具方面，MBSA（微软基准安全分析器）和 GFI Software 公司的 "LANguard Network Security Scanner" 这两款免费软件已经能够满足一般用户的需要。网络安全扫描工具方面，目前国内外最流行的莫过于 Internet Security Scanner、CyberCop Scanner、NetRecon、WebTrends Security Analyzer、Shadow Security Scanner、Retina、nmap、X-Scanner 以及天镜和流光。这些安全扫描工具各有所长，选择哪一个软件应根据用户的实际需要而确定，但在挑选过程中也有一定的规则可循。

首先，安全扫描工具是通过已知的系统安全漏洞来测试网络系统的，当今应用软件功能日趋复杂化，网络软件漏洞层出不穷，这就要求优秀的安全扫描系统必须有良好的可扩充性和迅速升级的能力。因此，在选择产品时，首先要注意产品是否能直接从互联网升级、升级方法是否容易掌握，同时要注意产品制造者有没有足够的技术力量来保证对新出现的安全漏洞做出迅速的反应。

另外，安全扫描系统还要具有友好的用户界面，并能提供清晰的安全分析报告。对于大型网络的管理人员来说，安全扫描工具的功能和可扫描的对象必须足够多，分析结果显示得清楚、有条理。对于希望同时学习和增强网络知识的用户来说，安全扫描工具的分析必须有利于学习如何修正发现的安全漏洞，了解入侵者可以怎样利用这些安全漏洞。对于网络和计算机新手来说，如果从使用的角度考虑，要求软件简单有效即可，需要用户参与的部分则越少越好。

基于以上原则，优先选择 Internet Security Scanner 这款著名的安全扫描软件，如果使用 Linux 之类的操作系统，nmap（http://www.insecure.org/nmap/）是一个不错的选择，该软件除了功能强、扫描的方式多，还有许多值得推荐的优点。而对网络和计算机技术不太熟悉的人可以选择 X-Scanner（http://www.xfocus.org/）和流光（http://www.netxeyes.org）这两款软件。如果是为了保护自己系统安全的同时学习网络知识，由于 X-Scanner 和流光这两种软件的封装太严，虽然简单有效但不利于学习，因此可以选择 Retina 或者 Shadow Security Scanner（http://www.safety-lab.com）这两款软件。

Internet Security Scanner（ISS）是 ISS 公司（http://www.iss.net）1992 年开发的软件，该软件的初衷是作为帮助管理人员探测、记录与 TCP/IP 主机服务相关的网络安全弱点，并保护网络资源的共享工具。但由于该软件是同类产品中第一个以共享软件方式提供的产品，而且 ISS 公司还与美国国家计算机安全协会、美国网络紧急事务响应小组，以及以色列的 RSA 公司等系统安全公司有着密切合作，同时也与美国社会上的"黑客"有着广泛联系，很快该软件就声名大噪，并发展成为一个功能全面的网络安全套件，成为一个网络安全基础测试工具，在世界范围内广为使用。

ISS 软件主要分为扫描和监测两大部分，其中扫描功能可以审核 Web 服务器内部的系统安全设置、评估文件系统底层的安全特性、寻找有问题的 CGI 程序，以及试图解决这些问题的 Web Security Scanner。它通过审核基于防火墙底层的操作系统的安全特性，来测试防火墙和网络协议是否有安全漏洞，同时其自身具有过滤功能的 Firewall Scanner，还可以从广泛的角度来检测网络系统上的安全漏洞，并且提出一种可行的方法来评定 TCP/IP 互连系统的安全设置。它可以系统地探测每一种网络设备的安全漏洞，提出适当的 Intranet Scanner，以及扫描数据库安全漏洞的 Database Scanner，和能够测试系统的文件存取权限、文件属性、网络协议配置、账号设置、程序可靠性，以及一些用户权限所涉及的安全问题，同时还可以寻找到一些黑客曾经潜入系统内部的痕迹的系统安全扫描。

实时监测方面，ISS 通过一种自动识别和实时响应的智能安全系统监视网络中的活动，寻找有攻击企图和未经授权的行为。该实时安全监视系统采用分布式体系，网络系统管理员可以通过一个中心控制器实时监控并响应整个网络。一旦安全系统检测到一个攻击对象，或有超越网络授权的操作行为时，它将提供包括运行用户预先指定程序、监视并记录非法操作过程、自动切断信号并发送 Email 给网络管理员等几种响应方式。

5.2.5　知识拓展

网络主机扫描 HostScan 是强大的网络扫描软件，包括 IP 扫描、端口扫描和网络服务扫描。IP 扫描可以扫描任意范围的 IP 地址（0.0.0.0）到（255.255.255.255），找到正在使用中的网络主机；端口扫描可以扫描已发现网上主机的端口，范围可以从 1 到 65535，获得已经打开的端口的信息，对端口分析可以知道是否有人在用户的计算机上留下了后门；网络服务扫描可以扫描打开的端口，返回端口后台运行的网络服务信息。例如，通常情况下端口 80 运行的是 HTTP 服务。扫描完成后，会给出一份详细的网络扫描报告，以备查阅。

（1）运行 HostScan，在用户地址里输入扫描主机的 IP 地址，可以是一个主机，也可以是一个网段。这里填写一个主机地址，172.16.20.166- 172.16.20.166。单击"开始扫描"按钮，即可对输入的地址进行扫描。扫描结果包括存活的主机、打开的端口及服务等信息，如图 5.14 所示。

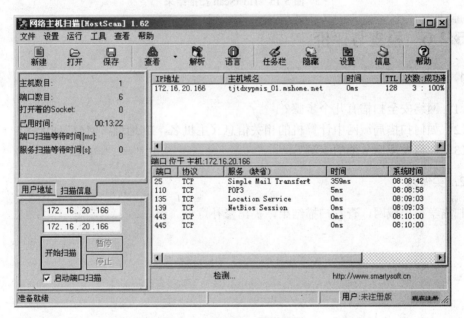

图 5.14　HostScan 运行界面

（2）经过一段时间的扫描，HostScan 能够将 172.16.20.166 主机扫描出来，扫描结果包括：服务端口号、连接长度、连接类型、本地连接地址、最后修改时间、允许范围单位、服务器、占据域名、时间、TTL、开放的端口等。如图 5.15 所示，在 172.16.20.166 IP 地址的主机名为"TJTDXYPMIS_01"，开放的 TCP 端口有"110 端口"（POP3 服务端口，用来进行接收电子邮件），"25 端口"（SMTP 发送邮件协议，用来发送电子邮件），"80 端口"（HTTP 协议，作为 Web 服务器）等。黑客可以根据开放的端口推测出目标主机有哪些网络服务，针对具体服务使用相关的攻击工具进行攻击。如"TJTDXYPMIS_01"这个主机，因为开放了"80 端口"存在 Web 服务，就可以使用 Burp suite 工具进行分析扫描，发现漏洞后即可发起攻击。扫描后的结果可以保存为文本文档，作为网络资料备份。

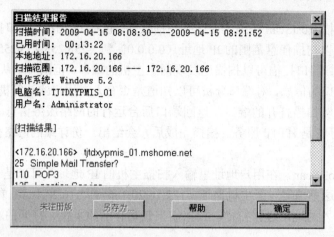

图 5.15　HostScan 扫描结果

5.2.6　检查与评价

1. 简答题

（1）网络安全扫描有几个步骤？

（2）如何扫描局域网中计算机的相关信息（主机名，IP 地址，MAC 地址等）？

（3）如何发现服务器的漏洞？

2. 实做题

扫描学校局域网，查看扫描结果，提出修补意见。

模块 6
黑客攻击与入侵检测

黑客攻击，是指借助黑客工具对网络进行恶意攻击，意图使网络瘫痪，或者通过获取管理员密码，从而实现窃取数据、控制主机等目的，影响网络正常运行和使用的行为。

入侵检测是对防火墙极其有益的补充，入侵检测系统能在入侵攻击对系统发生危害前，检测到入侵攻击，并利用报警与防护系统驱逐入侵攻击。在入侵攻击过程中，能减少入侵攻击所造成的损失。在被入侵攻击后，收集入侵攻击的相关信息，作为防范系统的知识，添加入知识库内，增强系统的防范能力，避免系统再次受到入侵。入侵检测被认为是防火墙之后的第二道安全闸门。

6.1　处理黑客入侵事件

随着网络技术的日益发展和完善，对网络产品的安全要求也越来越迫切，强有力的计算机安全技术及安全产品层出不穷。但是，与此同时黑客工具也在互联网上大肆传播，并且越来越"简单化、自动化"，使得网络上的黑客攻击事件逐渐增多。

特别是在局域网内部，由于许多用户对网络安全抱着无所谓的态度，认为黑客不会攻击自己。因此未对自己的主机设置强壮的密码（甚至没有设置管理员密码）、未在自己的主机上安装有效的杀毒软件和防火墙等情况屡见不鲜。其实，在既无法纪约束又有无制度管理的虚拟网络世界中，几乎每个人都时刻面临着网络安全的威胁，每个人都有必要对网络安全有所了解，并掌握一定的安全防范措施，让黑客无任何可乘之机，这样才不会在受到网络安全攻击时付出惨重的代价。

黑客在进行一次完整的攻击之前首先要确定攻击要达到什么样的目的，即给对方造成什么样的后果。常见的攻击目的有破坏型和入侵型两种。

破坏型攻击指的只是破坏攻击目标，使其不能正常工作，而不能随意控制目标系统的运行。达到破坏型攻击的目的，主要的手段是拒绝服务攻击（DoS）。

另一类常见的攻击目的是入侵攻击目标，这种攻击是要获得一定的权限达到控制攻击目标的目的。应该说这种攻击比破坏型攻击更为普遍，威胁性也更大。因为黑客一旦获取攻击目标的管理员权限就可以对此主机做任意动作，包括破坏性的攻击。此类攻击一般也是利用主机的操作系统、应用软件或者网络协议存在的漏洞进行的。当然还有另一种造成此种攻击的原因就是密码泄露，攻击者利用主机管理员的不慎疏忽泄露或者利用密码字典猜测得到主机用户的密码，然后就可以和真正的管理员一样对主机进行操作了。

本单元主要介绍的是入侵型攻击。

6.1.1 学习目标

通过本模块的学习，应该达到：

1. 知识目标

- 认识并了解黑客；
- 掌握黑客的攻击手段；
- 掌握黑客常用的攻击方法；
- 掌握防范黑客入侵的方法。

2. 能力目标

- 扫描要攻击的目标主机；
- 入侵并设置目标主机；
- 监视并控制目标主机；
- 使用入侵型攻击软件；
- 防范入侵型攻击。

6.1.2 工作任务——模拟校园网内主机被黑客入侵攻击

1. 工作任务背景

最近多位老师发现自己计算机中的内容突然丢失或被篡改，有的计算机还出现莫名其妙的重新启动现象。小张接到报告后，迅速赶到现场查看，发现这几台计算机的硬盘均被不同程度地共享了，有的计算机中被植入了木马，有的计算机中正在运行的进程和服务被突然停止，更有甚者，有的计算机的鼠标指针竟然会自行移动，并执行了某些操作。而查看这些计算机的日志却没有任何发现。

2. 工作任务分析

从这几台计算机的现象看，非常明显是被黑客攻击了。小张进一步深入地查看，发现了这几台出现问题的计算机存在着一些共同点：有的老师为了自己使用方便或其他一些原因，将自己计算机的用户名和密码记录在了计算机旁边，有的老师设置的用户名和密码非常简单，甚至根本没有设置密码；几台计算机的操作系统均为 Windows XP Professional 而且均默认打开了 IPC$共享和默认共享；几台计算机有的未安装任何杀毒软件和防火墙，有的安装了杀毒软件但很久未做升级。另外这几台计算机的本地安全策略的安全选项中,"网络访问:本地账户的共享和安全模式"的安全设置为"经典-本地用户以自己的身份验证"。

由于老师们所在的办公室经常有外人进出,不排除他们的用户名和密码等信息被他人获知的可能性。机器中未安装杀毒软件和防火墙,导致他人利用黑客工具可以非常轻松地攻击这些计算机,设置硬盘共享、控制计算机的服务和进程等。另外安全选项中的"网络访问:本地账户的共享和安全模式"一项的默认设置应为"仅来宾:本地用户以来宾身份验证",这样的设置可以使本地账户的网络登录将自动映射到 Guest 账户,而"设置为"经典-本地用户以自己的身份验证",意味着该计算机不论是否禁用"Guest 账户",只要获知本地用户的密码,那么任何人都可以使用这些用户账户来访问和共享这些计算机的系统资源了。

小张将计算机被黑客攻击的结论告诉了这几位老师,他们觉得不可思议。他们提出了很多问题:难道我们的身边真的存在校园黑客?黑客究竟使用什么样的方法控制了我们的计算机?今后我们应该如何防范黑客的攻击等……

小张为了增强老师们的网络安全防范意识,决定利用一些网上下载的黑客攻击软件为老师们模拟操作校园网计算机被攻击的过程,并在操作过程中指出老师应该如何应对和防范黑客的攻击。

黑客攻击的手段和方法很多,小张认真分析了本次发生的校园网黑客入侵事件,推理出本次黑客攻击的过程:首先黑客获得目标主机的用户名和密码,该内容可能在老师们的办公室中直接获得,也可能是利用黑客扫描软件对某个 IP 地址段的目标主机进行扫描,获得其中弱口令主机的用户名和密码;然后利用黑客攻击软件对这些目标主机进行攻击,完成设置硬盘共享、控制服务和进程、安装木马等操作;之后清除目标主机中所有日志的内容,做到不留痕迹。另外该黑客还可能对某些目标主机实行了监视甚至控制。小张决定下载可以完成以上操作的黑客软件。

目前网上的黑客攻击软件很多,但是大部分均能被最新的杀毒软件或防火墙检测出来并当做病毒或木马进行隔离或删除处理。为了实现黑客攻击的演示,小张先将自己计算机中的防火墙和杀毒软件关闭。

3. 条件准备

小张下载了三个黑客软件:NTscan 变态扫描器、Recton v2.5、DameWare 迷你中文版 4.5。

NTscan 变态扫描器可以对指定 IP 地址段的所有主机进行扫描,扫描方式有 IPC 扫描、SMB 扫描、WMI 扫描三种,可以扫描打开某个指定端口的主机,通过扫描可以得到其中弱口令主机的管理员用户名和密码。

Recton v2.5 是一个典型的黑客攻击软件,只要拥有某一个远程主机的管理员账号和密码,并且远程主机的 135 端口和 WMI 服务(默认启动)都开启,就可以利用该软件完成远程开关 telnet,远程运行 CMD 命令,远程重启和查杀进程,远程查看、启动和停止服务、查看和创建共享、种植木马、远程清除所有日志等操作。

DameWare 迷你中文版 4.5 是一款远程控制软件,只要拥有一个远程主机的账号和密码，就可以对该主机实施远程监控，监视远程主机的所有操作甚至达到控制远程主机的目的。

另外小张选择了两台操作系统为 Windows XP Professional 的主机，其中一台作为实施攻击的主机（以下称"主机 A"），另一台作为被攻击的主机（以下称"主机 B"），并将两台主机接入局域网中。

6.1.3 实践操作

模拟校园网内主机被黑客攻击的过程。

1. 模拟攻击前的准备

（1）由于本次模拟攻击所用到的黑客软件均可被较新的杀毒软件和防火墙检测出并自动进行隔离或删除，因此，在模拟攻击前要先将两台主机安装的杀毒软件和防火墙全部关闭。然后打开"控制面板"中的"Windows 安全中心"，执行"Windows 防火墙"设置，将"Windows 防火墙"也关闭，如图 6.1 所示。

（2）由于在默认情况下，两台主机的 IPC\$共享、默认共享、135 端口和 WMI 服务均处于开启状态，因此对共享、端口和服务不做任何调整。

（3）设置主机 A（攻击机）的 IP 地址为"172.16.100.1"，主机 B（被攻击机）的 IP 地址为"172.16.100.2"（IP 地址可以根据实际情况自行设定），两台主机的子网掩码均应为"255.255.0.0"。设置完成后用"ping"命令测试两台主机连接成功。

（4）为主机 B 添加管理员用户"abc"，密码设置为"123"。

（5）打开主机 B"控制面板"中的"管理工具"，执行"本地安全策略"命令，在"本地策略"的"安全选项"中找到"网络访问：本地账户的共享和安全模式"策略，并将其修改为"经典-本地用户以自己的身份验证"，如图 6.2 所示。

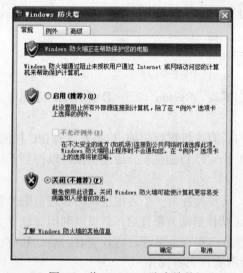

图 6.1　将 Windows 防火墙关闭

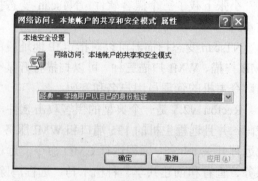

图 6.2　设置本地安全策略

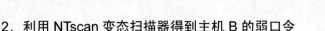

2．利用 NTscan 变态扫描器得到主机 B 的弱口令

（1）将 NTscan 变态扫描器安装到主机 A 中。

（2）NTScan 变态扫描器的文件夹中包含多个文件，其中"NT_user.dic"文件为用户名字典，"NT_pass.dic"文件为密码字典，"NTscan.exe"为主程序文件。

（3）打开"NT_user.dic"文件，可以看到当前已有一个用户名"administrator"，这是超级管理员账号。在该账号后面添加几个由"a"、"b"、"c"三个字母随机组合的用户名，如"abc"、"acb"、"bac"等，注意每个用户名占一行，且不要有空行，保存后关闭。

（4）打开"NT_pass.dic"文件，可以看到当前已有一个密码"%null%"，其含义为空密码。在该密码后面添加几个由"1"、"2"、"3"三个数字随机组合的密码，如"123"、"321"、"132"等，注意每个密码占一行，且不要有空行，保存后关闭。

由于本次模拟操作只是演示弱口令的测试过程，因此在两个字典中输入的用于猜测的用户名和密码只有不多的几条。在实际黑客攻击过程中，用户名和密码字典中多达几千条甚至上万条记录，用于测试的用户名和密码也不是人工输入，而是由软件自动生成，这些记录可能是 3～4 位纯数字或纯英文的所有组合，也可能是一些使用频率很高的单词或字符组合。这样的字典可以在几分钟之内测试出弱口令。

（5）执行"NTscan.exe"文件，设置起始 IP 和结束 IP 均为"172.16.100.2"，只对主机 B 进行测试（在实际扫描过程中可以设置一个 IP 地址段，对该地址段中的所有主机进行测试）；设置"连接共享$"为"ipc$"；扫描方式为"IPC 扫描"；"扫描打开端口的主机"为"139"；其他选项默认。单击"开始"按钮进行扫描。扫描完成后得到的弱口令会显示在扫描列表中，如图 6.3 所示。

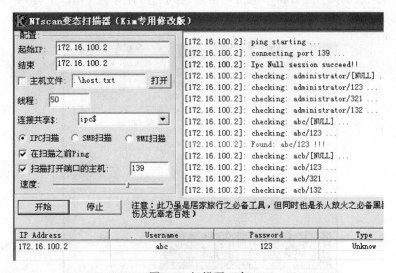

图 6.3　扫描弱口令

3．利用 Recton v2.5 入侵主机 B

首先将 Recton v2.5 安装到主机 A 中。然后执行 Recton v2.5 文件夹中的"Recton.exe"

文件，该软件共有 9 个功能：

- 远程启动 Terminal 终端服务；
- 远程启动和停止 Telnet 服务；
- 在目标主机上执行 CMD 命令；
- 清除目标主机的日志；将目标主机重新启动；
- 远程查看和关闭目标主机的进程；
- 远程启动和停止目标主机的服务；
- 在目标主机上建立共享；
- 向目标主机种植木马（可执行程序）。

其中，远程启动 Terminal 终端服务的功能由于操作系统为 Windows XP 而不能执行，其他功能均可执行。

1）远程启动和停止 Telnet 服务

（1）单击"Telnet"选项卡，打开远程启动和停止 Telnet 服务功能。输入远程主机的 IP 地址为"172.16.100.2"，用户名为"abc"，密码为"123"，附加设置默认。单击"开始执行"按钮，即远程启动了主机 B 的 Telnet 服务，如图 6.4 所示。如果再次单击"开始执行"按钮，则会远程停止主机 B 的 Telnet 服务。

（2）启动主机 B 的 Telnet 服务后，在主机 A 上单击"开始"菜单执行"运行"命令，并在文本框中输入"cmd"命令后单击"确定"按钮，打开"命令提示符"界面。输入命令"telnet 172.16.100.2"后回车，与主机 B 建立 Telnet 连接，如图 6.5 所示。

（3）此时系统询问"是否将本机密码信息送到远程计算机（y/n）"，输入"n"后回车，如图 6.6 所示。

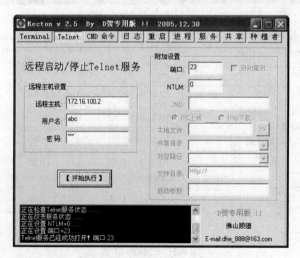

图 6.4　远程启动 Telnet 服务

图 6.5　与主机 B 建立 Telnet 连接

图 6.6　系统询问是否发送本地密码信息

（4）系统要求输入主机 B 的 login（登录用户名）和 password（密码），这里分别输入 "abc" 和 "123"，密码在输入时没有回显，如图 6.7 所示。

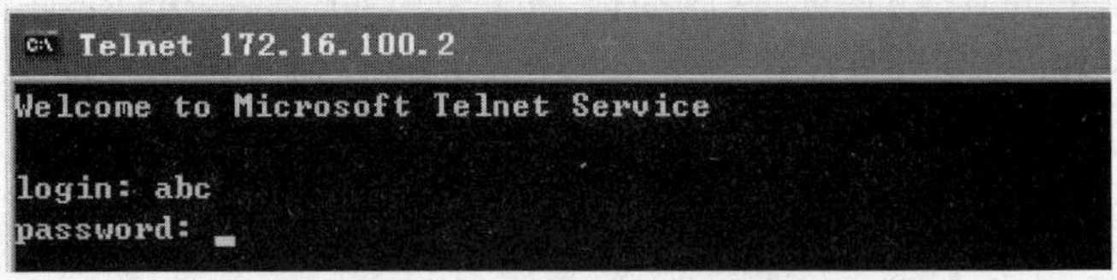

图 6.7　输入远程主机用户名和密码

（5）此时与主机 B 的 Telnet 连接建立成功。此时的命令提示符变为 "C:\Documents and Settings\abc>"。此时在该命令提示符后面输入并执行 DOS 命令，相当于在主机 B 中执行同样的操作。如输入命令 "dir c:\"，可以显示出主机 B 的 C 盘根目录中所有文件夹及文件信息，如图 6.8 所示。

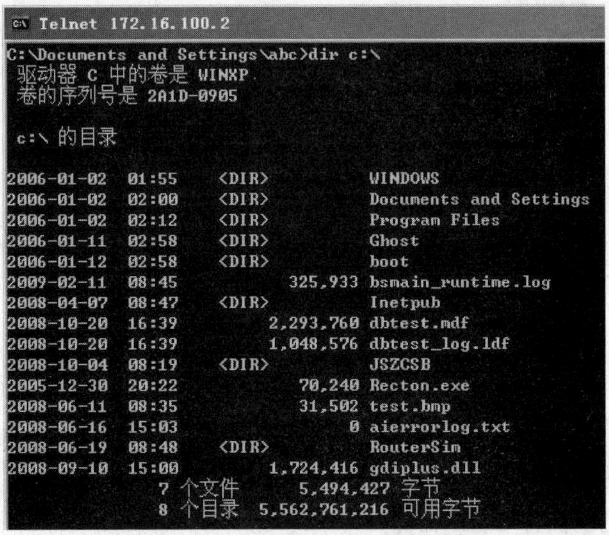

图 6.8　查看主机 B 的 C 盘根目录

（6）黑客可以利用 Telnet 连接和 DOS 命令，为远程主机建立新的用户，并将新用户升级为超级管理员的权限。如命令"net user user1 123 /add"的功能是为主机 B 建立新用户"user1"，密码为"123"，命令"net localgroup administrators user1 /add"的功能是将新建立的用户"user1"加入到 administrators（超级管理员组）内，如图 6.9 所示。

图 6.9　为主机 B 建立新用户并将该用户放入管理员组

（7）此时，在主机 B 上打开"控制面板"的"管理工具"，执行"计算机管理"命令，查看"本地用户和组"，可以发现增加了"user1"用户，而且该用户位于"administrators"组内，如图 6.10 所示。

图 6.10　主机 B 中添加的用户和其所在组

（8）黑客可以将新建立的管理用账号作为后门，以便今后再次入侵该计算机。如果需要远程删除该用户，可以输入命令"net user user1 /del"。

（9）如果需要断开本次 Telnet 连接，可以输入命令"exit"。

2）在目标主机上执行 CMD 命令

（1）单击"CMD 命令"选项卡，打开远程执行 CMD 命令功能。输入远程主机的 IP

地址、用户名和密码后，在"CMD"文本框中输入命令"shutdown -s -t 60"，该命令可以将目标主机倒计时 60 秒后关机，如图 6.11 所示。

（2）单击"开始执行"按钮后，主机 B 会出现"系统关机"提示框，并且进行 60 秒倒计时，60 秒后主机 B 自动关机，如图 6.12 所示。如果想停止倒计时关机，可以单击主机 B 的"开始菜单"，执行"运行"命令，输入"shutdown –a" 后单击"确定"按钮。

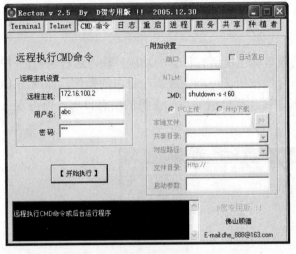

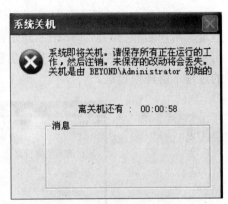

图 6.11　倒计时 60 秒关机的 CMD 命令　　　　图 6.12　"系统关机"提示框

（3）在"CMD 命令"的"CMD"文本框中还可以输入其他命令，如"net share E$=E:\"，此时可以开启远程主机的 E 盘共享，将该命令"E$"和"E:"中的"E"换成"C"、"D"、"F"等，即可开启 C 盘、D 盘、F 盘等的共享，这种共享方式隐蔽性很高，而且是完全共享，在主机 B 中不会出现一只手托住盘的共享标志。此时若在主机 A 的浏览器地址栏中输入"\\172.16.100.2\e$"，即可进入主机 B 的 E 盘，并可以做任意的复制和删除等操作了，如图 6.13 所示。

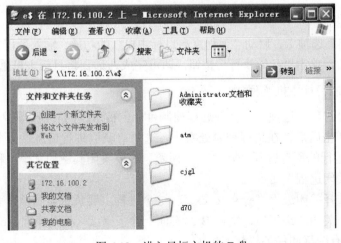

图 6.13　进入目标主机的 E 盘

"net share"命令的格式为：

net share 共享资源名=需共享的路径 [/delete]

利用该命令还可以共享指定的文件夹。如"net share csys=C:\windows\system32"命令可以共享目标主机 C 盘的 system32 文件夹。

（4）在共享后的任务完成之后，需要关闭共享。如在"CMD"文本框中输入"net share E$ /del"命令，可以关闭目标主机的 E 盘共享。

3）远程清除目标主机的日志

单击"日志"选项卡，打开远程清除目标主机所有日志的功能。输入远程主机的 IP 地址、用户名和密码后，单击"开始执行"按钮，可以完成清除日志的操作，如图 6.14 所示。一般来说，在黑客攻击目标主机之后，都会清除目标主机的所有日志，使得攻击的过程不留任何痕迹。

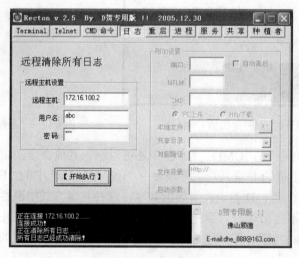

图 6.14　远程清除目标主机的日志

4）远程将目标主机重新启动

单击"重启"选项卡，启动"远程重启目标主机"的功能。输入远程主机的 IP 地址、用户名和密码后，单击"开始执行"按钮，即可完成在远程将目标主机重新启动的操作。

5）远程控制目标主机进程

（1）单击"进程"选项卡，打开远程控制目标主机进程的功能。输入远程主机的 IP 地址、用户名和密码后，在进程列表处右击，选择"获取进程信息"命令，可以显示主机 B 目前正在运行的所有进程，如图 6.15 所示。如要关闭其中的某个进程，可以右击该进程，选择"关闭进程"命令。

（2）可以选择关闭进程"explorer.exe"，这个进程主要负责显示操作系统桌面上的图标以及任务栏，关闭该进程后，主机 B 的桌面上除了壁纸（活动桌面 Active Desktop 的壁纸除外），所有图标和任务栏都消失了。

（3）如要恢复主机 B 的原有状态，可在主机 B 按下 Ctrl+Alt+Delete 组合键，打开"Windows 任务管理器"，选择"应用程序"选项卡，单击"新任务"按钮，在"创建新任务"对话框中单击"浏览"按钮，选择系统盘 C 盘 Windows 文件夹中的"explorer.exe"文件，单击"确定"按钮，重新建立"explorer.exe"进程，如图 6.16 所示。

图 6.15　远程控制目标主机的进程

图 6.16　重新执行"explorer.exe"进程

6）远程控制目标主机的服务

（1）单击"服务"选项卡，打开远程查看、启动和停止目标主机服务的功能。输入远程主机的 IP 地址、用户名和密码后，在服务列表处右击，选择"获取服务信息"命令，可以显示主机 B 的所有服务名、当前状态和启动类型等信息，如图 6.17 所示。其中"状态"列中，"Running"表示该服务已经启动，"Stopped"表示该服务已经停止。"启动类型"列中,"Auto"表示自动启动,"Manual"表示手动启动,"Disabled"表示已禁用。

(2)可以用鼠标右键选择某个服务,选择"启动/停止服务"命令,改变所选服务的当前状态。

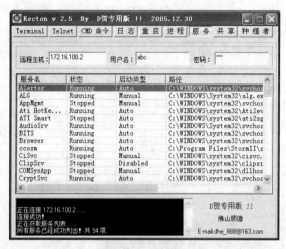

图 6.17 远程控制目标主机的服务

7)控制目标主机共享

(1)单击"共享"选项卡,打开远程控制目标主机共享的功能。输入远程主机的 IP 地址、用户名和密码后,在共享列表中右击,选择"获取共享信息"命令,可以查看目标主机当前所有的共享信息,如图 6.18 所示。

(2)如果要在目标主机上创建新的共享,可以右击共享列表,选择"创建共享"命令,此时会连续弹出三个对话框,根据提示分别输入要创建的共享名、共享路径和备注信息后即可在目标主机上建立新的共享磁盘或文件夹。用这种方法创建的共享与使用 CMD 命令创建的共享一样,在目标主机的盘符上不会显示共享图标,且为完全共享。

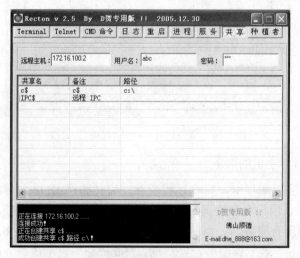

图 6.18 查看目标主机当前的共享信息

（3）如要关闭目标主机的共享，可以在共享列表中右击要关闭的共享，选择"关闭共享"命令即可。

8）向目标主机种植木马

单击"种植者"选项卡，打开向目标主机种植木马（可执行程序）的功能。输入远程主机的 IP 地址、用户名和密码。选择"IPC 上传"模式，单击"本地文件"文本框后的按钮，选择要种植的木马程序，该程序必须为可执行文件。选择已经在目标主机上建立的共享目录名和其相对应共享路径，在"启动参数"文本框中设置木马程序启动时需要的参数，如图 6.19 所示。单击"开始种植"按钮后，所选择的木马程序文件被复制到目标主机的共享目录中，Recton 程序还将进行倒计时，60 秒后启动已经种植在目标主机中的木马程序。

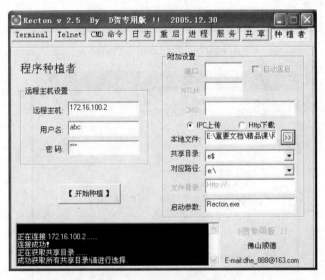

图 6.19　向目标主机种植木马

4．利用 DameWare 迷你中文版 4.5 监控主机 B

（1）将 DameWare 迷你中文版 4.5 安装到主机 A 中。安装结束后，执行新安装的"DameWare Mini Remote Control"程序，打开 DameWare 迷你中文版 4.5。

（2）启动 DameWare 迷你远程控制软件后，首先会弹出"远程连接"对话框，如图 6.20 所示。在"主机"文本框中填写主机 B 的 IP 地址，"类型"选择"加密的 Windows 登录"，"用户"和"口令"文本框中输入主机 B 的用户名和口令。

（3）在远程连接之前应先进行设置。单击"设置"按钮，打开"172.16.100.2 属性"对话框，选择其中的"服务安装选项"选项卡，如图 6.21 所示。

（4）单击该选项卡中的"编辑"按钮，打开"DameWare Mini Remote Control Properties"对话框，在其中的"通知对话框"中去除"连接时通知"的勾选，在"附加设置"中的所有选项都不选择，这样设置的目的是在连接并监控目标主机时不被其使用者发现。

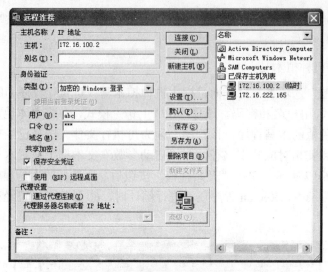

图 6.20　"远程连接"对话框

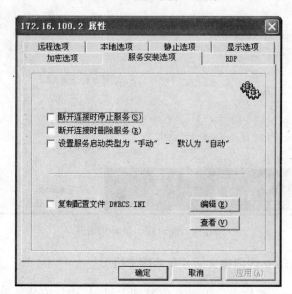

图 6.21　远程连接设置

（5）所有设置结束之后，单击"确定"按钮完成，回到"远程连接"对话框，单击"连接"按钮进行远程连接。

（6）在第一次连接主机 B 时，DameWare 迷你远程控制软件会打开"服务端安装"对话框，提示启动主机 B 的相关服务，并向主机 B 复制配置文件，如图 6.22 所示。

（7）在"计算机名"列表中选择主机 B 的 IP 地址，并选中"设置服务启动类型为'手动'"和"复制配置文件 DWRCS.INI"两个复选框后，单击"确定"按钮，完成服务配置和文件复制的过程。

此时，在 DameWare 迷你远程控制软件窗口中，会显示出主机 B 的当前桌面，并且同步显示主机 B 的所有操作，实现监视目标主机 B 的目的。

模块6
黑客攻击与入侵检测

模块1
模块2
模块3
模块4
模块5
模块6
模块7
模块8
模块9
模块10
模块11

（8）如果想控制主机 B，可以单击 DameWare 迷你远程控制软件的"视图查看"菜单，勾选掉"仅监控"命令前面的"√"，此时在主机 A 上可以实现控制主机 B 的功能，黑客可以像控制自己的计算机一样在远程主机上执行任何操作。

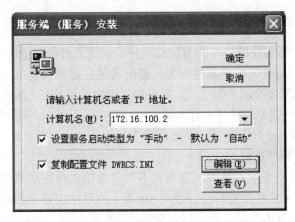

图 6.22　"服务端（服务）安装"对话框

6.1.4　问题探究

1. 什么是黑客

提起黑客，总是那么神秘莫测。在人们眼中，黑客是一群聪明绝顶、精力旺盛的年轻人，一门心思地破译各种密码，以便偷偷地、未经允许地进入政府、企业或他人的计算机系统，窥视他人的隐私。

黑客一词，源于英文 Hacker，原指热心于电脑技术、水平高超的电脑专家，尤其是程序设计人员。在日本《新黑客词典》中，对黑客的定义是"喜欢探索软件程序奥秘，并从中增长了其个人才干的人。他们不像绝大多数电脑使用者那样，只规规矩矩地了解别人指定了解的狭小部分知识"。由这些定义中，我们还看不出太贬义的意味。黑客通常具有硬件和软件的高级知识，并有能力通过创新的方法剖析系统。"黑客"能使更多的网络趋于完善和安全，他们以保护网络为目的，而以不正当侵入为手段找出网络漏洞。

另一种入侵者是那些利用网络漏洞破坏网络的人。他们往往做一些重复的工作（如用暴力法破解口令），他们也具备广泛的电脑知识，但与黑客不同的是他们以破坏为目的。这些群体被称为"骇客"。

黑客起源于 20 世纪 50 年代麻省理工学院的实验室中，他们精力充沛，热衷于解决难题。六七十年代，"黑客"一词极富褒义，指那些独立思考、奉公守法的计算机迷，他们智力超群，对电脑全身心投入，从事黑客活动意味着对计算机的最大潜力进行智力上的自由探索，为电脑技术的发展做出了巨大贡献。正是这些黑客，倡导了一场个人计算机革命，倡导了现行的计算机开放式体系结构，打破了以往计算机技术只掌握在少数人手里的局面，开了个人计算机的先河，提出了"计算机为人民所用"的观点，他们是电脑发展史上的英雄。现在黑客使用的侵入计算机系统的基本技巧，例如破解口令（password cracking），开天窗（trapdoor），走后门（backdoor），安放特洛伊木马（Trojan horse）等，都是在这一时期发明的。从事黑客活动的经历，成为后来许多计算机业巨子简历上不可或缺的一部分。例如，苹果公司创始人之一乔布斯就是一个典型的例子。

2．黑客常用的攻击方法

（1）口令入侵。黑客获取口令的方法有三种：一是通过网络监听非法得到用户口令，这类方法有一定的局限性，但危害性极大，监听者往往能够获得其所在网段的所有用户账号和口令，对局域网安全威胁巨大；二是在知道用户的账号后（如电子邮件地址中"@"前面的部分），利用一些专门软件强行破解用户口令，这种方法不受网段限制，但黑客要有足够的耐心和时间；三是在获得一个服务器上的用户口令文件（此文件称为 Shadow 文件）后，用暴力破解程序破解用户口令，该方法的使用前提是黑客获得口令的 Shadow 文件。此方法在所有方法中危害最大，因为它不需要像第二种方法那样一遍又一遍地尝试登录服务器，而是在本地将加密后的口令与 Shadow 文件中的口令相比较就能非常容易地破获用户密码，尤其对那些弱口令（指安全系数极低的口令，如某用户账号为 cw，其口令就是 cw666、666666、或干脆就是 cw 等）更是在短短的一两分钟内，甚至几十秒内就可以将其破译。

（2）木马程序入侵。特洛伊木马程序可以直接侵入用户的计算机中并进行破坏，它常被伪装成工具软件或者游戏等，诱使用户打开带有木马程序的邮件附件或从网上直接下载，一旦某个用户打开了这些邮件的附件或者执行了这些程序之后，木马程序就会自动复制到该用户的计算机中，并生成一个可以在系统启动时悄悄执行的程序。当该用户连接到 Internet 上时，这个程序就会通知黑客，报告该用户的 IP 地址以及预先设定的端口。黑客在收到这些信息后，再利用这个潜伏的程序，就可以任意地修改用户计算机的参数设定、复制文件、窥视用户整个硬盘中的内容等，从而达到控制该用户计算机的目的。

（3）Web 欺骗技术。在网上用户可以利用 IE 等浏览器进行各种各样的 Web 站点的访问，如阅读新闻组、咨询产品价格、订阅报纸、从事电子商务活动等。然而一般的用户恐怕不会想到有这些问题存在：正在访问的网页已经被黑客篡改过，网页上的信息是虚假的。例如黑客将用户要浏览的网页的 URL 改写为指向黑客自己的服务器，当用户浏览目标网页的时候，实际上是向黑客服务器发出请求，黑客可以非常轻松地骗取到用户的账号和密码等重要信息。

（4）E-mail 攻击。E-mail 攻击主要表现为两种方式：一是电子邮件轰炸和电子邮件"滚雪球"，也就是通常所说的邮件炸弹，指的是用伪造的 IP 地址和电子邮件地址向同一信箱发送数以千计、万计甚至无穷多次的内容相同的垃圾邮件，致使受害人邮箱被"炸"，严重者可能会给电子邮件服务器操作系统带来危险，甚至瘫痪；二是电子邮件欺骗，攻击者佯称自己为系统管理员（邮件地址和系统管理员完全相同），给用户发送邮件要求用户修改口令（口令可能为指定字符串）或在貌似正常的附件中加载病毒或其他木马程序。

（5）网络监听。网络监听是主机的一种工作模式，在这种模式下，主机可以接受到本网段在同一条物理通道上传输的所有信息，而不管这些信息的发送方和接受方是谁。

模块 6
黑客攻击与入侵检测
WANGLUOXINXI
ANQUAN

模块 1
模块 2
模块 3
模块 4
模块 5
模块 6
模块 7
模块 8
模块 9
模块 10
模块 11

此时，如果两台主机进行通信的信息没有加密，只要使用某些网络监听工具，就可以轻而易举地截取包括口令和账号在内的信息资料。

（6）寻找系统漏洞。许多系统都有这样那样的安全漏洞（Bugs），其中某些是操作系统或应用软件本身具有的，如 Sendmail 漏洞、win98 中的共享目录密码验证漏洞和 IE5 漏洞等，这些漏洞在补丁未被开发出来之前一般很难防御黑客的破坏，除非将网络断开；还有一些漏洞是由于系统管理员配置错误引起的，如将某个磁盘或目录完全共享，将用户密码文件以明码方式存放在某一目录下等，这都会给黑客带来可乘之机。

3. 黑客实施网络攻击的一般步骤

（1）收集信息。黑客在对目标主机攻击前的最主要工作就是收集尽量多的关于攻击目标的信息。这些信息主要包括目标主机的操作系统类型及版本，目标提供哪些服务，各服务器程序的类型与版本等信息。黑客会使用一些扫描器工具，轻松获取目标主机运行的是哪种操作系统的哪个版本，系统有哪些账户，WWW、FTP、Telnet 、SMTP 等服务器程序是何种版本等资料，为入侵做好充分的准备。

（2）获取账号和密码，登录主机。黑客要想入侵一台主机，首先要有该主机的一个账号和密码，否则连登录都无法进行。这样常迫使他们先设法盗取账户文件，进行破解，从中获取某用户的账户和口令，再寻觅合适时机以此身份进入主机。当然，利用某些工具或系统漏洞登录主机也是黑客们常用的一种手段。

（3）留下后门程序。黑客使用 FTP、Telnet 等工具利用系统漏洞进入目标主机系统获得控制权之后，就会更改某些系统设置、在系统中置入特洛伊木马或其他一些远程操纵程序等后门程序，以便日后可以不被觉察地再次进入系统。

（4）窃取网络资源和特权。黑客在进入目标主机后，会完成其真正的攻击目的，如查看或下载敏感信息、窃取账号密码甚至信用卡卡号等。

（5）清理日志。在达到攻击目的之后，为了消除痕迹，黑客还要清除目标主机日志的内容。

4. 如何防范黑客攻击

（1）经常更新操作系统。任何一个版本的操作系统发布之后，在短时间内都不会受到攻击，一旦其中的问题暴露出来，黑客就会蜂拥而致。因此在维护操作系统的时候，可以经常浏览著名的安全站点，找到操作系统的新版本或者补丁程序进行安装，这样就可以保证操作系统中的漏洞在没有被黑客发现之前，就已经修补上了，从而保证了服务器的安全。

（2）设置管理员账户。Administrator 账户拥有最高的系统权限，一旦该账户被人利用，后果不堪设想。黑客入侵的常用手段之一就是试图获得 Administrator 账户的密码，所以我们要重新配置 Administrator 账号。首先是为 Administrator 账户设置一个强大复杂的密码，然后我们重命名 Administrator 账户，再创建一个没有管理员权限的 Administrator 账户欺骗入侵者。这样一来，入侵者就很难搞清哪个账户真正拥有管理员权限，也就在一定程度上减少了危险性。另外，要经常检查"本地用户和组"，如发现不明的管理员用户要及时进行删除。

（3）关闭不必要的端口。黑客在入侵时常常会扫描用户的计算机端口，如果安装了端口监视程序（如 Netwatch），该监视程序则会有警告提示。另外可以关闭一些用不到的端口。

（4）及时备份重要数据。如果数据备份及时，即便系统遭到黑客进攻，也可以在短时间内修复，挽回不必要的经济损失。数据的备份最好放在其他计算机或者存储媒介上，这样黑客进入服务器之后，破坏的数据只是一部分，因为无法找到数据的备份，对于服务器的损失也不会太严重。

当然，一旦受到黑客攻击，管理员不要只设法恢复损坏的数据，还要及时分析黑客的来源和攻击方法，尽快修补被黑客利用的漏洞，然后检查系统中是否被黑客安装了木马、蠕虫或者被黑客开放了某些管理员账号，尽量将黑客留下的各种蛛丝马迹和后门分析清除干净，防止黑客的下一次攻击。

（5）安装必要的安全软件。防止黑客攻击最主要也是最有效的方法是在计算机中安装并使用必要的防黑软件、杀毒软件和防火墙。在联网时打开它们，这样即使有黑客进攻，我们的安全也是有保证的。这些安全软件还应该定期升级，以应对同样不断更新变化的黑客攻击技术。

6.1.5　知识拓展

目前网上流行的黑客工具软件非常多，如果将这些软件用于防范，它们可以成为我们检验网络环境是否安全的非常好的工具。如 X-Scan v3.2，如图 6.23 所示。

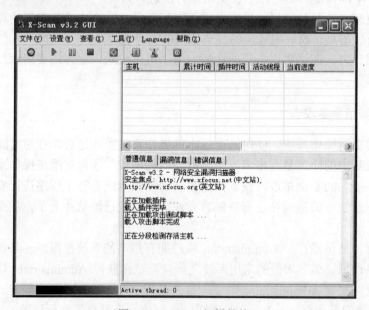

图 6.23　X-Scan 扫描软件

软件使用说明如下。

1. 操作系统要求

该软件理论上可运行于 Windows NT 系列操作系统，推荐运行于 Windows 2000 以上的 Server 版 Windows 系统。

2. 功能简介

X-Scan v3.2 采用多线程方式对指定 IP 地址段（或单机）进行安全漏洞检测，支持插件功能。扫描内容包括：远程服务类型、操作系统类型及版本，各种弱口令漏洞、后门、应用服务漏洞、网络设备漏洞、拒绝服务漏洞等二十几个大类。对于多数已知漏洞，给出了相应的漏洞描述、解决方案及详细描述链接。

3. 软件所含文件描述

X-Scan 文件功能描述见表 6.1。

表 6.1　X-Scan 文件功能描述

文　件　名	功　　能
xscan_gui.exe	X-Scan 图形界面主程序
checkhost.dat	插件调度主程序
update.exe	在线升级主程序
*.dll	主程序所需动态链接库
/dat/language.ini	多语言配置文件，可通过设置"Language"菜单项进行语言切换
/dat/language.*	多语言数据文件
/dat/config.ini	当前配置文件，用于保存当前使用的所有设置
/dat/*.cfg	用户自定义配置文件
/dat/*.dic	用户名/密码字典文件，用于检测弱口令用户
/plugins	用于存放所有插件（后缀名为.xpn）
/scripts	用于存放所有攻击测试脚本（后缀名为.nasl）
/scripts/desc	用于存放所有攻击测试脚本多语言描述（后缀名为.desc）
/scripts/cache	用于缓存所有攻击测试脚本信息，以便加快扫描速度

4. 扫描参数设置

在进行漏洞扫描之前，应先选择"设置"菜单，执行"扫描参数"命令，打开"扫描参数"对话框，进行参数设置。

（1）"检测范围"模块。

"指定 IP 范围"：可以输入独立 IP 地址或域名，也可输入以"-"和","分隔的 IP 范围，如"172.16.0.1,172.16.1.10-172.16.1.254"。

"从文件中获取主机列表"：选中该复选框将从文件中读取待检测主机地址，文件格式应为纯文本，每一行可包含一个独立 IP 或域名，也可包含以"-"和","分隔的 IP 范围。

（2）"全局设置"模块。

"扫描模块"项：选择本次扫描需要加载的插件。

"并发扫描"项：设置并发扫描的主机和并发线程数，也可以单独为每个主机的各个插件设置最大线程数。

"网络设置"项：设置适合的网络适配器。

"扫描报告"项：扫描结束后生成的报告文件名，保存在 LOG 目录下。扫描报告支持 TXT、HTML 和 XML 三种格式。

"其他设置"项：是否跳过无响应的主机等设置。

（3）"插件设置"模块。

该模块包含针对各个插件的单独设置，如"端口扫描"插件的端口范围设置、各种弱口令插件的用户名/密码字典设置等。

5. 实施扫描

配置扫描参数之后，执行"文件"菜单中的"开始扫描"命令，启动扫描。在扫描过程中，X-Scan v3.2 软件会检测当前设置的 IP 段中存活的主机（当前可以 ping 通的主机）数量，并对所有存活的主机检测开放服务、NT-Server 弱口令等内容，检测完毕后，软件会给出相应的检测报告，供用户分析使用，如图 6.24 所示。

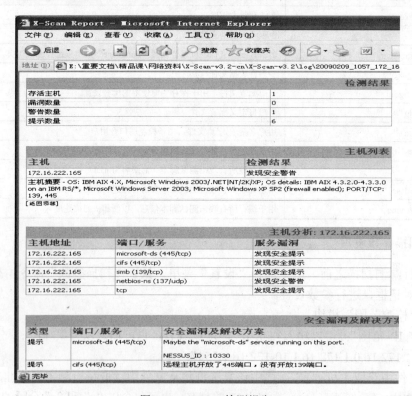

图 6.24　X-Scan 检测报告

6.1.6　检查与评价

1．填空题

（1）常见的黑客攻击目的有_____和_____两种。

（2）在本地安全策略的"网络访问：本地账户的共享和安全模式"选项中，如果设置为_____，则任何人都可以通过本地用户的账号和密码访问和共享计算机的系统资源。

（3）建立新用户的 DoS 命令是_____。

（4）将指定用户添加到超级管理员用户组的 DoS 命令是_____。

（5）黑客常用的攻击方法有_____、_____、_____、E-mail 攻击___、网络监听、寻找系统漏洞。

（6）防范黑客攻击的手段包括经常_____、_____、_____、_____、_____。

（7）黑客实施网络攻击的一般步骤为_____、_____、_____、_____、_____。

2．选择题

（1）以下属于破坏型黑客攻击的手段是（　　）。

    A．拒绝服务　　　　　　　　B．漏洞扫描

    C．网络监听　　　　　　　　D．Web 欺骗

（2）下列现象中，不能作为判断是否受到黑客攻击的依据是（　　）。

    A．系统自动重启　　　　　　B．系统自动升级

    C．磁盘被共享　　　　　　　D．文件被篡改

（3）下列 DoS 命令中可以完成自动关机的是（　　）。

    A．shutdown　　　　　　　　B．net user

    C．net localgroup　　　　　　D．net share

（4）下列 DoS 命令中可以完成建立共享的是（　　）。

    A．shutdown　　　　　　　　B．net user

    C．net localgroup　　　　　　D．net share

（5）以下哪个进程负责显示操作系统桌面上的图标以及任务栏（　　）。

    A．alg.exe　　　　　　　　　B．SVCHOST.exe

    C．explorer.exe　　　　　　D．System Idle Process

3．实做题

请在机房模拟实现黑客攻击过程。

6.2　拒绝服务攻击和检测

黑客对网络实施破坏型攻击的主要手段是拒绝服务攻击（DoS，Denial of Service）。可以这么理解，凡是通过网络，使正在使用的计算机出现无响应、死机等现象，导致合法用户无法访问正常网络服务的行为都属于拒绝服务攻击。拒绝服务攻击的目的非常明确，就是要阻止合法用户对正常网络资源的访问。

为了防御拒绝服务攻击，除了在系统中安装必要的防火墙之外，还应安装入侵检测系统（IDS）。入侵检测系统是防火墙的合理补充，它从计算机网络系统中的若干关键点收集信息，并分析这些信息，查看网络中是否有违反安全策略的行为和遭到袭击的迹象。入侵检测被认为是防火墙之后的第二道安全闸门，在不影响网络性能的情况下能对网络进行监测，从而提供对内部攻击、外部攻击和误操作的实时保护。在网络系统受到危害之前拦截和响应入侵。

从网络安全立体纵深、多层次防御的角度出发，入侵检测系统理应受到人们的高度重视，这一点从国外入侵检测产品市场的蓬勃发展就可以看出。入侵检测系统有硬件和软件两种，由 ISS 安全公司出品的 BlackICE PC Protection（黑冰）就是一款著名的入侵检测系统软件，该软件可以进行全面的网络检测及系统防护，能即时监测网络端口和协议，拦截所有可疑的网络入侵和攻击。

6.2.1　学习目标

通过本模块的学习，应该达到：

1. 知识目标

- 理解 DoS 和 DDoS 攻击原理；
- 理解 UDP Flood 攻击的原理；
- 理解 SYN Flood 攻击的原理；
- 掌握防御 DDoS 攻击的方法；
- 理解安装入侵检测软件的必要性。

2. 能力目标

- 采用 UDP Flood 方式攻击目标主机；
- 防范常见 DDoS 攻击；
- 使用拒绝服务攻击状态监视器；
- 安装和配置黑冰入侵检测软件。

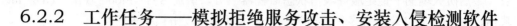

6.2.2　工作任务——模拟拒绝服务攻击、安装入侵检测软件

1．工作任务背景

最近小张发现校园网服务器的运行速度经常会突然变慢，有时甚至出现死机的情况，导致用户无法正常登录服务器。打开服务器的"Windows 任务管理器"，查看"性能"后发现"CPU 使用率"接近 100%，内存的"可用数"接近 0，而服务器的杀毒软件未发现任何病毒。小张怀疑有人对服务器实施了拒绝服务攻击。

2．工作任务分析

拒绝服务攻击常见的表现形式主要有两种，一种为流量攻击，主要是针对网络带宽的攻击，即使用大量攻击包而导致网络带宽被阻塞，合法网络包被虚假的攻击包淹没而无法到达主机；另一种为资源耗尽攻击，主要是针对服务器主机的攻击，即使用大量攻击包而导致主机的 CUP 和内存被耗尽，造成无法提供网络服务。

在服务器再次遭受攻击时，小张用一台主机 ping 服务器，发现可以 ping 通，没有超时和丢包现象，基本排除了遭受流量攻击的可能性。小张在服务器上用"Netstat –na"命令观察到有大量的"SYN_RECEIVED"、"TIME_WAIT"、"FIN_WAIT_1"等状态存在，而"ESTABLISHED"状态很少。"ESTABLISHED"状态代表已经打开了一个连接，而"SYN_RECEIVED"、"TIME_WAIT"等状态代表服务器正在等待对方对连接请求的确认，这就表示大量主机向服务器发送了连接请求，服务器接受请求，并发送回应信息，等待这些主机再次发送确认回应信息从而建立连接时，这些主机不再回应。这就导致了服务器因等待这些大量的半连接信息而消耗系统资源，而没有空余资源去处理普通用户的正常请求。

小张根据这些情况判定，这是一次典型的资源耗尽型的拒绝服务攻击，而且是拒绝服务攻击中威力最为巨大且为目前比较常见的分布式拒绝服务攻击（Distributed Denial of Service，DDoS）。

小张决定在服务器中安装"拒绝服务攻击状态监视器"，用于检测本次拒绝服务攻击的类型和攻击频率，为服务器安装 BlackICE（黑冰）入侵检测系统软件，以便在黑客对服务器再次实施攻击时进行提示和警告，甚至捕捉到实施 DDoS 攻击的主机 IP 地址、用户名等信息。

小张还下载了一个可以实施 UDP-Flood 攻击的黑客软件，利用多台主机模拟对服务器进行 UDP-Flood 攻击，从而检验"拒绝服务攻击状态监视器"和 BlackICE（黑冰）入侵检测软件的配置和使用。

3．条件准备

小张在网上下载了金盾防火墙的插件"拒绝服务攻击状态监视器"和"BlackICE PC Protection"黑冰入侵检测软件，并将两个软件安装到服务器中。

模块 1
模块 2
模块 3
模块 4
模块 5
模块 6
模块 7
模块 8
模块 9
模块 10
模块 11

金盾防火墙的"拒绝服务攻击状态监视器"可以识别 SYN Flood 攻击、UDP Flood 攻击、ICMP Flood 攻击等多种攻击类型，并可以显示攻击频率等信息。

BlackICE PC Protection 软件（简称 BlackICE）是由 ISS 安全公司出品的一款著名的入侵检测系统。它集成了非常强大的检测和分析引擎，可以识别 200 多种入侵技巧，进行全面的网络检测及系统防护，拦截可疑的网络入侵和攻击，并将试图入侵的黑客的 NetBIOS（WINS）名称、DNS 名称以及其目前所使用的 IP 地址记录下来，以便采取进一步行动。该软件的灵敏度和准确率非常高，稳定性也相当出色，系统资源占用率极少。

小张为了测试入侵检测软件，下载了可以实现 UDP 攻击的黑客软件，并安装到网络实验室的 20 台主机中，该实验室中的所有主机均能"ping"通服务器。

UDP（User Data Protocol，用户数据包协议）是与 TCP 相对应的协议。它是面向非连接的协议，它不与目标主机建立连接，而是直接把数据包发送到目标主机的端口。目标主机接收到一个 UDP 数据包时，它会确定目的端口正在等待中的应用程序。

如果随机地向目标主机系统的端口发送大量的 UDP 数据包，而目标主机发现该端口中并不存在正在等待的应用程序，它就会产生一个目的地址无法连接的 ICMP 数据包发送给源地址，这就构成了 UDP Flood 攻击。

6.2.3　实践操作

模拟 UDP Flood 攻击，安装和配置入侵检测软件。

1. 模拟 UDP Flood 攻击

由于本次模拟攻击所用到的"UDP Flooder"软件可被较新的杀毒软件和防火墙检测出并自动进行隔离或删除的处理，因此，在模拟攻击前要先将网络实验室中 20 台主机安装的杀毒软件和防火墙全部关闭（服务器的防火墙和杀毒软件不用关闭）。

分别在 20 台主机中打开"UDP Flooder"攻击软件，在"IP/hostname"后面的文本框中输入服务器的 IP 地址，在"Port"后的文本框中输入端口号，一般为"80"，将攻击速度"Speed"调整到最高"max"，即每秒发送 255 个攻击包。"Data"选项中选择"Text"，其后的内容随意输入。单击"Go"按钮，开始攻击，如图 6.25 所示。

此时，在服务器中打开金盾防火墙的 "拒绝服务攻击状态监视器"，可以观察到该服务器已经遭受到了"UDP 攻击"和"ICMP 攻击"，攻击状态为"中度攻击"，如图 6.26 所示。

由于服务器的硬件配置一般较高，来自 20 台主机的攻击不会对服务器造成太大的影响，但是如果利用黑客入侵手段，将攻击软件作为木马植入到几千台甚至上万台主机中，并由一台管理机控制，所有被控主机同时对服务器进行攻击，即发动一次分布式拒绝服务攻击（DDoS），往往会使服务器瘫痪。

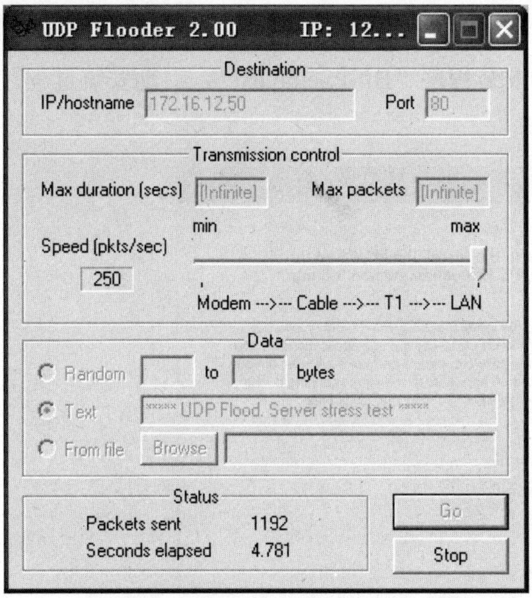

图 6.25　UDP Flooder 攻击器

图 6.26　拒绝服务攻击状态监视器

2. 安装 BlackICE（黑冰）入侵检测软件

1）安装前准备

在安装 BlackICE 之前，先要确定服务器的操作系统，如果是 Windows Server 2003 SP1 或 WinXP SP2 及以上版本，则要先对操作系统做一下调整，否则安装后会出现蓝屏现象。

因为这些版本的操作系统新增了一个名为 DEP（数据执行保护）的安全保护功能。如果服务器使用 64 位 CPU，那么，这个保护功能将更加强大，因为 64 位处理器中采用了一种全新的防毒技术——EVP（增强型病毒防护），配合 DEP 技术，能将病毒的防治机制提升到一个新的高度。不过 EVP 和 DEP 也存在兼容问题，它可能对用户有用的程序也进行阻止，包括 BlackICE 软件。

（1）打开"我的电脑"，执行"工具"菜单中的"文件夹选项"命令，选择"查看"选项卡，将"高级设置"中"隐藏受保护的操作系统文件（推荐）"选项前面的"√"去掉，并在"隐藏文件和文件夹"中选择"显示所有文件和文件夹"。单击"确定"按钮完成，此时所有系统文件和隐藏文件均显示出来。

（2）在系统所在分区（一般为 C 盘）的根目录下找到 Boot.ini 文件。在该文件上右击，选择"属性"命令，将该文件的"只读属性"去掉。然后双击打开该文件，看到该文件有一个"NoExecute"参数，其值为"Opton"，该参数即为"数据执行保护"启动状态。设置"NoExecute=AlwaysOff"，并保存。这相当于关闭了 EVP 和 DEP 功能，解决了这两项功能引起的兼容性问题。

（3）恢复 Boot.ini 文件的"只读属性"，恢复"文件夹选项"中"高级设置"的初始状态。

2）安装 BlackICE

（1）在服务器中运行 BlackICE 软件的安装程序 "BISPSetup.exe"，启动安装过程。首先进入欢迎对话框，如图 6.27 所示。

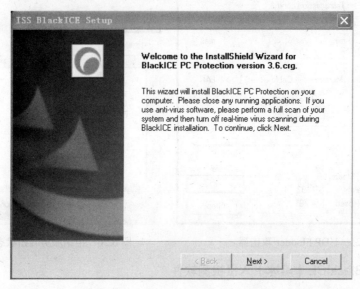

图 6.27　BlackICE 的欢迎对话框

（2）单击 "Next" 按钮，进入 "用户许可协议" 确认对话框，如图 6.28 所示。

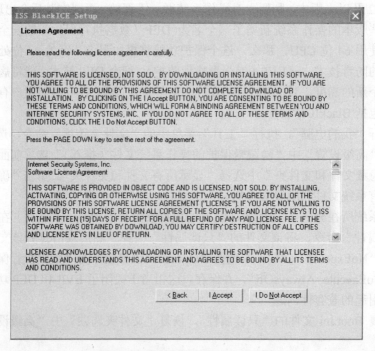

图 6.28　用户许可协议确认对话框

（3）单击"I Accept"按钮，同意协议内容，打开软件序列号输入对话框，如图6.29所示。

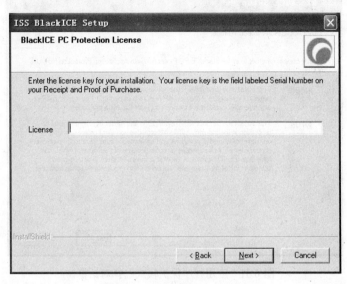

图6.29　序列号输入对话框

（4）在"License"后的文本框中输入黑冰软件的序列号，序列号由12位数字和字母组合而成，如果不输入或输入错误，安装程序将提示是否再次输入，如果单击"否"按钮，将退出安装。序列号输入正确后单击"Next"按钮，进入软件安装位置设置对话框，如图6.30所示。

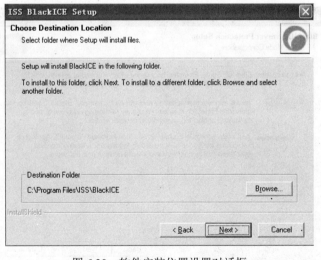

图6.30　软件安装位置设置对话框

（5）系统默认将软件安装到"C:\Program Files\ISS\BlackICE"文件夹下，如果需要更改安装位置，可单击"Browse"按钮，选择新的文件夹。位置选择完成后单击"Next"按钮，进入应用程序文件夹设置对话框，默认程序文件夹为"ISS"。设置完成后单击"Next"

按钮，打开应用程序保护模式选择对话框，如图 6.31 所示。

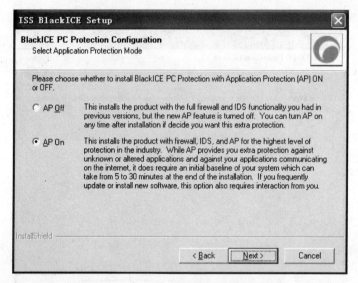

图 6.31　应用程序保护模式选择对话框

（6）该对话框有两个选项，"AP Off" 和 "AP On"。其中 "AP On" 模式表示打开应用程序保护模式，如果选择该模式，软件将对应用程序的运行进行保护，并且在安装结束后扫描系统中的所有文件，找出可以访问 Internet 的程序，这样可以有效地防止木马程序访问网络。"AP Off" 模式则对应用程序不进行保护。为安全起见，选择 "AP On"。

（7）单击 "Next" 按钮，打开服务器是否有人值守的选择对话框，如图 6.32 所示。

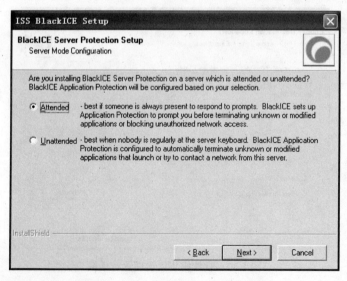

图 6.32　服务器是否有人值守对话框

（8）在该对话框中，"Attended" 表示有人值守，选择该项，则发生未知的程序活动、网络连接等操作时 BlackICE 都会进行提示，要求服务器管理员（值守者）进行确认；

"Unattended"表示无人值守，选择该项的话，BlackICE会自动禁止所有的未知活动。这里选择"Attended"。

（9）单击"Next"按钮，会显示前面所做设置的回顾界面，如果不需修改的话单击"Next"按钮，开始文件复制安装。

（10）安装结束之后，BlackICE软件将对操作系统的当前情况进行检测。

3）卸载BlackICE

卸载BlackICE软件，不能在"控制面板"的"添加/删除程序"中进行。而是需要重新启动计算机，并进入"安全模式"。打开BlackICE软件的安装目录，找到"BIRemove.exe"文件，双击执行，完成卸载操作。

3．配置BlackICE（黑冰）软件

1）控制台界面

（1）BlackICE安装后将以后台服务的方式运行。前端提供一个控制台进行各种报警和修改程序的配置，可以通过双击任务栏中的"💀"图标打开BlackICE控制台，如图6.33所示。

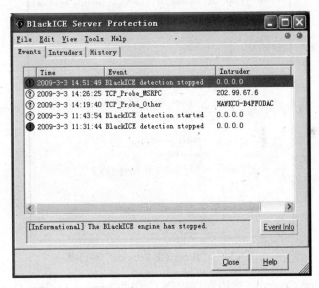

图6.33　BlackICE的控制台

（2）在控制台中，"Events"窗口提供一些基本入侵信息，如入侵的时间、动作、入侵者的IP等。可以直接右击一条入侵信息来对该入侵者进行诸如信任、阻止等操作。这些信息中，黄色的问号是怀疑攻击，橙色和红色的叹号是十分确定的攻击。只要在图标上有黑色的斜杠，就代表成功拦截。灰色的斜杠是在攻击时BlackICE已经尝试拦截，但是可能有部分数据还是穿透了防火墙。"Intruders"窗口提供了入侵者更为详细的信息，如果需要永久拦截该入侵者的访问，可以在入侵者名单上右击，在出现的快捷菜单中选择"Block Iintruder→Forever"。"History"窗口提供图示统计信息，在其左侧选择"Min"、

"Hour"或"Day"，就可以很直观地看到分别以分钟、小时、天数为单位的事件发生曲线图和网络数据流量图，据此就可判断出木马、病毒程序作案的发生频率、数据包流量。

2）BlackICE 设置

选择"Tools"菜单中的"Edit BlackICE Settings"命令可以打开"BlackICE Settings"对话框，如图 6.34 所示。

（1）"Firewall（防火墙）"选项卡：修改 BlackICE 的安全级别。BlackICE 对外来访问设有 4 个安全级别，分别是 Trusting、Cautious、Nervous 和 Paranoid。Paranoid 是阻断所有的未授权信息，Nervous 是阻断大部分的未授权信息，Cautious 是阻断部分的未授权的信息，而 BlackICE 软件默认设置的是 Trusting 级别，即接受所有的信息。

（2）"Back Trace（回溯）"选项卡：将里面两项复选框均勾选中，就可以跟踪并分析入侵者的信息。

（3）"Evidence Log（证据日志）"：将其中的"Logging enabled（启用日志）"复选框选中，可以将入侵者的入侵记录存入证据日志中。

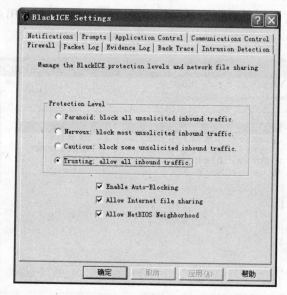

图 6.34　"BlackICE Settings"对话框

（4）"Application Control（应用程序控制）"和"Communications Control（通信控制）"选项卡：建议将这两个选项卡的"Enable Application Port（启用应用程序保护）"复选框选中，这样可以防止未经许可的应用程序访问网络，从而防范病毒或木马程序对系统的破坏。

（5）"Inrtusion Detection（入侵检测）"选项卡：可以单击"Add"按钮添加自己绝对信任的 IP 地址或服务。

3）高级防火墙设置

执行"Tools"菜单的"Advanced Firewall Settings"命令，可以打开高级防火墙设置对话框，如图 6.35 所示。

（1）在该对话框可以打开某个端口，从而开启相应的服务，也可以关闭某个端口，从而防范通过该端口进行的入侵。

（2）在该窗口中单击"Add"或"Modify"按钮可以新增或修改应用规则，单击"Delete"按钮可以删除选中的规则。

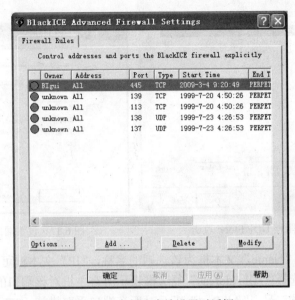

图 6.35　高级防火墙设置对话框

4．利用 BlackICE 进行入侵检测和防范

1）检测 UDP Flood 攻击

将服务器的 BlackICE 软件的安全级别设置为 Paranoid，阻断所有的未授权信息。利用实验室的某台计算机对服务器发动 UDP Flood 攻击。此时 BlackICE 的控制台显示如图 6.36 所示。

可以看到，在"Events"窗口中，显示出一条怀疑攻击信息（黄色问号图标），该信息包括攻击时间、攻击类型、攻击者主机名、攻击数据包数量的内容。图标上显示黑色的斜杠，表示该攻击已经被拦截。单击"Intruders"选项卡还可以看到攻击者的 IP 地址等更加详细的信息。

如果需要拦截来自该主机的访问，可以在该条攻击信息上右击，执行"Block Intruder"命令，选择"Forever"进行永久拦截，或选择拦截一小时（For an Hour）、一天（For a Day）或一个月（For a Month）。

如果确信来自该主机的访问没有攻击意图，是可以信任的，可以执行"Trust Intruder"命令，选择"Trust and Accept"信赖并认可该主机的访问，或选择"Trust Only"仅信赖该主机的访问。

2）防范某台主机的 139 端口入侵

执行"Tools"菜单的"Advanced Firewall Settings"命令，打开高级防火墙设置对话框，单击"Add"按钮，打开端口访问设置对话框，如图 6.37 所示。

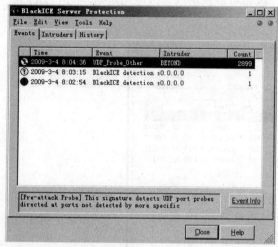

图 6.36　阻挡 UDP Flood 攻击

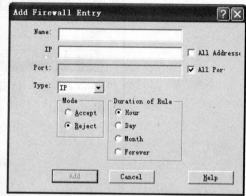

图 6.37　设置端口访问对话框

在该对话框中，"Name"文本框为该规则的名称，"IP"文本框可以输入对该端口进行操作的主机 IP，选择"All Address"复选框表示所有主机对该端口的操作都是相同的，"Port"文本框输入端口号，"All Port"表示对所有端口采取措施，"Type"表示访问的类型，"Mode"中的"Accept"表示允许用户对该端口操作，"Reject"表示拒绝用户对该端口的操作，"Duration of Rule"选择可以设置规则的持续时间。

如果要防范某台主机的 139 端口攻击，可以在"Name"文本框中任意输入规则的名称，"IP"文本框中输入该用户的 IP 地址，去掉"All Port"的勾选，在"Port"文本框中输入"139"，"Type"选择"TCP"，"Mode"中选择"Reject"，并选择规则持续时间后，单击"Add"按钮。这样就添加了一条防范规则。

对多台主机的防范需要添加多条规则。

如果需要添加某个端口，开启相应的服务，也可以采用类似的方法。

3）拒绝某台主机的所有访问

如果需要对某台主机的所有访问操作均进行拒绝，可以打开高级防火墙对话框，单击"Add"按钮，在"IP"一栏填入这台主机的 IP 地址，选择"Type"为"IP"，将"Mode"选为"Reject"，"Duration of Rule"选为"Forever"，此时该 IP 地址被永远屏蔽了。

6.2.4　问题探究

1. DoS 攻击

DoS 攻击是目前非常常见的黑客攻击手段，它采用一对一的攻击形式，如图 6.38 所示。

图 6.38　DoS 攻击示意图

DoS 攻击可以划分为带宽攻击、协议攻击和逻辑攻击三种类型。

（1）带宽攻击。带宽攻击是早期比较常见的 DoS 攻击形式。这种攻击行为通过发送一定数量的请求，使网络服务器中充斥了大量要求回复的信息，消耗网络带宽和系统资源，导致网络或系统不胜负荷以至于瘫痪，停止正常的网络服务。这种攻击是在比谁的机器性能好、速度快。不过现在的科技飞速发展，一般主机的处理能力、内存大小和网络速度都有了飞速的发展，有的网络带宽甚至超过了千兆级别，因此这种攻击形式就没有什么作用了。举个例子，假如攻击者的主机每秒能够发送 10 个攻击用的数据包，而被攻击的主机（性能、网络带宽都是顶级的）每秒能够接收并处理 100 个攻击数据包，这样的话，这种攻击就什么用处都没有了，而且由于攻击者发动这样的攻击时，主机 CPU 的占用率会达到 90% 以上，如果该机器配置不够高的话，很有可能出现死机的情况。

（2）协议攻击。协议攻击是目前越来越流行的 DoS 攻击形式，这种攻击需要更多的技巧。攻击者通过对目标主机特定漏洞的利用进行攻击，导致网络失效、系统崩溃、主机死机而无法提供正常的网络服务功能。

（3）逻辑攻击。逻辑攻击是一种最高级的攻击形式，这种攻击包含了对组网技术的深入理解。攻击者发送具有相同源 IP 地址和目的 IP 地址的伪造数据包，很多系统不能够处理这种引起混乱的行为，从而导致崩溃。

2．DDoS 攻击

尽管发自单台主机的 DoS 攻击通常就能够发挥作用，但如果有多台主机参与攻击，效率自然就会更高。这种攻击方式称为分布式拒绝服务（Distributed Denial of Service，DDoS）攻击。一般来说，DDoS 攻击不是由很多黑客一起参与实施，而是由一名黑客来操作。这名黑客先是探测扫描大量主机以找到可以入侵的脆弱主机，入侵这些有安全漏洞的主机并获取控制权（这些被控制的主机称为"肉鸡"），在每台被入侵的主机上安装攻击程序，这个过程完全是自动化的，在短时间内即可入侵数千台主机，在控制了足够多的主机之后，从中选择一台作为管理机，安装攻击主程序。黑客控制该管理机指挥所有"肉鸡"对目标发起攻击，造成目标机瘫痪，如图 6.39 所示。

在刚才带宽攻击的例子中，一台主机每秒能发送 10 个攻击数据包，被攻击的主机每秒能够接收并处理 100 个攻击数据包，这样的攻击肯定不会起作用，而如果使用 10 台甚至更多的主机来对被攻击的主机同时进行攻击的话，其结果就不言而喻了。

分布式拒绝服务攻击一旦被实施，攻击网络包就会犹如洪水般涌向受害主机，从而把合法用户的网络包淹没，导致合法用户无法正常访问服务器的网络资源，因此，DDoS 攻击又被称为"洪水式攻击"，本单元介绍的 UDP Flood 攻击就属于这种攻击形式。

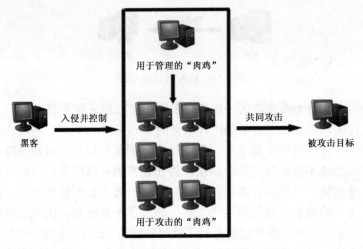

图 6.39　DDoS 攻击示意图

6.2.5　知识拓展

图 6.40　TCP 的三次握手

除了已经介绍的 UDP Flood 之外，常见的 DDoS 攻击还有 SYN Flood、ICMP Flood、TCP Flood、Script Flood、Proxy Flood 等，其中黑客经常使用的是 SYN Flood。

SYN Flood 攻击是利用了大多数主机使用 TCP 三次握手机制中的漏洞实施攻击的。在客户端与服务器建立连接时需要进行 TCP 的"三次握手"，如图 6.40 所示。

（1）客户端发送一个带 SYN 位的请求包，向服务器表示需要连接。

（2）服务器接收到这样的请求包后，如果确认接受请求，则向客户端发送回应包，表示服务器连接已经准备好，并等待客户端的确认。

（3）客户端发送确认建立连接的信息，此时客户端与服务器的连接建立起来。

如果不完成 TCP 三次握手中的第三步，也就是不发送确认连接的信息给服务器。这样，服务器无法完成第三次握手，但服务器不会立即放弃，而是不停地重试并等待一定的时间后才放弃这个未完成的连接，这段时间叫做 SYN timeout，这段时间大约 30 秒至 2 分钟左右。如果一个用户在连接时出现问题导致服务器的一个线程等待 1～2 分钟并不是什么大不了的问题，但是如果有人用特殊的软件大量模拟这种情况，那后果就可想而知了。一个服务器若是处理这些大量的半连接信息而消耗大量的系统资源和网络带宽，就没有空余资源去处理普通用户的正常请求，致使服务器无法工作。

在国内，随着上网的关键部门、关键业务越来越多，迫切需要具有自主版权的入侵检测产品。但现状是市场上独立的入侵检测软件还不多，大多数是防火墙软件中集成较为初级的入侵检测模块，如 360 安全卫士中的 ARP 防火墙、天网防火墙中均具有入侵检测的功能，如图 6.41 和图 6.42 所示。

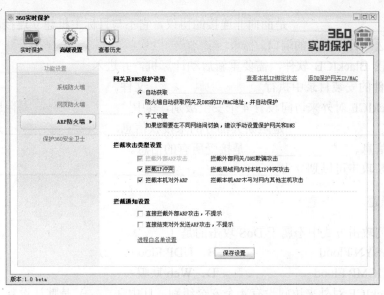

图 6.41　360 安全卫士中的 ARP 防火墙

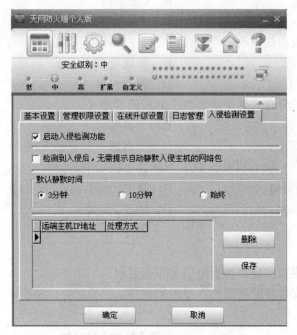

图 6.42　天网防火墙的入侵检测功能

6.2.6　检查与评价

1. 填空题

（1）拒绝服务攻击常见的表现形式主要有两种，一种为_____，主要是针对网络带宽的攻击，另一种为_____，主要是针对服务器主机的攻击。

（2）_____是面向非连接的协议，它不与目标主机建立连接，而是直接把数据包发送到目标主机的端口。

（3）卸载 BlackICE 软件，需要重新启动计算机，并进入_____模式。在 BlackICE 软件的安装目录中执行_____文件。

（4）BlackICE 对外来访问设有 4 个安全级别，其中_____是阻断所有的未授权信息，_____是阻断大部分的未授权信息，_____是阻断部分的未授权的信息，_____是接受所有的信息。

（5）DoS 攻击可以划分为_____、_____、_____三种类型。

2．选择题

（1）下列攻击方式中不属于 DoS 攻击的是（   ）。
    A．SYN Flood   B．UDP Flood
    C．ICMP Flood   D．Web 欺骗

（2）BlackICE 对外来访问设有 4 个安全级别，其中（   ）是默认设置。
    A．Trusting   B．Cautious
    C．Nervous   D．Paranoid

（3）（   ）攻击是指攻击者通过对目标主机特定漏洞的利用进行攻击。
    A．带宽攻击   B．协议攻击
    C．逻辑攻击   D．漏洞扫描

（4）一般来说，分布式拒绝服务攻击的实施者是（   ）。
    A．多名黑客   B．一名黑客
    C．多台肉鸡   D．一名黑客和多台肉鸡

（5）以下（   ）攻击利用了 TCP 三次握手机制中的漏洞。
    A．ICMP Flood   B．TCP Flood
    C．SYN Flood   D．UDP Flood

3．实做题

（1）请在机房模拟实现黑客拒绝服务攻击过程。

（2）请在机房安装并配置黑冰入侵检测软件。

6.3 入侵检测设备

随着各公司将局域网（LAN）连入广域网（WAN），网络变得越来越复杂，也越来越难以保证安全。为了共享信息，各公司还将他们的网络向商业伙伴、供应商及其他外部人员开放，这些开放式网络比原来的网络更易遭到攻击。此外，他们还将内部网络联结到 Internet，想从 Internet 的分类服务及广泛的信息中得到收益，以满足重要的商业目的。

虽然连入 Internet 有众多的好处，但它无疑将内部网络暴露给数以百万计的外部人

员，大大地增加了有效维护网络安全的难度。为此，技术提供商提出了多种安全解决方案以帮助各公司的内部网免遭外部攻击，如使用防火墙技术。但是防火墙并不是没有缺陷的。利用 IP 蒙骗技术和 IP 碎片技术，黑客们已经展示了他们穿过当今市场上大部分防火墙的本领。另外，防火墙虽然可以限制来自 Internet 的数据流进入内部网络，但是对于来自防火墙内部的攻击却无能为力。实际上，由心怀不满的雇员或合作伙伴发起的内部攻击占网络入侵的很大一部分。

因此，需要一种独立于常规安全机制的安全解决方案：一种能够破获并中途拦截那些能够攻破防火墙防线的攻击。这种解决方案就是"入侵检测系统"。利用"入侵检测系统"可以连续监视网络通信情况，寻找已知的攻击模式，当它检测到一个未授权活动时，软件会以预定方式自动进行响应，报告攻击、记录该事件或是断开未授权连接。"入侵检测系统"能够与其他安全机制协同工作，提供真正有效的安全保障。

6.3.1 学习目标

通过本模块的学习，应该达到：

1. 知识目标

- 理解入侵检测系统的概念；
- 理解传感器的概念；
- 理解入侵检测系统的部署；
- 掌握 RG-IDS 的特点和技术特性；
- 掌握 RG-IDS 的策略配置。

2. 能力目标

- 部署 RG-IDS；
- 安装和配置传感器；
- 安装和配置事件收集器（EC）；
- 安装管理控制台；
- 安装和配置报表及查询工具。

6.3.2 工作任务——安装和部署 RG-IDS

1. 工作任务背景

最近学校的校园网经常受到黑客的入侵和攻击，校园网配置的防火墙已经不能完全阻挡这些攻击行为了，黑客的攻击大大影响了学校的正常工作。因此在小张的建议下，学校购置了入侵检测系统：RG-IDS 100 传感器及相应软件。小张需要在短时间内掌握传感器的使用环境和入侵检测系统的安装。

2．工作任务分析

RG-IDS 是自动的、实时的网络入侵检测和响应系统，它以不引人注目的方式最大限度地、全天候地监控和分析网络的安全问题，捕获安全事件，给予适当的响应，阻止非法的入侵行为，从而保护网络的信息安全。

RG-IDS 由下列程序组件组成：控制台、EC、LogServer、传感器、报表。

（1）控制台（Console）是 RG-IDS 的控制和管理组件。它是一个基于 Windows 的应用程序，控制台提供图形用户界面来进行数据查询、查看警报并配置传感器。控制台有很好的访问控制机制，不同的用户被授予不同级别的访问权限，允许或禁止查询、警报及配置等访问。控制台、事件收集器和传感器之间的所有通信都进行了安全加密。

（2）事件收集器（Event Collector，EC）可以实现集中管理传感器及其数据，并控制传感器的启动和停止，收集传感器日志信息，并且把相应的策略发送到传感器，以及管理用户权限、提供对用户操作的审计功能。

（3）LogServer 是 RG-IDS 的数据处理模块。它需要集成 DB（数据库）一起协同工作。RG-IDS 支持微软 MSDE、SQL Server。

（4）传感器（Sensor）需要部署在保护的网段上，对网段上流过的数据流进行检测，识别攻击特征，报告可疑事件，阻止攻击事件的进一步发生或给予其他相应的响应。

（5）报表（Report）和查询工具作为 IDS 系统的一个独立的部分，主要完成从数据库提取数据、统计数据和显示数据的功能。Report 能够关联多个数据库，给出一份综合的数据报表。查询工具提供查询安全事件的详细信息。

RG-IDS 可以选择分布式和孤立式两种不同的部署模式。分布式部署是把不同的组件安装在不同的计算机上，利用网络统一管理分散在不同计算机上的组件。由于每台计算机处理不同的事务，所以分布式部署具有极强的数据处理能力。孤立式部署是把不同的组件安装在一台功能比较强大的计算机上，这种部署方式有利于管理，对于一般的中小企业很实用。根据校园网的实际需求，小张选择了孤立式的部署模式，在一台计算机上安装 SQL Server 2000 数据库、LogServer、事件收集器、管理控制台和报表及查询工具等程序组件。

作为一种基于网络的入侵检测系统，RG-IDS 依赖于一个或多个传感器监测网络数据流。这些传感器代表着 RG-IDS 的眼睛。因此，传感器在某些重要位置的部署对于 RG-IDS 能否发挥作用至关重要。

由于学校的校园网采用交换式网络，并且校园网使用的交换机支持端口镜像的功能，因此小张决定在不改变原有网络拓扑结构的基础上完成传感器的部署，部署拓扑图如图 6.43 所示。

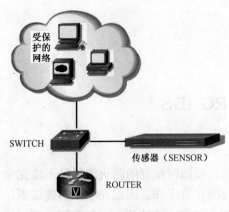

图 6.43　校园网传感器部署

这样部署的优点是配置简单、灵活，使用方便，不需要中断网络。

3. 条件准备

小张选择了一台计算机作为管理平台，该计算机的操作系统为 Windows 2003 Server 企业版，内存为 2GB，硬盘剩余空间在 100GB 以上。小张在该计算机中安装了 SQL Server 2000 数据库软件，并对该软件至少进行了 SP3 的补丁升级，打开 SQL Server 服务管理器，启动 SQL Server 服务。

小张利用购置 RG-IDS 设备中的一条 console 线将传感器的"conslole"接口与一台操作系统为 Windows XP 的计算机相连，用于配置传感器（也可以将传感器直接与管理平台相连，由于管理平台的操作系统是 Windows 2003 Server，默认时没有"超级终端"，需要添加该程序）。

使用一条交叉线将管理平台计算机网卡接口与传感器的"MGT"接口相连，用于管理传感器并接收检测信息。

6.3.3 实践操作

安装和配置 RG-IDS 入侵检测系统

1. 配置传感器

打开传感器的开关，启动传感器。在配置传感器的计算机（操作系统为 Windows XP）的"附件"菜单的"通信"选项中启动"超级终端"，新建连接，选择与传感器相连的"COM1"接口，并在"端口设置"对话框中单击"还原为默认值"按钮，单击"确定"按钮，等待登录。敲击两次回车键后，提示输入 RG-IDS 传感器的配置密码，默认密码为"demo"。输入密码后敲击回车键打开 RG-IDS 传感器的配置主菜单界面，如图 6.44 所示。

图 6.44　传感器配置主菜单

（1）"Return to status monitor"菜单：进入状态检测窗口，显示如下信息。

① cpu usage——显示 CPU 的使用率；

② real memory——显示实际内存的使用情况；

③ virtual memory——显示虚拟内存的使用情况；

④ disk space——显示磁盘空间的使用情况；

⑤ package reception——显示捕捉包的数量；

⑥ package/backend status——显示安装、启用、失败的包的数量。

（2）"Access administration"菜单：进入管理窗口，进行如下配置。

① set administrator password——设置管理员密码，需要重复输入两次；

② license key——输入或修改许可证密钥。

（3）"Set date and time"菜单：进入时间配置窗口，可以配置时区和时间。在中国地区应设置为 PRC。

（4）"Configure networking"菜单：进入网络配置窗口，该菜单为传感器的主要配置菜单，进行如下配置。

① Name of this Station——设置传感器的名字；

② Management Interface——选择管理（MGT）接口，一般情况下"MGT"接口为"fxp0"，应将本选项修改为"fxp0"，并保存；

③ IP Address——设置传感器的 IP 地址，默认为 192.168.0.254；

④ Network Mask——设置网络掩码；

⑤ Default Route——设置默认网关；

⑥ IP of RG-IDS Server——输入事件收集器（EC）的 IP 地址，默认为 192.168.0.253；

⑦ Encryption Passphrase——输入加密串；

⑧ Retype Encryption Passphrass——重新输入加密串；

⑨ IP of Second RG-IDS Server——输入备份 EC 的 IP 地址；

⑩ Encryption Passphrase——输入加密串；

⑪ Retype Encryption Passphrass——重新输入加密串。

（5）"Set interface media and duplex"菜单：配置网卡属性。

（6）"Network information"菜单：查看网卡的设置信息，此时该选项中的"fxp0"的状态应为"active"。

（7）"Disable serial console"或者"Enable serial console"菜单：进行串口管理控制。

（8）Load configuration from floppy"菜单：从软盘上加载设置。

（9）Save configuration to floppy"菜单：将设置保存到软盘。

（10）Restart RG-IDS Sensor"菜单：选择"Y"，可以重新启动传感器。

（11）Halt RG-IDS Sensor"菜单：选择"Y"，可以关闭传感器。

（12）Purge all data"菜单：选择"Y"，可以清除传感器硬盘上的所有安全事件。

（13）Uninstall RG-IDS Sensor"菜单：选择"Y"，可以卸载传感器，卸载方式有两种："slow"和"faster"。

2. 安装 LogServer

LogServer 从某种意义上说是一个数据库管理器。它包含 LogServer 服务和 DB（数据库）两部分。为了便于用户操作，LogServer 数据库管理器被集成在 console（控制台）上，用户可以通过 console 直接管理 LogServer。在安装 LogServer 之前，必须安装好数据库，否则无法安装 LogServer。

在管理计算机中启动 RG-IDS 产品的安装程序，选择"安装 LogServer"组件，启动 LogServer 组件的安装向导。在安装过程中，完成确认"许可证协议"、输入客户名称和公司名称、选择安装路径、选择程序文件夹等几个步骤。

安装完成后，出现"数据服务初始化配置"窗口（也可通过单击"开始"|"程序"|"锐捷入侵检测系统"|"锐捷入侵检测系统（网络）"|"RG-IDS 数据服务安装"命令，进入该窗口），如图 6.45 所示。

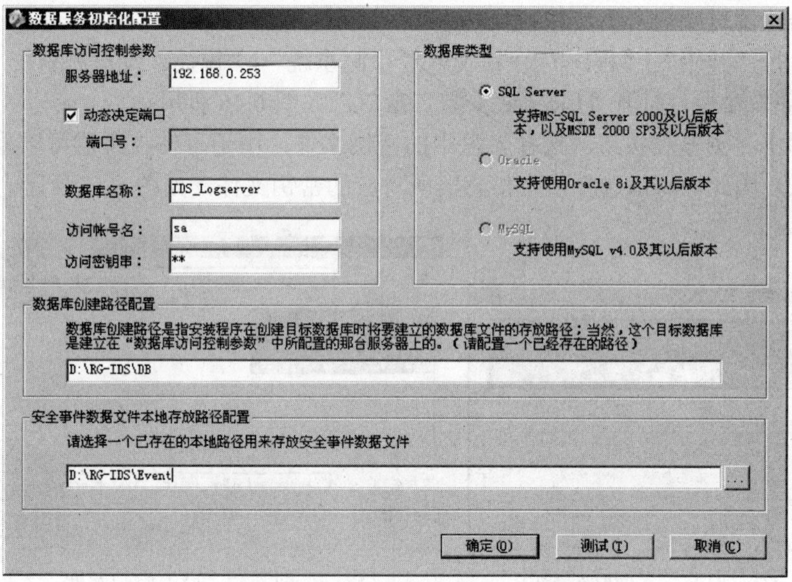

图 6.45　"数据服务初始化配置"窗口

在该窗口的"服务器地址"中输入数据库服务器（本机）的 IP 地址；"数据库名称"默认；"访问账户名"和"访问密钥串"输入安装数据库时的账户名（sa）和密码；"数据库创建路径配置"中输入安装程序在创建目标数据库时将要建立的数据库文件的存放路径，本例为"D:\RG-IDS\DB"。该路径应事先建立完成，且该路径所在磁盘至少存在 1GB 以上的剩余空间；"安全事件数据文件本地存放路径配置"中输入存放安全事件数据文件的本地路径，本例为"D:\RG-IDS\Event"。该路径也应事先建立完成，且该路径所在磁盘至少存在 1.5GB 以上的剩余空间。两个存放路径尽量不要选择在系统盘中。

输入配置信息后，单击"测试"按钮。如果配置正确，系统会提示"数据库测试连接成功！"。测试成功后，单击"确定"按钮，系统开始创建数据库，创建成功后，系统会提示"数据库初创建成功！"。

3．安装事件收集服务器

事件收集服务器可以实现集中管理传感器及其数据，控制传感器的启动和停止，收集传感器日志信息，并且把相应的策略发送到传感器，以及管理用户权限、提供对用户操作的审计等功能。

在管理计算机中启动 RG-IDS 产品的安装程序，选择"安装事件收集服务器"，启动事件收集器的安装向导。在安装过程中，完成确认"许可证协议"、输入客户名称和公司名称、选择安装路径、选择程序文件夹等几个步骤。

事件收集服务器安装完成后，必须安装许可密钥。密钥文件定义了 RG-IDS 的认证信息及用户信息。它包含了所授权的产品、升级服务时限以及用户注册信息。必须拥有许可密钥，RG-IDS 才能正常工作。

将 RG-IDS 的许可证"License"光盘放入光驱，该光盘中有一个"License"文件夹，其中包含传感器对应的密钥文件。

（1）运行"开始"|"程序"|"锐捷入侵检测系统"|"锐捷入侵检测系统（网络）"|"安装许可证"命令，打开"License 安装"窗口，如图 6.46 所示。

（2）单击"浏览"按钮，选择光盘中的密钥文件，由于事件收集器可以采集多个传感器的信息，因此，可以选择多个传感器所对应的密钥文件，如图 6.47 所示。

图 6.46　"License 安装"窗口　　　　　图 6.47　导入密钥文件

（3）单击"打开"按钮，将所选择的密钥文件导入到 License 安装界面，如图 6.48 所示。

图 6.48　安装密钥文件

（4）单击"安装"按钮，密钥文件被安装到相应的目录下，并弹出"License 文件安装成功"的提示对话框。

4．安装控制台

控制台是图形用户界面（GUI），通过控制台可以配置和管理所有的传感器并接收事件报警，配置和管理对于不同安全事件的响应方式，配置和管理 LogServer，生成并查看关于安全事件、系统事件和审计事件的统计报告。

在管理计算机中启动 RG-IDS 产品的安装程序，选择"安装管理控制台"，启动控制台的安装向导。在安装过程中，完成确认"许可证协议"、输入客户名称和公司名称、选择安装路径、选择程序文件夹等几个步骤。

5．启动应用服务

应用服务包括"事件收集服务"、"安全事件响应服务"和"IDS 数据管理服务"，只有服务启动后，系统才能正常工作。

运行"开始"|"程序"|"锐捷入侵检测系统"|"锐捷入侵检测系统（网络）"|"RG-IDS 服务管理"，在"应用服务管理器"窗口的"应用服务"中选择"事件收集服务"后单击"开始"按钮，启动服务，如图 6.49 所示。

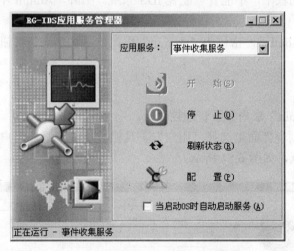

图 6.49　启动应用服务

如果用户选中窗口下方的"当启动 OS 时自动启动服务"复选框，可以避免用户每次登录系统后，都要进行"启动应用服务"的操作。

6．启动和配置管理控制台

1）启动管理控制台

（1）运行"开始"|"程序"|"锐捷入侵检测系统"|"锐捷入侵检测系统（网络）"|"RG-IDS 管理控制台"，打开管理控制台登录界面，如图 6.50 所示。

图 6.50　登录管理控制台

（2）在"事件收集器"文本框中输入事件收集器 EC（本机）的 IP 地址，该地址应与传感器配置中网络配置窗口的"IP of RG-IDS Server"选项设置的地址相对应。

（3）第一次登录控制台需要使用默认的管理员用户或审计管理用户登录，默认的管理员用户名为：Admin，登录密码为：Admin，默认的审计管理员用户名为：Audit，登录密码为：Audit。用户进入系统后应当立即更改默认管理员的登录密码，默认的 Admin 用户只具有用户管理的权限，不能管理配置 IDS 系统。另外，Admin 不能修改 Audit 的密码。

输入账户为"Admin"，密码为"Admin"后，单击"登录"按钮，进入管理控制台界面。

2）创建用户

（1）使用"Admin"账户登录管理控制台。

（2）在管理控制台界面里选择"用户"工具栏，单击"添加用户"按钮，打开"用户属性配置"对话框，如图 6.51 所示。

图 6.51　"用户属性配置"对话框

（3）创建新的管理用户，输入用户名、账号、密码、密码确认、尝试次数、邮件地址、用户组、描述等信息，其中"尝试次数"是指允许该用户输入错误的登录密码的最多次数，选择用户组或根据新建用户的级别在窗口右侧配置不同的查看管理权限和报表使用权限，单击"确定"按钮完成。

3）添加组件

（1）退出"Admin"账户登录的管理控制台，使用新创建的用户重新登录。

（2）在管理控制台界面的"组件结构树"窗口中，右击"EC"，在快捷菜单中选择"添加组件"命令，打开添加组件对话框。可以添加的组件有"传感器"和"LogServer"。

（3）选择"传感器"，单击"确定"按钮，打开"传感器属性配置"对话框，如图 6.52所示。

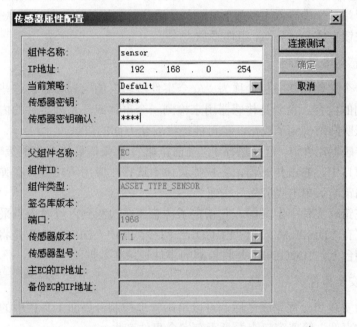

图 6.52　"传感器属性配置"对话框

其中，"组件名称"中输入传感器的名称，如"sensor"；"IP 地址"中输入传感器的 IP 地址，该地址与传感器配置中网络配置窗口的"IP Address"选项设置的地址相对应；"当前策略"选择当前应用生效的传感器策略，如"Default"；"传感器密钥"和"传感器密钥确认"中输入传感器的登录密钥，默认为"demo"。

（4）所有参数输入完成后，单击"连接测试"按钮，进行传感器的连接测试，测试成功后，单击"确定"按钮，对传感器进行同步签名和应用策略等操作后，完成传感器组件添加。

（5）再次执行"添加组件"命令，选择"LogServer"，单击"确定"按钮，打开"LogServer属性配置"对话框，如图 6.53 所示。

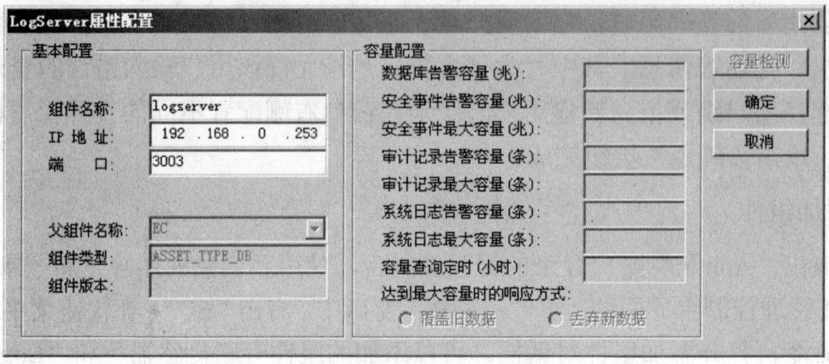

图 6.53 "LogServer 属性配置"对话框

其中,"组件名称"中输入 LogServer 的名称,"IP 地址"输入数据库主机(本机)的 IP 地址,"端口"中输入 EC 与 LogServer 通信时使用的端口号,默认为"3003"。单击"确定"按钮完成 LogServer 组件添加。

4)对传感器应用策略

策略是一个文件,其中包含称为"安全事件签名"的一列项目,这些项目确定了传感器所能监测的内容。签名是传感器用来检测一个事件或一系列事件的内部代码,这些事件有可能表明网络受到了攻击,也可能提供安全方面的信息。

在添加传感器组件时,已经选择了"当前策略",如果需要修改当前策略,可以在"组件结构树"窗口中,右击传感器,在快捷菜单中选择"应用策略", 在弹出的窗口中选择需要应用的策略,单击"应用"按钮。

响应是在策略文件中定义的,它指定了传感器在检测到入侵时应当采取的操作。常用的响应方式有"DISPLAY"和"LOGDB"两种,其中"DISPLAY"是将检测的事件显示在监测控制台上,"LOGDB"是将检测的事件记录在数据库中。

5)查看安全事件

在以上的安装和配置完成之后,可以单击管理控制台界面工具栏中的"安全事件"按钮,进入"事件"管理窗口查看是否有安全事件产生。

该窗口以图形和列表两种形式显示安全事件,其中图形包括"安全事件风险频率统计图"、"风险评估统计图"、"安全事件 TOP10 统计图"和"传感器 TOP10 统计图"等,如图 6.54 所示。

7. 安装报表

报表子系统作为系统管理平台事后数据统计分析显示的重要工具,是系统管理平台的重要组成部分。报表子系统提供了安全事件、系统事件、审计事件的统计图表信息和系统事件、审计事件的详细信息。

在管理计算机中启动 RG-IDS 产品的安装程序,选择"安装报表及查询工具",启动报表的安装向导。在安装过程中,完成确认"许可证协议"、输入客户名称和公司名称、选择安装路径、选择程序文件夹等几个步骤。

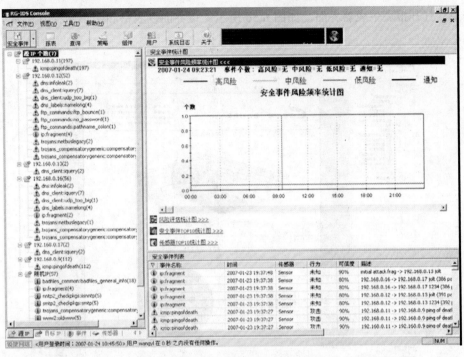

图 6.54　安全事件窗口

8．登录和查看报表

单击管理控制台界面工具栏中的"报表"按钮，或者运行"开始"|"程序"|"锐捷入侵检测系统"|"锐捷入侵检测系统（网络）"|"RG-IDS 报表生成器"，可以打开报表登录界面，如图 6.55 所示。

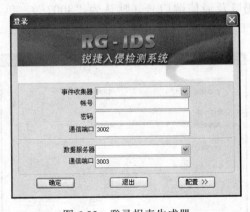

图 6.55　登录报表生成器

其中"事件收集器"输入管理机的 IP 地址（192.168.0.253），"账号"和"密码"输入在控制台中新建立的用户账号和密码，报表生成器与事件收集器的默认通信端口为"3002"，由于管理机本身也是数据库服务器，所以"数据服务器"文本框中也输入 IP 地址 192.168.0.253，报表生成器与数据服务器的默认通信端口为"3003"。单击"确定"按钮登录。打开报表生成器界面，如图 6.56 所示。该界面以表格和图形两种方式显示检测报表。

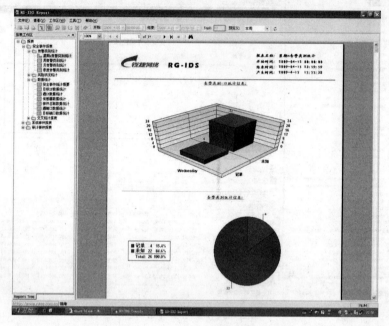

图 6.56　RG-IDS 报表生成器

9．数据库维护

运行"开始"|"程序"|"锐捷入侵检测系统"|"锐捷入侵检测系统（网络）"|"RG-IDS 数据库维护工具"，可以打开数据库维护工具登录界面，输入事件收集器 EC 的 IP 地址、管理用户的账号和密码以及通信端口号（默认为"3002"），单击"确定"按钮，进入"LogServer 数据维护工具"对话框，如图 6.57 所示。

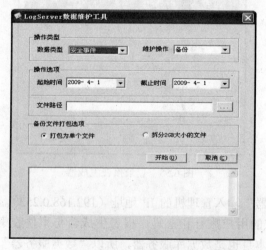

图 6.57　"LogServer 数据维护工具"对话框

在"操作类型"中选择需要进行维护的数据类型和数据维护的目的；在"操作选项"中选择维护操作的时间段，输入数据库文件的路径；如果维护操作为备份数据库，还需要设置"备份文件打包选项"。单击"开始"按钮完成数据库维护操作。

10. 对网络内部主机进行入侵检测

使用一条直连线将传感器的"MON"接口和内部网络交换机的目的（镜像）端口连接起来。将需要进行入侵检测的主机连接到该交换机上，并将这些主机与交换机的连接端口镜像到交换机的目的端口上。

举例说明如下。

将连接学校内网的交换机的端口 f0/1 连接到 IDS 传感器的监控接口（"MON"接口），然后将其他主机与交换机的连接端口都镜像到 f0/1 口。在交换机上配置镜像端口的命令如下。

（1）配置源端口（即连接主机的端口）。

```
Monitor session 1 source interface f0/2-24 both
```

（2）配置目的端口（即连接 IDS 传感器"MON"接口的端口）。

```
Monitor session 1 destination interface f0/1
```

这样，利用管理机和传感器就可以检测到这些连接到交换机的主机之间的数据通信，并检测到入侵行为了。

6.3.4 问题探究

1. 入侵检测系统（IDS）应满足的要求

保护网络是一项持久的任务，它包括保护、监视、测试，以及不断的改进。"入侵检测系统"必须满足许多要求，以提供有效的安全保障，主要的要求如下。

（1）实时操作。入侵检测系统必须能够实时地检测、报告可疑攻击并做出实时反应。那些仅能在事后记录事件、提供校验登记的系统效率是不高的。

（2）可以升级。正如有新的计算机病毒不断涌现一样，黑客们总能找到新的方法侵入计算机系统，所以入侵检测系统必须能够将已知的入侵模式和未授权活动不断增加到知识库中。

（3）可运行在常用的网络操作系统上。入侵检测系统必须支持现有的网络结构，这就是说它必须支持现有的网络操作系统，如 WindowsNT、Linux 等。

（4）易于配置。在不影响效率的条件下，易于配置。入侵检测系统应提供默认配置，管理员可以迅速安装并随着信息的积累对其不断优化。此外，入侵检测系统还应提供样本配置，指导管理员安装系统。

（5）易于管理。迅速增加的网络管理成本对企业来说，是一个突出的问题。入侵检测系统必须易于管理才不至于加剧这一问题。

（6）易于改变安全策略。现在的商业环境是动态的，企业由于许多因素而不断变化，包括重组、合并和兼并。所以安全策略也随之改变，为了保证有效性，入侵检测系统应易于适应改变了的安全策略。

（7）不易察觉。入侵检测系统应该以不易被察觉的方式运行。也就是说，它不会降低网络性能。它对被授权用户是透明的，此外，它不会引起入侵者的注意。

2．RG-IDS 的特点

RG-IDS 是基于网络的实时入侵检测及响应系统，它的主要特点如下。

（1）配置简单、使用方便。由于采用固态网络传感器，平台经过专门优化及加固，使用更加安全、方便。用户经过简单配置接电即可使用。另外，由于定义了组件，在控制台端监控系统组件更加简捷。

（2）检测基于网络的攻击。RG-IDS 的网络传感器检查所有数据包的头部从而发现恶意的和可疑的行动迹象。例如，许多来自于 IP 地址的拒绝服务型（DoS）和碎片数据包型（Teardrop）的攻击只能在它们经过网络时，检查数据包的头部才能发现。这种类型的攻击都可以在 RG-IDS 中通过实时监测网络数据包流而被发现。

RG-IDS 网络传感器可以检查有效负载的内容，查找用于特定攻击的指令或语法。例如，通过检查数据包有效负载可以查到黑客软件，而使正在寻找系统漏洞的攻击者毫无察觉。

（3）攻击者不易转移证据。RG-IDS 使用正在发生的网络通信进行实时攻击的检测，所以攻击者无法转移证据。被捕捉的数据不仅包括攻击的方法，而且还包括可识别黑客身份和对其进行起诉的信息。

（4）实时检测和响应。RG-IDS 可以在恶意及可疑的攻击发生的同时将其检测出来，并做出快速的通知和响应。实时通知时可根据预定义的参数做出快速反应，这些反应包括将攻击设为监视模式以收集信息，立即中止攻击等。例如，一个基于 TCP 的对网络进行的拒绝服务攻击（DoS）可以通过让 RG-IDS 网络传感器向源地址发出 TCP 复位信号，在该攻击对目标主机造成破坏前，将其中断。

RG-IDS 支持与防火墙的互动。作为事件响应方式之一，可以对防火墙进行实时配置。安全管理员在配置安全策略时，可以指定：在检测到某些事件时，系统做出响应，对一个或一组防火墙重新配置。防火墙与 RG-IDS 的相互配合，使防火墙从静态配置转到动态配置，保证防火墙能适应不断变化的网络情况，在可用性和安全性方面达到了动态平衡。

（5）对网络几乎没有影响。RG-IDS 完全不会造成网络的时延。RG-IDS 网络传感器仅仅对网络数据流进行监控，复制需要的数据包，完全不会对数据包的传输造成延迟。唯一可能造成延迟的情况，就是网络传感器发出中断连接的数据包，当然受到影响的只有攻击者。

（6）系统本身安全可靠。RG-IDS 的控制台、事件收集器、网络传感器之间的通信必须认证而且是加密的。RG-IDS 网络传感器被配置为完全透明的方式，它有两块网络适配卡，一块网络适配卡用来监控本地网段，另一块用来和控制台通信。用来监控本地网段的网络适配卡并不绑定任何协议，因此，网络传感器可以做到从被监控网络上不可见，而它采用了专门的通信通道和控制台及事件收集器通信，大大加强了 RG-IDS 的安全性。

（7）升级迅速及时。RG-IDS 采用在线升级方式，通过控制台直接为网络传感器升级，并可同时为一组网络传感器升级。

3. 部署 RG-IDS 传感器应考虑的问题

RG-IDS 依赖于一个或多个传感器监测网络数据流。传感器在某些重要位置的部署对于 RG-IDS 能否发挥作用至关重要。

（1）分析网络拓扑图结构。攻击者可能会对网络中的任何可用资源发起攻击。分析网络拓扑结构，定义要保护的信息和资源，是创建传感器部署计划的第一步。

（2）分析网络入口点。数据通过网络入口点进入网络，所有这些点都可能被攻击者利用，在这些潜在位置获取网络的访问权限，从而穿透未被 IDS 保护的网络。因此，需要验证每一个入口点都得到了严密的监视。网络的常见入口点包括：Internet 入口点、Extranet 入口点、Intranet 隔离点、远程访问入口点。

（3）确定关键网络组件。黑客通常将查看到关键网络组件作为胜利。如果关键组件的安全受到威胁，就将为整个网络带来巨大的威胁。因此，需要在整个网络中采用传感器，来确保可以检测到对关键网络组件发动的攻击，并在一定条件下，通过 IDS 传感器进行设备管理来中止这些攻击。关键网络组件主要包括：服务器（如 DNS 服务器、动态主机配置协议服务器、超文本传送协议服务器、电子邮件服务器等）、网络基础设施（如路由器、交换机、网关和集线器）、安全组件（如防火墙、IDS 传感器、IDS 管理设备，具有访问控制列表的路由器）。

（4）网络大小和复杂度。网络越复杂，就越需要在网络中的不同位置设置多个传感器。一个大的网络通常要求使用多个传感器，这是因为每个传感器都受限于它可以监视的最大数据流量。如果 Internet 网络连接的是一条几千兆比特的链路，且满负载传送网络数据流量时，一个传感器就没有能力处理全部的数据流。

6.3.5　知识拓展

1. 不同环境中部署 RG-IDS 传感器

RG-IDS 传感器的部署与网络拓扑、采用的安全策略、每秒检测到的安全事件、机器的硬件配置等各种环境参数相关。下面列举几个在不同的网络环境中部署 RG-IDS 传感器的方法。

（1）共享网络。在非交换式网络中，传感器能检测到所有的通信。传感器所监测的接口处于混杂模式，这就意味着它会接收所有数据包，而不考虑它们的目标地址。部署拓扑图如图 6.58 所示。

（2）接入 Hub 的交换式网络。在 switch 和 router 之间接入一个 Hub，把一个交换环境转换为共享环境。这样做的优点是简单易行，成本低廉。如果客户对网络的传输速度和可靠性要求不高，可以采用这种方式。部署拓扑图如图 6.59 所示。

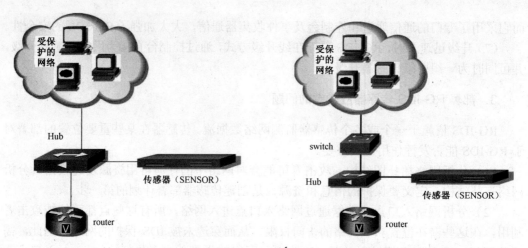

图 6.58　共享网络传感器部署　　　　　图 6.59　接入 Hub 的交换式网络传感器部署

（3）采用分支器的交换式网络。如果交换机不支持端口镜像功能，或者出于性能的考虑不便启用该功能，可以采用 TAP（分支器）。它的优点是能够支持全双工 100Mb/s 或者全双工 1000Mb/s 的网络流量。部署拓扑图如图 6.60 所示。

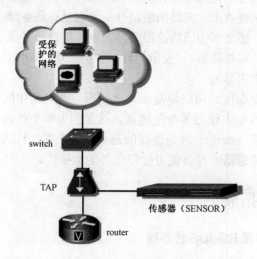

图 6.60　采用分支器的交换式网络传感器部署

（4）全冗余的高可用性网络。在这种情况下，任何一个传感器或者链路发生故障，都不会中断对网络的实时监测。部署拓扑图如图 6.61 所示。

2．传感器的部署位置

在分析网络资源和拓扑图结构之后，还需要在网络中设置传感器的位置。虽然每个网络都是独一无二的，但是传感器部署的位置一般集中在一些常见的功能边界，下面介绍几个常见的部署位置。

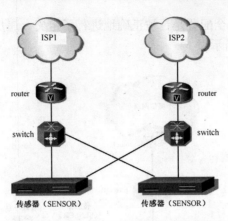

图 6.61　全冗余的高可用性网络传感器部署

1）边界保护

传感器负责监视网络的边界。在大多数网络中，边界保护是指在内部网络和 Internet 之间的链路。注意：一定要将传感器部署到内部网络与 Internet 的所有连接链路中，任何到 Internet 的连接都需要被监视，如图 6.62 所示。

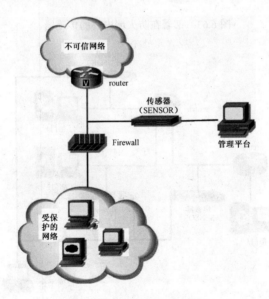

图 6.62　用于边界保护的传感器

2）在防火墙的内部

在防火墙内部安装网络传感器，可以检测到防火墙运作过程的变化，并监测流经防火墙的通信，如图 6.63 所示。

3）在内部网络的关键网段上

网络攻击的绝大多数损失来自于企业内部所进行的攻击。企业各个部门之间需要进行网络连接，又需要保证数据的安全性，可以使用一个传感器监视网络之间的数据流，验证防火墙或路由器的安全配置是否被正确地进行了定义。违反安全配置的数据流将产生 IDS 告警，如图 6.64 所示。

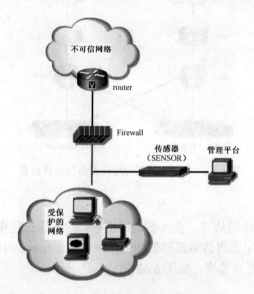

图 6.63   部署在防火墙内部的传感器

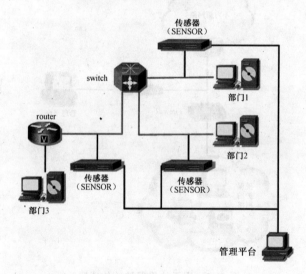

图 6.64   部署在内部网络的关键网段上的传感器

6.3.6   检查与评价

1. 填空题

（1）RG-IDS 由以下程序组件组成：_____、_____、_____、_____、
_____。

（2）RG-IDS 可以选择_____和_____两种不同的部署模式。_____部署

具有极强的数据处理能力。_____部署有利于管理，适用于一般的中小企业。

（3）第一次登录控制台时需要使用默认的管理员用户或_____登录，默认的管理员用户只具有_____的权限，不能_____。

（4）常用的安全策略响应方式中，_____是将检测的事件显示在监测控制台上，_____是将检测的事件记录在数据库中。

（5）网络的常见入口点包括：_____、_____、_____、_____。

2．选择题

（1）使用一条（　　），将管理平台计算机网卡接口与传感器的"MGT"接口相连，用于管理传感器并接收检测信息。

    A．直连线　　　　　　　　　　B．交叉线

    C．console 线　　　　　　　　D．电话线

（2）使用一条（　　），将传感器的"MON"接口与交换机的镜像端口相连，用于监听连接到该交换机的各主机之间的数据通信。

    A．直连线　　　　　　　　　　B．交叉线

    C．console 线　　　　　　　　D．电话线

（3）一般情况下，传感器的管理接口（MGT）对应（　　）。

    A．fxp0　　　　　　　　　　　B．fxp1

    C．fxp2　　　　　　　　　　　D．fxp3

（4）（　　）是 RG-IDS 的数据处理模块。

    A．控制台　　　　　　　　　　B．事件收集器

    C．传感器　　　　　　　　　　D．LogServer

（5）（　　）可以实现集中管理传感器及其数据，并控制传感器的启动和停止，收集传感器日志信息，并且把相应的策略发送到传感器，以及管理用户权限、提供对用户操作的审计功能。

    A．控制台　　　　　　　　　　B．事件收集器

    C．报表和查询工具　　　　　　D．LogServer

3．实做题

部署 RG-IDS 传感器，安装和配置 RG-IDS 入侵检测系统。

项目3 保证信息安全

本项目重点介绍网络信息的安全保证，包含三个模块，模块7信息加密，主要介绍简单的口令加密方法及加密解密过程，能应用简单的加密方法完成用户名和口令加密，能应用加密软件加密解密文件的方法。模块8数字签名，主要介绍常应用数字签名保证网络传输安全性的具体方法和技术，数字证书认证中心的建立，软件数字证书的创建，对邮件、Office文档实施数字签名等实践操作。同时对数字证书、数字签名的概念、原理、作用等做了简要的介绍。模块9数据存储与灾难恢复，主要介绍应用RAID5保证数据存储安全的具体方法和步骤，以及发生灾难后数据的恢复方法。

通过本项目的学习，应达到以下目标：

1. 知识目标

◇ 掌握简单的口令加密的方法、加密系统的组成、加密算法的加密解密过程；

◇ 掌握密码的分类、加密技术的发展情况及应用加密软件加密解密文件的方法；

◇ 理解文件加密软件中常用算法的特点；掌握加密软件的含义；

◇ 理解数字证书的概念、作用、特点、类型及作用；

◇ 理解数字签名的概念、要求、原理、作用和类型；

◇ 理解利用对称加密方式和非对称加密方式实现数字签名区别；

◇ 掌握硬盘接口分类及技术标准；

◇ 掌握RAID0、RAID1、RAID5技术；

◇ 掌握恢复硬盘数据方法；掌握灾难恢复常见方法。

2. 能力目标

◇ 能编制简单加密程序；能用简单的加密方法完成用户名和口令加密。

◇ 能应用Omziff软件加密文件、生成密码、粉碎文件和切割/合并文件。

◇ 能安装Windows Server 2003证书服务、完成客户端数字证书的申请；

◇ 能利用PGP软件实现数字签名；能对Office 2007文件进行数字签名；

◇ 能配置RAID0、RAID1、RAID5；能根据实际需求选择RAID阵列；

◇ 能根据实际需求选择存储技术；

◇ 能配置存储服务器。

◇ 能判断灾难发生的原因及故障器件；

◇ 能根据实际情况恢复硬盘数据；

◇ 能恢复RAID阵列的数据；

◇ 能根据实际需求选择合适的硬件冗余。

模块 7
信息加密

　　密码学是一门古老而深奥的学科，它对多数人来说是陌生的，因为长期以来，它一般只被军事、外交、情报等部门使用。计算机密码学是研究计算机信息加密、解密及其变换的科学，是数学和计算机科学的交叉学科，也是一门新兴的学科。随着计算机网络技术的发展，计算机密码学得到前所未有的重视，并迅速普及和发展起来。

7.1　利用 C 语言进行口令的对称加密

　　在保障信息安全的诸多技术中，密码技术是核心和关键技术之一，通过数据加密技术，可以在一定程度上提高数据传输的安全性，并保证传输数据的完整性。

7.1.1　学习目标

通过本模块的学习，应该达到：

1. **知识目标**

- 掌握简单的口令加密的方法；
- 掌握对称加密算法的特点；
- 理解加密系统的组成；
- 理解各种加密算法的加密解密过程；
- 掌握密码的分类；
- 掌握加密技术的发展情况。

2. **能力目标**

- 能应用 C 语言编制简单加密程序；
- 能应用简单的加密方法完成用户名和口令加密。

7.1.2 工作任务——编制加密程序为账户和口令加密

1. 工作任务背景

小张有多张银行卡，为了防止遗忘账号和密码，他将银行卡号和密码存放在一个文本文件中。但小张最近发现银行卡一部分钱被取走了，去银行查询，得知在购物网站上被他人购物使用，虽然钱不多，但明显这种信息存储方式很不安全。小张迫切需要解决如何安全地保管其众多的账号和密码信息这一问题。

2. 工作任务分析

我国银行卡发卡量不断增加。卡太多，用户需要记忆多个账户和口令，使用极为不便。一旦卡丢失或账号、密码遗忘，会给持卡者带来许多麻烦。

从小张描述的情形看，他使用明文保管自己的账号和密码，存储在计算机中，这很容易被一些窃密者利用木马程序或直接查看窃取，从而造成损失。

如果对小张的账号和密码进行简单的加密，可以有效防止账号和密码的泄漏，保护其信息安全。加密方式分为对称加密和非对称加密。对于一些简单的文本，可以采用对称加密方式。

图 7.1　主程序流程图

3. 条件准备

为了保证小张的账号和密码不被窃取，准备应用 C 语言编制一段加密程序，采用对称加密算法，完成对小张所有账号和密码的加密。

对称加密算法是应用较早的加密算法，技术成熟，而 C 语言是一种最基础的编程语言，用户使用方便。

7.1.3 实践操作

应用 C 语言编写程序完成对账号和口令的加密。由于银行卡较多，而且所有账号和密码都是由 16 位以内的字母和数字构成的，所以专门编写了输入函数，同时，对小张所有账号和口令的加密过程，编写了加密函数。

1. 主程序

在主程序中，分别调用输入和加密函数，主程序流程图如图 7.1 所示。

程序代码如下所示。

```
#include "stdio.h"
#include "string.h"
```

```
#include "ctype.h"
void input (char source[17]);
void encrypt (char source[17]);
main()
{
  char username[17],password[17];
  printf("请输入用户名（按回车键完成录入）:");
  input (username);    /*调用输入函数，接收输入的用户名并判断是否符合要求*/
  printf("\n 加密后的用户名:");
  encrypt(username);  /*调用加密函数，为输入的用户名加密*/
  printf("\n\n 请输入用户口令（按回车键完成录入）:");
  input(password);       /*调用输入函数，接收输入的口令判断是否符合要求*/
  printf("\n 加密后的用户口令:");
  encrypt(password); /*调用加密函数，为输入的口令加密*/
}
```

其中，input 为输入函数，encrypt 为加密函数。

2．输入函数

输入函数主要完成输入判断，判断输入的是否为 16 位以内的字母或数字，其流程图如图 7.2 所示。

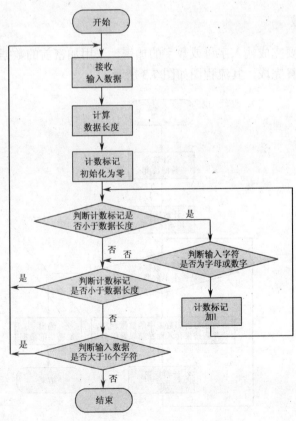

图 7.2　输入函数流程图

程序代码如下所示。

```
void input (char source[17])  /*输入函数*/
{
   int i=0,len;   /*i 为计数标记，len 为数据长度*/
   while(1)
   { gets(source);  len=strlen(source );
    if(len>16)
    { printf("您输入的字符数超过 16 位，请重新录入\n");
     /*判断输入的字符是否超过 16 位*/
     continue; }
    for(i=0;i<len;i++)
     if(source[i]>='0'&& source[i]<='9'||
        source[i]>='a'&& source[i]<='z'||
        source[i]>='A'&& source[i]<='Z' )  continue;
      /*判断输入的字符是否为字母和数字*/
     else  break;
    if(i<len)
    { printf("请输入字母或数字:");
     continue;}
    else break;
   }
}
```

3. 加密函数

加密函数主要完成输入字母或数字的加密，采用加密前的数据与密钥数组 keyt 中的数据进行求和运算完成，其流程图如图 7.3 所示。

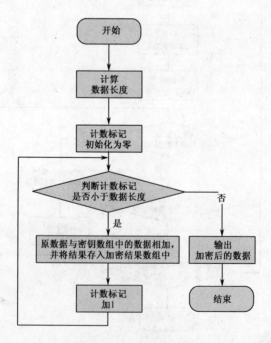

图 7.3　加密函数流程图

程序代码如下所示。

```
void encrypt (char source[17])    /*加密函数*/
{
  char result[17];
  char keyt[17]={1,a,t,3,4,b,2,m,7,8,c,3,m,e,6,6};
  int i,len;
  len=strlen(source );
  for(i=0;i<len;i++)
    result[i]=source[i]+keyt[i];    /*加密*/
  puts(result);
}
```

7.1.4　问题探究

1．加密概述

密码学是研究编制密码和破译密码的技术科学。研究密码变化的客观规律，应用于编制密码以保守通信秘密的称为编码学；应用于破译密码以获取通信情报的称为破译学，总称密码学。

密码是通信双方按约定的法则进行信息特殊变换的一种重要保密手段。依照这些法则，由明文变为密文称为加密变换；而由密文变为明文称为解密变换。密码在早期仅对文字或数码进行加密、解密变换，随着通信技术的发展，对语音、图像、数据等都可实施加密、解密变换。

任何一个加密系统至少包括下面四个组成部分。

（1）未加密的报文，也称明文；

（2）加密后的报文，也称密文；

（3）加密解密设备或算法；

（4）加密解密的密钥。

发送方用加密密钥，通过加密设备或算法，将信息加密后发送出去。接收方在收到密文后，用解密密钥将密文解密，恢复为明文。如果传输中有人窃取，他只能得到无法理解的密文，从而对信息起到保密作用。

2．加密分类

从不同的角度根据不同的标准，可以把密码分成若干类。

按应用技术或历史发展阶段划分，可分为手工密码、机械密码、电子机内乱密码、计算机密码。按保密程度划分，可分为理论上保密的密码、实际上保密的密码、不保密的密码。按密钥方式划分，可分为对称式密码、非对称式密码。按明文形态划分，可分为仿真型密码、数字型密码。按编制原理划分：可分为移位、代替和置换三种以及它们的组合形式。

加密技术是对信息进行编码和解码的技术，编码是把原来可读信息（又称明文）译成代码形式（又称密文），其逆过程就是解码（解密）。加密技术的要点是加密算法，常见的加密算法可以分成三类：对称加密算法、非对称加密算法和不可逆加密算法（Hash算法）。

1）对称加密算法

对称加密算法是应用较早的加密算法，技术成熟。在对称加密算法中，数据发信方将明文（原始数据）和加密密钥一起经过特殊加密算法处理后，使其变成复杂的加密密文发送出去。收信方收到密文后，若想解读原文，则需要使用加密用过的密钥及相同算法的逆算法对密文进行解密，才能使其恢复成可读明文。在对称加密算法中，使用的密钥只有一个，发收信双方都使用这个密钥对数据进行加密和解密，这就要求解密方事先必须知道加密密钥。

对称加密算法的特点是算法公开、计算量小、加密速度快、加密效率高。不足之处是，交易双方都使用同样钥匙，安全性得不到保证。此外，每对用户每次使用对称加密算法时，都需要使用其他人不知道的唯一钥匙，这会使得发收信双方所拥有的钥匙数量成几何级数增长，密钥管理成为用户的负担。

对称加密算法在分布式网络系统上使用较为困难，主要是因为密钥管理困难，使用成本较高。在计算机专网系统中广泛使用的对称加密算法有 DES（Data Encryption Standard，数据加密标准）和 IDEA（国际数据加密算法）等。美国国家标准局倡导的 AES（Advanced Encryption Standard，高级加密标准，又称 Rijndael 加密法）即将作为新标准取代 DES。

2）非对称加密算法

非对称加密算法使用两个完全不同但又是完全匹配的一对钥匙——公钥和私钥。在使用非对称加密算法加密文件时，只有使用匹配的一对公钥和私钥，才能完成对明文的加密和解密过程。加密明文时采用公钥加密，解密密文时使用私钥才能完成，而且发信方（加密者）知道收信方的公钥，只有收信方（解密者）才是唯一知道自己私钥的人。非对称加密算法的基本原理是，如果发信方想发送只有收信方才能解读的加密信息，发信方必须首先知道收信方的公钥，然后利用收信方的公钥来加密原文；收信方收到加密密文后，使用自己的私钥才能解密密文。显然，采用非对称加密算法，收发信双方在通信之前，收信方必须将自己早已随机生成的公钥送给发信方，而自己保留私钥。

由于非对称算法拥有两个密钥，因而特别适用于分布式系统中的数据加密。广泛应用的非对称加密算法有 RSA（由麻省理工学院 Ron Rivest、Adi Shamir、Leonard Adleman 三人一起提出，RSA 就是他们三人姓氏开头字母拼在一起组成的）算法和美国国家标准局提出的 DSA（Digital Subtraction Angiography）。以非对称加密算法为基础的加密技术应用非常广泛。

3）不可逆加密算法

不可逆加密算法的特征是加密过程中不需要使用密钥，输入明文后由系统直接经过加密算法处理成密文，这种加密后的数据是无法被解密的，只有重新输入明文，并再次经过同样不可逆的加密算法处理，得到相同的加密密文并被系统重新识别后，才能真正解密。显然，在这类加密过程中，加密是自己，解密还得是自己，而所谓解密，实际上就是重新加一次密，所应用的"密码"也就是输入的明文。也就是说它是一种单向算法，用户可以通过 Hash 算法对目标信息生成一段特定长度的唯一的 Hash 值，却不能通过这个 Hash 值重新获得目标信息。因此 Hash 算法常用在不可还原的密码存储、信息完整性校验等。

不可逆加密算法不存在密钥保管和分发问题，非常适合在分布式网络系统上使用，但因加密计算复杂，工作量相当繁重，通常只在数据量有限的情形下使用，如广泛应用在计算机系统中的口令加密，利用的就是不可逆加密算法。

近年来，随着计算机系统性能的不断提高，不可逆加密的应用领域正在逐渐扩大。在计算机网络中应用较多不可逆加密算法的有 RSA 公司发明的 MD5 算法和由美国国家标准局建议的不可逆加密标准 SHS（Secure Hash Standard，安全杂乱信息标准）等。

加密算法的效能通常可以按照算法本身的复杂程度、密钥长度（密钥越长越安全）、加解密速度等来衡量。上述的算法中，除了 DES 密钥长度不够、MD2 速度较慢已逐渐被淘汰外，其他算法仍在目前的加密系统产品中使用。

3．加密技术的发展

1）密码专用芯片集成

密码技术是信息安全的核心技术，无处不在，目前已经渗透到大部分安全产品之中，正向芯片化方向发展。在芯片设计制造方面，目前微电子水平已经发展到 0.1 微米工艺以下，芯片设计的水平很高。

我国在密码专用芯片领域的研究起步落后于国外，近年来我国集成电路产业技术的创新和自我开发能力得到了提高，微电子工业得到了发展，从而推动了密码专用芯片的发展。加快密码专用芯片的研制将会推动我国信息安全系统的完善。

2）量子加密技术的研究

量子技术在密码学上的应用分为两类：一是利用量子计算机对传统密码体制的分析；二是利用单光子的测不准原理在光纤一级实现密钥管理和信息加密，即量子密码学。

量子计算机是一种传统意义上的超大规模并行计算系统，利用量子计算机可以在几秒钟内分解 RSA129 的公钥。根据 Internet 的发展，全光纤网络将是今后网络连接的发展方向，利用量子技术可以实现传统的密码体制，在光纤一级完成密钥交换和信息加密，其安全性是建立在 Heisenberg 的测不准原理上的，如果攻击者企图接收并检测信息发送方的信息偏振，则将造成量子状态的改变，这种改变对攻击者而言是不可恢复的，而对收发方则可很容易地检测出信息是否受到攻击。目前量子加密技术仍然处于研究阶段，其量子密钥分配 QKD 在光纤上的有效距离还达不到远距离光纤通信的要求。

7.1.5　知识拓展

除了应用原数据与密钥数组中数据相加的方法加密用户名和口令，我们可以进一步研究应用异或运算完成用户名和口令的加密，这样可以进一步提高系统的安全性。

程序其他部分不变，只需改变加密函数，就可进一步提高安全性。程序如下。

```
void encrypt (char source[17])
{
  char result[17];
  char keyt[17]={1,a,t,3,4,b,2,m,7,8,c,3,m,e,6,6}
  int i;
  len=strlen(source );
  for(i=0;i<len;i++)
    result[i]=source[i] ^ keyt[i];
  puts(result);
}
```

7.1.6 检查与评价

1. 选择题

（1）加密过程中不需要使用密钥的加密算法是（   ）。

　　A. 对称加密算法　　　B. 非对称加密算法　　　　C. 不可逆加密算法

（2）密码按密钥方式划分，可分为（   ）。

　　A. 理论上保密的密码、实际上保密的密码

　　B. 对称式密码、非对称式密码

　　C. 手工密码、机械密码

　　D. 仿真型密码、数字型密码

（3）下面属于不可逆加密算法的是（   ）。

　　A. AES　　　　　　　B. DSA　　　　　　　C. IDEA　　　　　　　D. SHS

（4）下面属于非对称加密算法的是（   ）。

　　A. AES　　　　　　　B. DES　　　　　　　C. IDEA　　　　　　　D. RSA

（5）加密系统至少包括（   ）部分。

　　A. 加密解密的密钥　　B. 明文　　　C. 加密解密的算法　　D. 密文

（6）对称加密算法的特点是（   ）。

　　A. 算法公开　　　　　B. 计算量大　　　C. 安全性高　　　D. 加密效率低

2. 实做题

请为用户名为 zhangyang，口令为 abc851 的用户名和口令编制加密程序。

3. 思考题

为"知识拓展"中的加密程序编制相应的解密程序。

7.2 文件加密

Omziff 加密解密软件，是一款来自德国的小巧绿色的文件加密软件，支持 7 种标准的加密算法，对任意类型文件加密所支持的算法有 Blowfish、Cast128、Gost、IDEA、Misty1、Rijndael 以及 Twofish。

7.2.1 学习目标

通过本模块的学习，应该达到：

1. 知识目标

- 掌握应用加密软件加密解密文件的方法；
- 理解加密软件加密的流程；
- 理解文件加密软件中常用算法的特点；
- 掌握加密软件的含义。

2. 能力目标

- 能安装 Omziff V3.3 汉化版；
- 能应用 Omziff 软件加密文件；
- 能应用 Omziff 软件生成密码；
- 能应用 Omziff 软件粉碎文件；
- 能应用 Omziff 软件切割/合并文件。

7.2.2 工作任务——应用 Omziff V3.3，加密解密文件

1. 工作任务背景

由于办公室内王老师的计算机损坏，正在返厂维修中，需要与小张共用一台计算机，但王老师所带班级是毕业班，学生经常使用其计算机录入毕业信息。而小张的计算机中保存有一些重要的文件，包括最近正在研究的未成熟的某项课题的资料、本学期网络安全课程的考试试卷等。小张不希望这些重要信息泄露，但又不好意思阻止同事和学生使用自己的计算机。

2. 工作任务分析

小张只需把不希望泄露的重要文件加密，便可以确保这些文件的安全。目前加密软件有很多种，这些软件既可以保障文件的安全，又可以保障电子邮件、磁盘以及网络通信的安全。常见的加密软件有 Omziff、Folder Lock、PGP、超级文件夹加密软件、网伦加密软件等。

3. 条件准备

根据小张计算机的操作系统是 Windows XP 以及部分重要文件需要加密的情况，我们

准备文件加密软件 Omziff V3.3 汉化版。

Omziff 是一款简单的加密软件，它能使用各种不同的加密算法来加密或者解密文件。包括 Blowfish、Cast128、Gost、IDEA、Misty1、Rijndael、Twofish 七种算法，此外还有多种功能，如：随机密码生成器，文件粉碎机，文件切割机，哈希值计算器。

7.2.3 实践操作

小张的计算机中并没有安装任何加密软件，所以首先需要在小张计算机中安装 Omziff 软件，然后应用 Omziff 软件中的文件加密/解密功能，完成对小张计算机中重要文件的加密。

1．安装 Omziff V3.3 汉化版

Omziff V3.3 汉化版的安装步骤具体如下。

（1）打开 Omziff 3.3 文件夹找到文件 Omziff 3.3.exe，双击该文件执行安装操作，弹出安装程序的欢迎对话框。

（2）单击"下一步"按钮，进入许可证协议对话框，阅读"授权协议"，单击"我接受"按钮。

（3）接下来进入选择组件对话框，应用默认设置，单击"下一步"按钮，进入选择安装的目标文件夹对话框，选择 Omziff 的安装位置。

（4）选择好软件的安装位置，单击"下一步"按钮，在"开始菜单"中创建文件夹名称，单击"安装"按钮，如图 7.4 所示。显示安装进度，最后单击"完成"按钮，完成 Omziff 软件的安装。

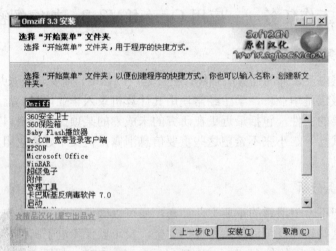

图 7.4　在"开始菜单"中创建文件夹对话框

2．应用 Omziff 软件

双击桌面上 Omziff 软件图标，打开 Omziff 软件界面。

1）加密/解密文件

Omziff 软件加密/解密文件界面，如图 7.5 所示。

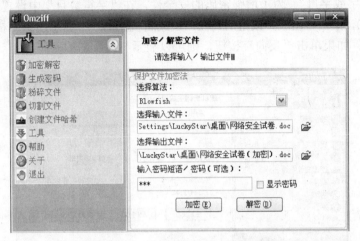

图 7.5　Omziff 软件加密/解密文件界面

以小张计算机中需要加密的重要文件之一"网络安全试卷.doc"为例，我们进一步学习该软件加密/解密文件的方法。

（1）加密文件。

① 在"选择算法"中，选择 Blowfish 加密算法；

② 在"选择输入文件"中单击 按钮，在打开的对话框中找到"网络安全试卷.doc"并选择；

③ 在"选择输出文件"中选择生成的密文文件位置并命名为"网络安全试卷（加密）.doc"；

④ 在"输入密码短语/密码"中，输入密码，如果需要显示输入的密码，可以选择"显示密码"复选框，该选项默认为不选择，在此选择默认；

⑤ 最后，单击"加密"按钮完成文件加密。

（2）解密文件。解密文件与加密文件的过程相似，区别在于以下几个方面。

① 在"选择输入文件"中选择"网络安全试卷（加密）.doc"；

② 在"选择输出文件"中选择生成的密文文件位置并命名为"网络安全试卷.doc"；

③ 单击"解密"按钮即可。

注意

　　加密文件时应用的算法一定要记住，解密时用同样的算法解密文件。

2）生成密码

单击图 7.5 中左栏中的"生成密码"按钮，进入"随机密码生成器"界面。

在一般人的习惯用法中，往往习惯于用自己或亲友的名字、生日等信息来作为密码，以方便自己记忆，但是，这种密码的安全性很低，非常容易破译、泄露，应该采用随机生成的密码以避免这种情况的发生。

以小张为例，在设置计算机用户登录密码时，为了提高密码的安全性，在"选项"中选择了"数字或字母"，为了增强密码的安全性，在"字符数目"中设置了密码生成的字符个数为10，单击"生成"按钮后，在"生成随机密码"中显示出了随机生成的密码，如图7.6所示；如果单击"反向"按钮，则可以显示与此反向的密码。

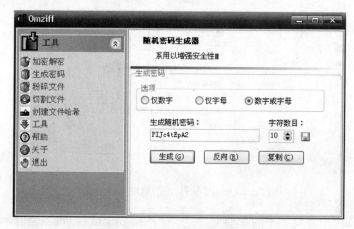

图7.6　Omziff软件生成密码界面

3）粉碎文件

单击图7.5中左栏中的"粉碎文件"按钮，进入"粉碎文件"界面。

一般情况下，病毒文件应用"删除"命令是无法彻底删除的，而应用"粉碎文件"可以将文件从计算机中彻底删除。

以小张删除计算机中的病毒文件为例，如图7.7所示，右击"文件名"下的空白处选择"添加文件"，在打开的对话框中选择小张计算机中的病毒文件，添加完成后，在"文件名"下方就会显示文件的路径及文件名称，然后单击"执行"按钮就可以完成病毒文件的粉碎。

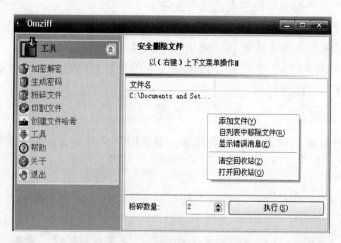

图7.7　Omziff软件粉碎文件界面

4）切割/合并文件

单击图 7.5 中左栏中的"切割文件"按钮，进入"切割/合并文件"界面。

切割文件也是一种保护文件安全性的方法，通过将完整的文件切割成多个碎片，而单个碎片无法打开的方法，保证文件的安全性。

以小张计算机中重要文件之一"网络安全试卷.doc"为例，如图 7.8 所示。

（1）在"文件名称"选项中单击 📂 按钮，选择需要切割的文件"网络安全试卷.doc"；

（2）设置"文件片段大小"为 1000，在"选项"中选择"切割文件"，切割后的文件名称为*.oss 和*.omf；

（3）单击"执行"按钮，完成文件的切割。

合并文件的过程与切割文件相似。

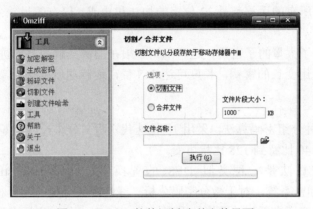

图 7.8　Omziff 软件切割/合并文件界面

5）创建文件哈希

单击图 7.5 中左栏中的"创建文件哈希"按钮，进入"创建文件哈希"界面。

Hash 算法在信息安全方面的应用主要体现在文件校验、数字签名、鉴权协议三个方面。

以小张计算机为"网络安全试卷.doc"创建文件哈希为例，如图 7.9 所示，在"文件"选项中单击 📂 按钮，选择"网络安全试卷.doc"文件，选择算法 Haval，单击"哈希"按钮，在"导出"选项中生成文件哈希。

图 7.9　Omziff 软件创建文件哈希界面

7.2.4 问题探究

可以用来隐藏或通过加密计算改变文件内容来保护文件的一类程序的集合都称为加密软件。

在前面提到的 Omziff 加密软件中，共有七种加密算法，其特点如下。

1. Blowfish

Blowfish 是一个 64 位分组及可变密钥长度的分组密码算法，算法由两部分组成：密钥扩展和数据加密。密钥扩展把长度可达到 448 位的密钥转变成总共 4168 字节的几个子密钥。数据加密由一个简单函数迭代 16 轮，每一轮由密钥相关的置换、密钥相关和数据相关的代替组成。所有的运算都是 32 位字的加法和异或，仅有的另一个运算是每轮的四个查表。

Blowfish 使用了大量的子密钥，这些密钥必须在加密及解密之前进行预计算。

其特点是它使用变长的密钥，长度可达 448 位，运行速度很快。

2. Cast128

Cast128 是一种分组密码算法，采用 16 轮迭代，明文分组长度为 64 比特，密钥长以 8 比特为增量，从 40 比特到 128 比特可变。

Cast128 加密算法是一种类似 DES 的置换组合网路（Substitution-Permutation Network，SPN）加密系统，对于微分密码分析、线性密码分析、密码相关分析具有较好的抵抗力。这种加密还有雪崩、严格的雪崩标准（SAC）、位独立标准（BIC）、没有互补属性也不存在软弱或者半软弱的密钥的特点。

3. Gost

Gost 算法是一种由前苏联设计的类似 DES 算法的分组密码算法。它是一个 64 位分组及 256 位密钥的采用 32 轮简单迭代型加密算法。

4. IDEA

IDEA（International Data Encryption Algorithm，国际数据加密算法）算法是在 DES 算法的基础上发展出来的，使用 128 位密钥提供非常强的安全性，类似于三重 DES。发展 IDEA 也是因为感到 DES 具有密钥太短等缺点。IDEA 的密钥为 128 位，这么长的密钥在今后若干年内应该是安全的。

类似于 DES，IDEA 算法也是一种数据块加密算法，它设计了一系列加密轮次，每轮加密都使用从完整的加密密钥中生成的一个子密钥。与 DES 的不同之处在于，它采用软件实现和采用硬件实现同样快速。

由于 IDEA 是在美国之外提出并发展起来的，避开了美国法律上对加密技术的诸多限制，因此，有关 IDEA 算法和实现技术的书籍都可以自由出版和交流，可极大地促进 IDEA 的发展和完善。

IDEA 自问世以来，已经经历了大量的详细审查，对密码分析具有很强的抵抗能力，在多种商业产品中被使用。

5. Misty1

Misty1 可以在资源紧张的环境下实现。Misty1 算法是一个分组密码算法，密钥长度是 128 位，明文长度是 64 位。

整个算法是由递归等组成的，每一个层次的结构是稳妥的 Feistel 结构。Misty1 是一迭代密码，可以迭代超过 8 轮，或者更普遍，迭代 4 回。它用 128 位密钥对 64 位数据进行不确定轮回的加密。它采用了两个 S 盒，一个 7×7S 盒 s7，一个 9×9S 盒 s9。

6. Rijndael

Rijndael 是一个反复运算的加密算法，它允许可变动的数据区块及金钥长度。数据区块与金钥长度的变动是各自独立的。

Rijndael 优点包括：Rijndael 可以运作在 Pentium（Pro）等计算机上，并以相当快的速度处理运算，而且在表格大小与效率之间是可以做取舍的；Rijndael 可以运行在智能卡（Smart Card）上，使用少量的 RAM，少量的程序代码，在 ROM 与效率之间也是可以做取舍的；在设计上，回合的转换是可平行处理的；加密法不采用算术运算，不会因为不同处理器架构而有所偏差；设计简单化，设计上不引用其他加密组件，如 S-box；安全度不建立在一些分析不够明确的算术运算之上；加密法紧凑，不易藏入暗门等程序代码；Rijndael 允许可变动的区块长度及金钥长度，其长度可由 128～256 位之间，所以回合数也是可变动的。

Rijndael 在解密过程中的限制包括：运作在智慧卡时，解密不如加密有效率，解密需要更多的程序代码及 cycles，但是与其他算法比起来，仍然是快速的；以软件而言，加密和解密使用不同的程序和表格；以硬件而言，解密只能重用部分加密的电路。

7. Twofish

Twofish 是一种满足 AES 要求的加密算法。Twofish 采用 128 位数据块，可以使用任意长度密钥（最大 256 位）。Twofish 算法是进入 NIST 第二轮 5 种加密算法中的一种，具备一流的可靠性和抗攻击能力。

除此之外，还有其他常见的加密算法：

（1）DES（Data Encryption Standard）：对称算法，数据加密标准，速度较快，适用于加密大量数据的场合。

（2）3DES（Triple DES）：是基于 DES 的对称算法，对一块数据用三个不同的密钥进行三次加密，强度更高。

（3）RC2 和 RC4：对称算法，用变长密钥对大量数据进行加密，比 DES 快。

（4）RSA：由 RSA 公司发明，是一个支持变长密钥的公共密钥算法，需要加密的文件块的长度也是可变的，非对称算法。

（5）DSA（Digital Signature Algorithm）：数字签名算法，是一种标准的 DSS（数字签名标准），严格来说不算加密算法。

（6）AES（Advanced Encryption Standard）：高级加密标准，对称算法，是下一代的加密算法标准，速度快，安全级别高，目前 AES 标准的一个实现是 Rijndael 算法。

（7）MD5：严格来说不算加密算法，只能说是摘要算法。MD5 以 512 位分组来处理输入的信息，且每一分组又被划分为 16 个 32 位子分组，经过了一系列的处理后，算法的输出由四个 32 位分组组成，将这四个 32 位分组级联后将生成一个 128 位散列值。

在 MD5 算法中，首先需要对信息进行填充，使其字节长度对 512 求余的结果等于448。因此，信息的字节长度（Bits Length）将被扩展至 512N+448，即 64N+56 个字节（Bytes），N 为一个正整数。填充的方法如下：在信息的后面填充一个 1 和无数个 0，直到满足上面的条件时才停止用 0 对信息的填充。然后，在这个结果后面附加一个以 64 位二进制表示的填充前信息长度。经过这两步的处理，现在的信息字节长度=512N+448+64=512(N+1)，即长度恰好是 512 的整数倍。这样做的原因是为满足后面处理中对信息长度的要求。

7.2.5　知识拓展

Omziff 软件只是应用 7 种标准的加密算法完成各种类型文件加密，如果要确保包括文件在内的电子邮件、磁盘以及网络通信的安全，就需要功能更强的加密软件 PGP8.1。

1．软件介绍

PGP 是目前最优秀、最安全的加密方式，作为全世界最流行的文件加密软件，经受住了成千上万顶尖黑客的破解挑战，用事实证明了 PGP 是目前世界上最安全的加密软件。并且它的源代码是公开的，PGP8.1 中文版支持 Windows 2000/XP/Vista 等操作系统。它安装简单，操作方便，深受广大用户欢迎。

PGPmail 界面，如图 7.10 所示，PGPkeys 界面，如图 7.11 所示。

图 7.10　PGPmail 界面

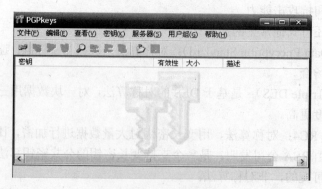

图 7.11　PGPkeys 界面

2．软件的功能

（1）可以在任何软件中进行加密/签名以及解密/校验。通过 PGP 选项和电子邮件插件，可以在任何软件当中使用 PGP 的功能。

（2）创建以及管理密钥。使用 PGPkeys 来创建、查看和维护用户自己的 PGP 密钥对；以及把任何人的公钥加入用户的公钥库中。

（3）创建自解密压缩文档（self-decrypting archives，SDA）。可以建立一个自动解密的可执行文件。任何人不需要事先安装 PGP，只要得知该文件的加密密码，就可以把这个文件解密。这个功能尤其在需要把文件发送给没有安装 PGP 的用户时特别适用。此功能还能对内嵌其中的文件进行压缩，压缩率与 ZIP 相似，比 RAR 略低（某些时候略高，比如含有大量文本）。

（4）创建 PGPdisk 加密文件。该功能可以创建一个.pgd 的文件，此文件用 PGP Disk 功能加载后，将以新的分区形式出现，用户可以在此分区内放入需要保密的任何文件。其使用私钥和密码两者共用的方式保存加密数据，保密性非常强。

但需要注意的是，在重装系统前需要备份"PGP"文件夹里的所有文件，以备重装后恢复私钥，否则不能再次打开曾经在该系统下创建的任何加密文件！

（5）永久地粉碎销毁文件、文件夹，并释放出磁盘空间。使用 PGP 粉碎工具来永久地删除那些敏感的文件和文件夹，而不会遗留任何的数据片段在硬盘上。也可以使用 PGP 自由空间粉碎器来再次清除已经被删除的文件实际占用的硬盘空间。这两个工具都是确保所删除的数据将永远不可能被别有用心的人恢复。

7.2.6　检查与评价

1．选择题

（1）（　　　）不是 Omziff V3.3 能实现的功能。

    A．加密/解密文件

    B．全盘加密

    C．粉碎文件

    D．生成密码

（2）满足 AES 要求的加密算法是（　　　）。

    A．Twofish   B．IDEA   C．Cast128   D．Gost

（3）加密文件用的 Cast128 算法，解密该文件时应该选择（　　　）算法。

    A．Blowfish   B．Twofish   C．Misty1   D．Cast128

（4）下列哪些不是 PGP 软件与 Omziff 软件都具有的功能（　　　）。

    A．加密文件   B．创建自解密压缩文档

    C．粉碎文件   D．电子邮件加密

（5）PGP8.1 软件的功能不包括（　　　）。

    A．创建以及管理密钥   B．粉碎销毁文件

    C．加密文件   D．消息工具加密

2．实做题

（1）请为机房××号计算机安装 Omziff 软件，并加密/解密一个 Word 文档。

（2）利用 PGP 软件加密一个 Word 文档并以 E-mail 形式发送给同学。

3．思考题

请为机房××号计算机安装 PGP8.1 汉化版软件并认真思考密钥的作用。

模块 8
数字签名

　　信息安全的三个基本要素是保密性、完整性和可用性服务，除此之外还应提供鉴别、访问控制和抗否认等安全服务。数字证书和数字签名是保证网上各种信息安全的一个理想的措施，可以有效防止信息被窃取、篡改和非法操作。作为网络信息安全的重要组成部分，已经在互联网上得到了广泛应用。

　　本学习情境主要介绍了数字证书认证中心的建立，软件数字证书的创建，对邮件、Office文档实施数字签名等实践操作。对数字证书、数字签名的概念、原理、作用等做了简要的介绍。

8.1　建立数字证书认证中心

　　数字证书又称为数字标识，是标志网络用户身份信息的一系列数据。它是一种建立在信任及信任验证机制基础上的验证标识，提供了一种在互联网上进行身份验证的方式，是用来标识和证明网络通信双方身份的数字信息文件。通俗地讲，数字证书就是个人或单位在互联网上的身份证。

　　数字证书一般由权威公正的第三方机构数字认证中心 CA（Certificate Authority）签发，以数字证书为核心的加密技术可以对网络上传输的信息进行加密和解密、数字签名和签名验证，确保网上传递信息的保密性、完整性、交往双方身份的真实性，以及签名信息的不可否认性，从而保障网络应用的安全性。

　　数字证书必须具有唯一性和可靠性。最简单的数字证书包含一个公开密钥、名称以及证书授权中心的数字签名。一般情况下证书中还包括密钥的有效时间、发证机关(证书授权中心)的名称、该证书的序列号等信息。 证书的格式遵循 ITUT X.509 国际标准，通常就是一个.cer 文件。

8.1.1　学习目标

　　通过本模块的学习，应该达到：

1. 知识目标

- 理解数字证书的概念；
- 掌握数字证书的作用；
- 理解数字证书的特点；
- 掌握数字证书的类型；
- 理解软件数字证书的作用；
- 理解数字证书的建立、颁发过程。

2. 能力目标

- 能安装 Windows Server 2003 证书服务；
- 能完成客户端数字证书的申请；
- 能颁发证书；
- 能在客户端安装证书；
- 能查看数字证书；
- 能完成数字证书的管理；
- 能完成软件数字证书的申请；
- 能网上申请数字证书。

8.1.2 工作任务——建立学校内部的认证中心

1. 工作任务背景

学校教务处最近发布一个紧急通知："近期发现学校校园网办公系统中教学管理系统有学生恶意侵入，修改成绩，请全体教师提高信息安全保密意识，及时修改默认密码，并注意增加密码长度。"学校责成网络中心小张就此提出解决方案。

2. 工作任务分析

学校校园网教学管理系统主要采用传统的认证技术——基于口令的密码认证方法。当被认证对象要求访问提供服务的系统时，提供服务的认证方要求被认证对象提交该对象的口令，认证方收到口令后，将其与系统中存储的用户口令进行比较，以确认被认证对象是否为合法访问者。

这种认证方法的优点在于：一般的系统都提供了对口令认证的支持，对于封闭的小型系统来说不失为一种简单可行的方法。然而，基于口令的认证方法存在下面几点不足。

（1）用户每次访问系统时都要以明文方式输入口令，这时很容易泄密。

（2）口令在传输过程中可能被截获。

（3）系统中所有用户的口令以文件形式存储在认证方，攻击者可以利用系统中存在的漏洞获取系统的口令文件。

（4）用户在访问多个不同安全级别的系统时，都要求用户提供口令，用户为了记忆的方便，往往采用相同的口令。而低安全级别系统的口令更容易被攻击者获得，从而用来对高安全级别系统进行攻击。

（5）只能进行单向认证，这一点很重要。即系统可以认证用户，而用户无法对系统进行认证。攻击者可能伪装成系统骗取用户的口令。

（6）由于用户计算机水平参差不齐，安全保密意识差，在使用时不修改默认密码或密码很短。

对于第（2）点，系统可以对口令进行加密传输。对于第（3）点，系统可以对口令文件进行不可逆加密。尽管如此，攻击者还是可以利用一些工具很容易地将口令和口令文件解密。

目前使用的教学管理系统，在实际中只有授课教师和教务管理员才能修改或录入成绩，其他用户（如学生）只能浏览该系统的有关信息。系统根据这一特殊性划分了不同权限的用户，权限不同的用户所能实施的操作不同。系统采用多级校验来保证系统安全，从而使得在校园网内的任何一台联网的计算机上，具有不同权限的用户拥有不同的访问权。学生成绩的真实性、可靠性是评价一个学生素质的重要指标。但仅仅通过多级校验还不能完全保证成绩的真实性，一旦教师或者教学管理员的口令被他人以某种方式窃取，非法用户就可以肆意地录入或修改成绩。

不止于此，由于目前学校存在教学管理、财务管理、食堂管理等多个应用系统，如何实现这些系统界面统一、应用集成、数据共享也是迫切需要解决的问题。这就需要建立一个独立的、高安全性和可靠性的身份认证及权限管理系统。该系统需要完成鉴别认证、访问控制、保密及数据完整性和禁止否认业务，对整个校园网用户的身份和权限进行管理，同时让用户无须频繁登录，方便使用。

经过分析，可以建立一个身份认证中心。认证中心通常是由权威的第三方建立的服务机构，主要任务是受理数字证书的申请、签发及对数字证书的管理，作为一个权威机构，可以得到全社会的认可。在一个学校内部，可以看做一个小的社会，信息交换主要在学校员工、学生、部门之间进行，也就是说认证中心只需要得到校内人员的信任即可。由于认证中心在单位内部，不会增加用户的经济负担；只需由技术部门组织用户熟练掌握使用数字签名软件即可。

例如，如果学校内部建立一套完整的身份认证系统，一旦成绩出现疑义，教师不能否认对学生成绩的签名，而成绩管理人员如果伪造了成绩，也不能进行抵赖，并且教师上报的成绩只有成绩管理人员才能解密，从而提高了学生成绩的可信性和安全性，提高了工作效率，给教师和管理人员都带来了便利。

因此，学校决定在网管中心建立学校内部的数字认证中心。数字认证中心的建立不仅可以用于学生成绩管理系统，也可用于内部邮件的收发、**Office** 办公应用、人事信息管理系统、财务管理系统、远程教育系统等其他多个方面，真正实现校园的统一身份认证。

3. 条件准备

网络操作系统 Microsoft Windows 2003 Server。

8.1.3 实践操作

1. 安装 Windows Server 2003 证书服务

利用 Windows 2003 Server 证书服务可以完成数字证书的生成、申请、颁发、验证等功能。获取的数字证书可以完成数字签名、加密电子邮件信息、识别 IPSec 进程或为网站提供 SSL 加密等许多工作。

安装证书服务前应先要安装 IIS，以便客户端在线申请数字证书。除此之外，还应添加证书服务，目的是为了分发证书颁发机构（CA）和证书吊销列表（CRL）。具体操作过程如下。

（1）单击"开始"按钮，选择"控制面板"|"添加或删除程序"|"添加/删除 Windows 组件"，选择"证书服务"，如图 8.1 所示。

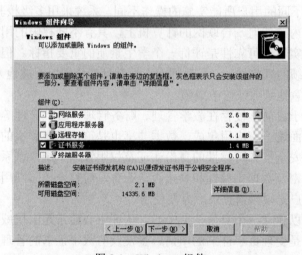

图 8.1　Windows 组件

（2）单击"下一步"按钮，弹出 Microsoft 证书服务警告信息框，选择"是"按钮，弹出选择 CA 类型窗口，主要包括企业根 CA、企业从属 CA、独立根 CA 和独立从属 CA。由于证书颁发机构的设置很重要，这里需要特殊说明：企业根 CA 和独立根 CA 都是证书颁发体系中最受信任的证书颁发机构，可以独立地颁发证书。企业根 CA 需要 Active Directory 支持，而独立根 CA 不需要。从属级的 CA 由于只能从另一证书颁发机构获取证书，所以一般不被选择。这里选择的是"独立根 CA"，如图 8.2 所示。

（3）单击"下一步"按钮，输入 CA 的识别信息，公用名称最好填写有代表性的名称，可以输入中文，可分辨后缀正确的填写方法是 DC＝名字，有效期默认是 5 年，可以根据自己的需要来设定，如图 8.3 所示。

（4）单击"下一步"按钮，在证书数据库设置窗口中，输入证书数据库、数据库日志和配置信息的位置，选择默认即可，因为只有保证默认目录（windows\ system32\certlog）系统才会根据证书类型自动分类和调用，如图 8.4 所示。

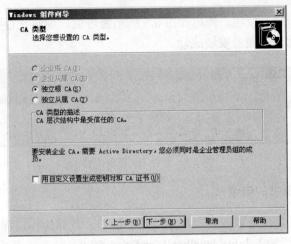

图 8.2　选择独立根 CA 类型

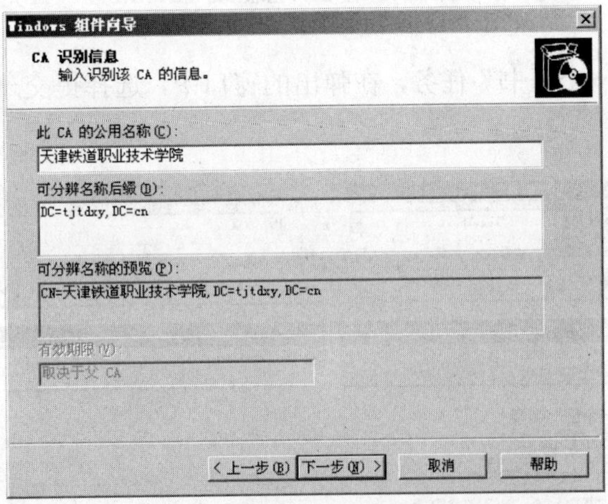

图 8.3　输入 CA 识别信息

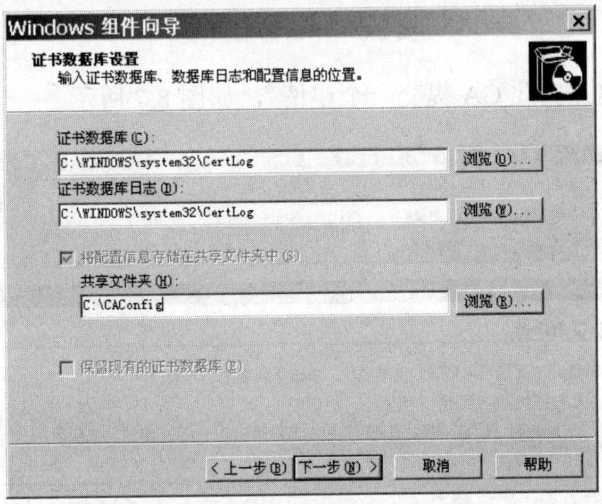

图 8.4　证书数据库设置

（5）单击"下一步"按钮，弹出如图 8.5 所示警告框，询问是否要停止 IIS 服务，选择"是"按钮，至此证书服务安装成功。

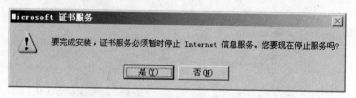

图 8.5　暂停 IIS 警告信息

2. 客户端数字证书的申请

证书安装完毕后，就可以在客户端申请数字证书，具体操作过程如下。

（1）在 IE 地址栏输入 http://localhost/CertSrv/default.asp 进行测试，其中 localhost 代表本机地址，当然也可以使用本机固定的 IP 地址或 127.0.0.1，否则必须输入证书服务器的 IP 地址或域名。

（2）选择"申请一个证书"任务，在弹出的窗口中，选择提交一个"高级证书申请"，如图 8.6 所示。

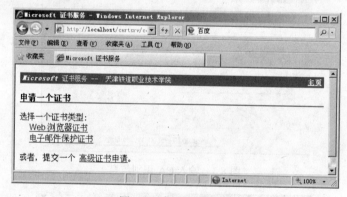

图 8.6　申请证书类型

（3）选择"创建并向此 CA 提交一个申请"，如图 8.7 所示。

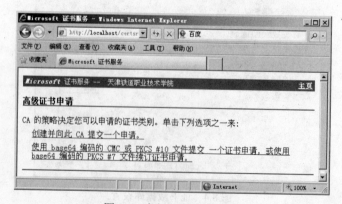

图 8.7　高级证书申请类别

（4）在高级证书申请窗口中，填入相应信息，注意国家（地区）应使用英文缩写，如图 8.8 所示。

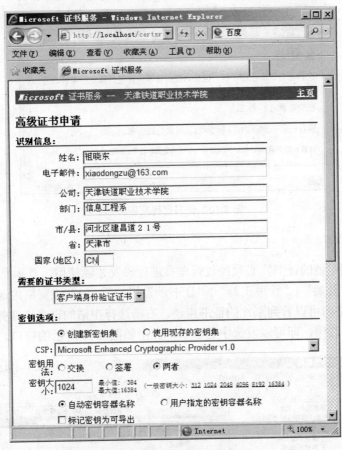

图 8.8　添加高级证书详细信息

（5）单击"提交"按钮，在弹出如图 8.9 所示的对话框中，单击"是"按钮，通过短暂服务器响应等待，申请将提交给服务器。

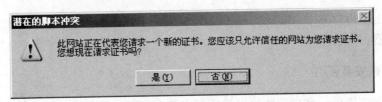

图 8.9　请求证书警告信息

（6）至此，客户端数字证书申请完毕，但此时证书处于挂起状态，还必须等待管理员颁发客户端申请的数字证书，如图 8.10 所示。

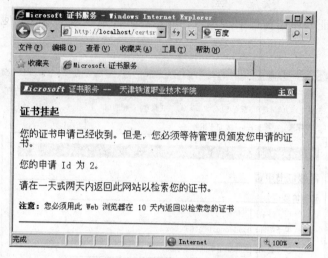

图 8.10　证书已提交服务器

3. 颁发证书

对于客户端申请的证书，必须经过管理员进行颁发才能使用，具体操作过程如下。

（1）单击"开始"|"管理工具"|"证书颁发机构"，在左边窗格内选择"挂起的申请"，在右边窗格内可以看到刚才的证书申请，右击选择申请的证书，在弹出的快捷菜单里选择"颁发"选项，即可颁发选中的证书，弹出如图 8.11 所示的窗口。

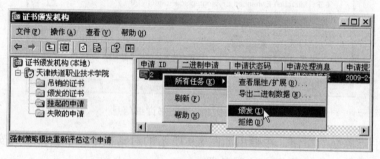

图 8.11　颁发数字证书

（2）单击左边窗格中"颁发的证书"，可查看已经颁发的数字证书，当然也可以通过其他方法查看。

4. 客户端安装证书

证书颁发完毕后，客户端就可以将证书安装在自已的机器中使用了，具体操作过程如下。

（1）再次运行 IE 浏览器，在地址栏输入 http://localhost/certsrv/default.asp （localhost 也可以改为证书服务器的 IP 地址或域名），在页面上单击链接 "查看挂起的证书申请的状态"，弹出如图 8.12 所示窗口。

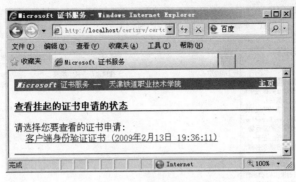

图 8.12　查看挂起的证书申请状态

（2）单击"客户端身份验证证书"链接，在弹出的窗口中单击"安装此证书"链接，弹出警告信息框，单击"是"按钮，证书成功安装，如图 8.13 所示。

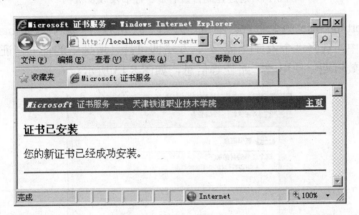

图 8.13　成功安装数字证书

5. 查看数字证书

数字证书颁发并在客户端安装后，可以通过多种途径进行查看。

（1）在 Internet 选项中查看。运行 Internet Explorer，单击菜单"工具"|"Internet 选项"，选择"内容"选项卡，单击"证书"按钮，可以查看本机上的数字证书。

在"证书"对话框中，单击"个人"选项卡，即可看到个人数字证书列表，选定某个数字证书，单击"查看"按钮，可以看到该数字证书的详细信息。

（2）用 MMC 命令来查看。单击"开始"|"运行"，输入"MMC"命令，打开"控制台"窗口，在该窗口菜单中选择"文件"|"添加/删除管理单元"，在弹出的对话框中单击"添加"按钮，选择"证书"管理单元，单击"添加"按钮，选中"我的用户账户"，再单击"完成"按钮。依据上述再添加"证书颁布机构"管理单元，单击"确定"按钮回到"控制台根节点"，在窗口中依次单击节点即可显示当前用户的所有证书及证书颁发机构，如图 8.14 所示。

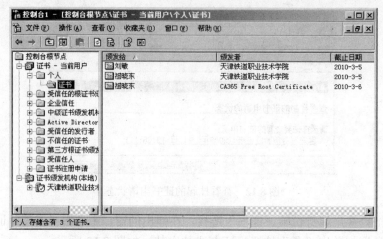

图 8.14　通过控制台查看数字证书及颁发机构

（3）用 certmgr.msc 命令查看。单击"开始"|"运行"，输入"certmgr.msc"命令，在打开的窗口中，选择"个人"|"证书"，双击即可打开所选中的证书，证书信息包括证书的目的、有效日期、使用者、路径等信息，如图 8.15 所示。

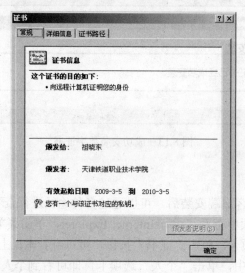

图 8.15　证书信息

6. 数字证书的管理

（1）删除误安装的数字证书。如果不小心将数字证书添加到了不信任区域，可以这样删除：单击"开始"|"运行"，输入"certmgr.msc"命令，打开如图 8.16 所示的窗口，在左边窗格中选择"不信任的证书"|"证书"，右击该证书，选择"删除"选项即可。这种方法同样适用于删除任何类型的证书。

（2）备份数字证书。按照以上查看或管理证书的方法，打开证书窗口，选中要进行备份的数字证书，单击"导出"按钮，按照向导的提示即可进行备份。

图 8.16　证书管理窗口

（3）恢复数字证书。按照以上查看或管理证书的方法，打开证书窗口，选中要导入证书的逻辑存储区域（比如"个人"），单击"导入"按钮，打开"证书导入向导"，按照提示即可完成证书导入。

8.1.4　问题探究

数字证书认证中心作为颁发数字证书的权威机构，具有权威性、公正性和可靠性。其主要任务是受理数字证书的申请、颁发及对数字证书的管理。在受理申请的同时，一般还会核对申请者的身份，以确保正确。

1. 数字认证原理

利用数字证书技术可以安全地在网上传输数据，首先传输双方互相交换证书，验证彼此的身份；然后，发送方利用证书中的公钥和自己的私钥，对要传输的数据进行加密和签名，这样既可保证只有合法的用户才能解密数据，同时也保证了传输数据的真实性和不可否认性。

2. 数字证书的作用

（1）数据加密。数字证书技术利用一对互相匹配的密钥进行加密、解密。申请证书的时候，会得到一把私钥和一个数字证书（公钥）。其中公钥可以发给他人使用，而私钥只有自己知道，不能泄露给其他人，否则别人将能用它以你的名义签名。

例如，当向朋友发送一份保密文件时，需要使用对方的公钥对数据加密，朋友收到文件后，则使用自己的私钥解密，如果没有私钥，就不能解密文件，从而保证数据的安全保密性。这种加密是不可逆的，即使已知明文、密文和公钥，也无法推导出私钥。

（2）数字签名。除对信息进行加密，还可以对文件进行数字签名达到抗否认作用。用私钥可以对数据进行加密处理、由于私钥仅为一个人拥有、别人是无法仿造的，因此经过个人签名的文件一定是自己签名发送的，而且它还未曾篡改过。例如，经过数字签名的文件，右击查看文件属性，假如没有有效的数字签名，那么将无法得知该文件的来源，或者无法确认它在发行之后是否被篡改过。

3. 数字证书的类型

在证书申请过程中，按数字证书的应用角度划分，数字证书可以分为多种类型。

（1）服务器证书。服务器证书被安装于服务器设备上，用来证明服务器的身份和进行通信加密。服务器证书可以用来防止假冒站点。

在服务器上安装服务器证书后，客户端浏览器可以与服务器证书建立 SSL（安全套接字层）连接，在 SSL 连接上传输的任何数据都会被加密。同时，浏览器会自动验证服务器证书是否有效，验证所访问的站点是否是假冒站点，服务器证书保护的站点多被用来进行密码登录、订单处理、网上银行交易等操作。

（2）客户端证书。客户端证书是指针对服务器端 SSL 证书而言的，是包含客户信息的电子文档。这些证书和服务器证书一样，不仅包含该信息，而且还包含构成 IIS 的 SSL 安全功能一部分的加密密钥。由于有了来自服务器和客户端证书的公钥或加密代码，对在开放网络（如 Internet）上传输数据进行加密和解密变得更为容易。

典型的客户端证书包含下面几项信息：用户的标识、证书颁发机构的标识、用于建立安全通信的"公钥"以及确认信息（如截止日期和序列号等）。证书颁发机构提供不同类型的客户端证书，这些证书包含不同数量的信息（取决于要求的验证级别）。

（3）电子邮件证书。电子邮件证书可以用来证明电子邮件发件人的真实性。它并不证明数字证书上面 CN 一项所标识的证书所有者姓名的真实性，它只证明邮件地址的真实性。

收到具有有效数字签名的电子邮件，除了能相信邮件确实由指定邮箱发出外，还可以确信该邮件从被发出后没有被篡改过。

使用接收的邮件证书，还可以向接收方发送加密邮件。该加密邮件可以在非安全网络传输，只有接收方的持有者才可能打开该邮件。

（4）SSL 证书。安全套接字层（SSL）证书包含通过网络建立标识（即称为身份验证的过程）所使用的信息。与验证的常见形式一样，证书使 Web 服务器和用户在建立连接前能够互相进行身份验证。

（5）根证书。每个 CA 机构都有一个代表自己身份的证书，即"根证书"。CA 机构对外开始服务前，先生成一对 RSA 密钥对，一般强度要大一些，如 2048bits。再确定 CA 的机构信息，如国家、省份、城市、组织、CA 名称，这些信息构成了根证书的 SUBJECT（持有人），CA 再用前面所说的私钥对公钥和持有人信息进行签名，产生的证书即根证书。根证书中的 ISSUER（发行者）同 SUBJECT 一致，因为是自己给自己签名颁发的证书。另外，有的根证书中还设置表示该证书是根证书的扩展项。

用户向 CA 申请证书时，用户证书中的 ISSUER 信息来自于 CA 证书中的 SUBJECT 信息，用户证书中的 SUBJECT 信息是用户自己提交的个人信息。用 CA 的私钥对用户的公钥、SUBJECT 和 ISSUER 等信息进行签名，产生用户证书。

4. 数字证书的颁发

数字证书是由认证中心颁发的。根证书是认证中心与用户建立信任关系的基础。在用户使用数字证书之前必须首先申请和安装。

认证中心是一家能向用户颁发数字证书以确认用户身份的管理机构。为了防止数字凭证的伪造，认证中心的公共密钥必须是可靠的，认证中心必须公布其公共密钥或由更高级别的认证中心提供一个电子凭证来证明其公共密钥的有效性，后一种方法导致了多级别认证中心的出现。

数字证书颁发过程如下：用户产生了自己的密钥对，并将公共密钥及部分个人身份信息传送给一家认证中心。认证中心在核实身份后，将执行一些必要的步骤，以确信请求确实由用户发送而来，然后，认证中心将发给用户一个数字证书，该证书内附了用户信息以及密钥等信息，同时还附有对认证中心公共密钥加以确认的数字证书。当用户想证明其公共密钥的合法性时，就可以提供这一数字证书。

5. 数字证书的应用

数字证书主要应用于各种需要身份认证的场合，如代码签名证书主要用于给软件代码签名；安全电子邮件证书，用于给邮件数字签名；而个人数字证书用途则很广，可以用来给 Office XP 文档、XML 文件等文件数字签名。

（1）保证网上银行的安全。只要用户申请并使用了银行提供的数字证书，即可保证网上银行业务的安全，即使黑客窃取了用户的账户密码，因为他没有用户的数字证书，所以也无法进入用户的网上银行账户。

（2）通过证书防范网站被假冒。为了防范黑客假冒用户的网站，可以申请一个服务器证书以维护和证实信息安全。在网站上安装服务器证书后，网站将在醒目位置显示签章，用户单击验证此签章，就会显示真实站点的域名信息以及该站点服务器证书的状态，这样别人即可知道用户的网站使用了服务器证书，是个真实的安全网站，可以放心地在用户的网站上进行交易或提交重要信息。

如果某个网站带有"https://"标志或在状态栏有金色小锁两样标志，则表明此网站激活了服务器证书，此时已建立了 SSL 连接，在该网站上提交的信息将会全部加密传输，因此能确保隐私信息的安全。

（3）发送安全邮件。数字证书最常见的应用就是发送安全邮件，即利用安全邮件数字证书对电子邮件签名和加密，这样即可保证发送的签名邮件不会被篡改，外人又无法阅读加密邮件的内容。

（4）应对网上投假票。目前网上投票，一般采用限制投票 IP 地址的方法来应对作假，但是断线后重新上网，就会拥有一个新 IP 地址，因此只要不断上网和下网，即可重复投票。为了杜绝此类造假，建议网上投票使用数字证书技术，要求每个投票者都安装使用数字证书，在网上投票前要进行数字签名，没有签名的投票一律视为无效。由于每个人的数字签名都是唯一的，即使他不断上网、下网，每次投票的数字签名都会相同的，因此无法再次投票。

（5）使用代码签名证书，维护自己的软件名誉。利用代码签名证书，给软件签名，防止别人篡改软件代码，以此来维护自己的软件名誉。

（6）保护 Office 文档安全。Office 可以通过数字证书来确认来源是否可靠，可以利用数字证书对 Office 文件或宏进行数字签名，从而确保它们都是自己编写的、没有被他人或病毒篡改过。

（7）不再弹出签名验证警告。Windows 自带的驱动程序都通过了微软的 WHQL 数字签名，当安装未经过微软数字签名的驱动程序时，就会显示警告信息"没有通过 Windows 徽标测试，无法验证它同 Windows 的相容性"。当然，如果不想再弹出驱动程序签名验证警告，可打开"系统属性"窗口，选择"硬件"选项卡，单击"驱动程序签名"按钮，选择"忽略—安装软件，不用征求我的同意"，在"系统管理员选项"下，选中"将这个操作作为系统默认值应用"复选框，最后单击"确定"按钮退出即可。

（8）屏蔽插件安装窗口。用 IE 上网浏览时，经常会要求安装各种插件，例如 3721、IE 搜索伴侣、百度等。如果使用 Windows 的证书机制，把插件的证书安装到"非信任区域"，即可屏蔽这些插件的安装窗口，下面我们以屏蔽 Flash 播放插件为例加以说明。

在弹出的 Flash 播放插件安装窗口中，有个"其发行者为："，在它下面有个发行者名称的链接（即"Macromedia"），单击该发行者链接，会出现一个证书窗口，选择"不信任的证书"选项，把证书安装到"非信任区域"，单击"确定"按钮，这样以后就不会再弹出该插件安装窗口了。

8.1.5 知识拓展

除建立内部数字证书认证中心获取数字证书外，也可以在网上向相关 CA 机构申请获得，或者使用 makecert 等相关工具自己生成。可以根据需要申请个人和单位数字证书、安全电子邮件证书、代码签名证书以及服务器证书，分别应用于不同的场合。

1. 网上申请数字证书

可以在网上向一些 CA 中心申请数字证书，目前网上有很多专门的 CA 中心提供数字证书的申请，例如，以下是一些常见的 CA 中心。

- 中国数字认证网：http://www.ca365.com；
- MYCA 数字认证中心：http://www.myca.cn；
- 天威诚信数字认证服务中心：http://www.itrus.com.cn；
- WoSign 数字证书认证服务中心：http://www.wosign.com/index.htm；
- thawte 数字认证中心：http://www.thawte.com；
- cacert 数字认证中心：http://www.cacert.org。

一些 CA 中心提供了一年期免费的试用型数字证书，不过试用期结束后，如果要继续使用该数字证书，就需要购买了。例如，在天威诚信数字认证服务中心申请步骤如下。

（1）单击"产品与服务"栏下的安全电子邮件服务"试用"链接，弹出一个页面，要求安装根证书（即 CA 证书链），单击"安装证书链"按钮，系统将提示是否将证书添加到根证书存储区，选择"是"。

（2）单击申请用户证书，进入"基本信息"表单，输入个人资料后，单击"确定"按钮进行申请。

（3）系统将发送一封申请成功的信件到用户申请时所用的邮箱内，其中包括业务受理号、密码以及数字证书下载的地址。

（4）单击数字证书的下载地址链接，填写业务受理号和密码并提交，即可安装数字证书，当提示"证书成功下载并装入应用程序中"，则表明数字证书安装成功。

当然有的CA中心也提供完全免费的数字证书申请服务，如http://www.myca.cn网站等。

2. 获得软件发行证书

在数字证书应用中，可以对 Active X 控件或软件代码进行数字签名，防止别人篡改软件（例如在软件中添加木马或病毒），维护自己的软件名誉。

如果计算机安装了 Visual Studio 2005，就可以利用其中的软件实现数字证书的创建，如果没有安装，可以从微软站点下载证书创建工具，具体操作步骤如下。

（1）单击"开始"|"运行"，输入"cmd"命令。打开 Windows 2003 Server 的命令提示符环境窗口。

（2）输入 CD C:\Program Files\Microsoft Visual Studio 8\SDK\v2.0\Bin，进入该目录后，可以看到 signtool.exe、makecert.exe 和 cert2spc.exe 程序。

注意

以上路径根据在计算机上 Microsoft Visual Studio 2005 的安装路径不同而异。

（3）创建用于数字签名的公钥和私钥对，并将其存储在证书文件中。在命令提示符窗口输入以下命令。

```
makecert -sv c:\TJTDXY.pvk -n "CN=TJTDXYNETWORK" c:\TJTDXYZUXD.cer
```

回车执行此命令，在弹出的对话框，按提示输入私钥密码，显示创建成功信息，在 C 盘根目录下生成 TJTDXY.pvk 以及 TJTDXYZUXD.cer 文件。其中 TJTDXY.pvk 是私钥文件，TJTDXYZUXD.cer 是证书文件。

证书创建工具（makecert.exe）是一个微软公司用来制作"数字签名"的软件，生成仅用于测试目的 X.509 证书。它创建用于数字签名的公钥和私钥对，并将其存储在证书文件中。此工具还将密钥对与指定发行者的名称相关联，并创建一个 X.509 证书，该证书将用户指定的名称绑定到密钥对的公共部分。makecert.exe 包含基本选项和扩展选项。基本选项是最常用于创建证书的选项，扩展选项提供更多的灵活性。makecert.exe 是命令行界面，利用它可以轻松地做出属于自己的个人"数字签名"，当然自己做出来的这个数字签名是不属于受信任的证书的，但可以帮助用户理解数字证书及数字签名的概念。

参数-n 指定主题的证书名称。此名称必须符合 X.500 标准。最简单的方法是在双引号中指定此名称，并加上前缀 CN=；例如，"CN=myName"。注意这里的 CN 必须大写，路径根据用户的不同需求而异。

（4）创建发行者证书（SPC）。在命令提示符窗口输入以下命令。

```
cert2spc c:\TJTDXYZUXD.cer c:\tjtdxyzuxd.spc
```

执行此命令后，将在 C 盘根目录下生成证书文件。Cert2spc 发行者证书测试工具通过一个或多个 X.509 证书创建发行者证书（SPC）。Cert2spc.exe 仅用于测试目的。可以从证书颁发机构（如 VeriSign 或 Thawte）获得有效的 SPC。

至此，已经拥有了仅用于测试的软件证书。如果开发的程序或 Active X 控件只是用于单位内部，完全可以用这种办法做数字签名，使用户的控件可以在浏览器里自动下载，而不必去专门的证书颁发机构获得证书。

8.1.6　检查与评价

1. 简答题

（1）什么是数字证书，数字证书遵循什么国际标准？
（2）数字认证的原理是什么？
（3）数字证书的类型有哪些？

2. 实做题

（1）试用本节所述方法创建一个数字证书认证中心。
（2）试用本节所述网站或命令申请一个数字证书。

8.2　利用 PGP 软件实施邮件数字签名

数字证书和数字签名是网络信息安全的核心技术。在建立数字证书的基础上，本节主要介绍利用 PGP 软件对邮件实施数字签名，利用 Office 2007 自带功能对文件进行数字签名，以及对软件代码或 Active X 进行数字签名，并简要介绍数字签名的基本原理、作用、数字签名的实现。

8.2.1　学习目标

通过本模块的学习，应该达到：

1. 知识目标

- 理解数字签名的概念、要求、原理和作用；
- 理解利用对称加密方式和非对称加密方式实现数字签名的区别；
- 掌握数字签名的类型。

2. 能力目标

- 能创建、公布 PGPkey；
- 能利用 PGP 软件实现数字签名；
- 能对 Office 2007 文件进行数字签名；
- 能对 Active X 控件或软件代码进行数字签名。

8.2.2 工作任务——利用 PGP 软件实现邮件数字签名

1. 工作任务背景

学校小张最近收到一封院领导发来的邮件，要求将邮件中的内容放在学校网站上，小张马上将邮件内容放到了学校网站。刚刚放上去，便接到领导电话，询问为什么放上此内容，挨了一顿批评。事后得知原来是同事的恶作剧。

2. 工作任务分析

随着校园网的发展，一些重要信息如学生成绩、公文传递、邮件收发等在网络传输过程中，存在易被截获篡改或被否认等问题。校园网若要真正地实现办公自动化，必须确保将重要的信息安全完整地传送到另一方。

数字签名技术是在身份认证基础上的深入和强化，通过身份认证和数字签名技术的双重保护，网络信息的安全性和可靠性得到了有力的保障。在日常工作生活中，由于越来越多的人通过电子邮件发送机密信息，因此确保电子邮件中发送的文档不被伪造变得日趋重要。同时保证所发送的邮件不被除收件人以外的其他人截取和偷阅也同样重要，这就涉及保密性、完整性、真实身份认证及不可否认性等问题。

针对小张遇到的问题，可以通过向前面建立的数字证书认证中心申请数字证书，对邮件进行数字签名进行解决。

经过对多款数字签名软件分析，小张决定采用 PGP 软件收发邮件，在网管中心已建立数字证书认证中心的基础上，对邮件进行数字签名可有效提高信息的真实性、机密性、不可否认性。

PGP（Pretty Good Privacy）是一种在信息安全传输领域首选的加密软件，是一个基于 RSA 公钥加密体系的邮件加密软件，采用非对称的"公钥"和"私钥"加密体系。PGP 最初的设计主要是用于邮件加密，对邮件加密可防止非授权者阅读，加上数字签名使收信人确信邮件的发送方。它让用户可以安全地和从未见过的人们通信，事先并不需要任何保密的渠道用来传递密匙。它采用了审慎的密钥管理，一种 RSA 和传统加密的杂合算法，用于数字签名的邮件文摘算法，加密前压缩等，还有一个良好的人机工程设计。它具有功能强大、速度快、源代码公开等优点。

在 PGPmail 中，可以用它来加密保护邮件信息和文件中的隐私，唯有接收者通过他们的私钥才能读取。也可以对信息和文件进行数字签名，从而保证其可靠性。签名可证实信息没有被任何方式的篡改。从而解决了信息的保密性、完整性、不可否认性等问题。

3. 条件准备

PGP 中文版 8.1，用户可以直接到 http://www.pgp.com.cn 网站中下载。

8.2.3　实践操作

1. 安装 PGP 中文版 8.1

PGP 中文版 8.1 的安装与 Windows Server 2003 证书服务的安装类似，不再赘述。

2. 在 Outlook Express 中使用 PGPmail 保护 Email

（1）选择"开始"|"程序"|"PGP"|"PGPmail"，打开如图 8.17 所示工具栏，工具栏图标依次代表 PGPkeys、加密、签名、加密并签名、解密校验、擦除、空闲空间粉碎。

图 8.17　PGP mail 工具栏

（2）如果没有创建 PGPkeys ，选择"开始"|"程序"|"PGP"|"PGPkeys"，单击"密钥"|"新建密钥"，创建一个新的密钥对，右击创建的密钥，在快捷菜单中选择"发送到"|"邮件接收人"，发送给对方 PGP 公钥，如图 8.18 所示。

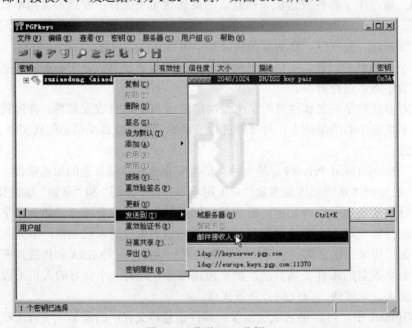

图 8.18　发送 PGP 公钥

（3）如果系统默认是采用 Outlook Express 来收发邮件，将会开启 Outlook Express 并附加了用户的公钥，如图 8.19 所示。

（4）填入对方的邮件地址，对方在收到此公钥后就能和用户进行 PGP 加密通信了。同样在用户收到对方 PGP 公钥的时候，需要把附件中的公钥导入到用户 PGPkey 里面。单击"密钥"|"导入"即可完成，如图 8.20 所示。

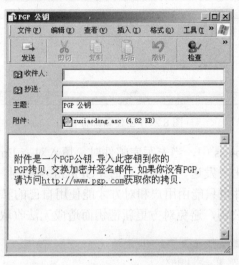

图 8.19　添加 PGP 公钥邮件信息

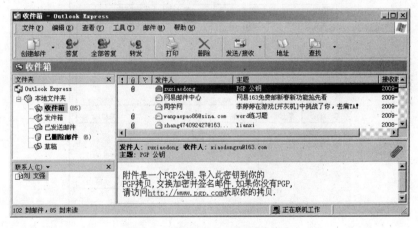

图 8.20　接收 PGP 公钥邮件信息

（5）在 Outlook Express 中，单击工具栏中"创建邮件"按钮，打开新邮件窗口，在工具栏中可以看到"加密"和"签名"按钮，如图 8.21 所示。

（6）如果对邮件进行"签名"或"加密"，需要数字证书，在 Outlook Express 中，单击"工具"|"选项"，在"选项"窗口，选择"安全"选项卡，单击"数字标识"按钮，打开"证书"窗口，可以看到前面申请的数字证书。如果接收其他人的证书，单击"导入"按钮，导入证书即可，如图 8.22 所示。

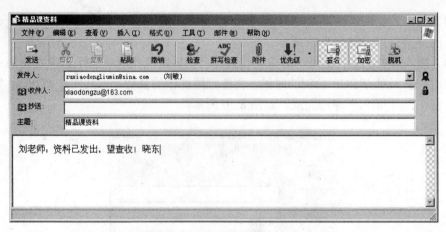

图 8.21　创建新邮件窗口

（7）在 Outlook Express 中，当书写完邮件时，填入对方 Email 地址。单击"加密"和"签名"按钮，再单击"发送"按钮，这时 PGPmail 将会对其使用主密钥和对方公钥进行加密，加密后的邮件也只能由用户和对方才能使用自己的私钥进行解密。PGPkey 会在服务器上查找相应的公钥，避免对方更新密钥而造成无法收取邮件信息。

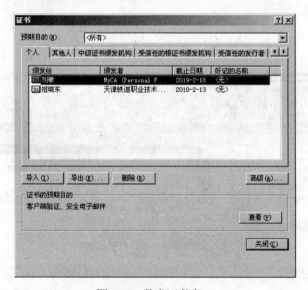

图 8.22　数字证书窗口

（8）当对方收到并打开该邮件时，将看到"数字签名邮件"的提示信息，如图 8.23 所示。

（9）单击"继续"按钮，可以查看接收邮件，在邮件内容窗口的右上角，有个红色的"数字签名"图标，单击即可看到数字签名信息，由此便可确认该邮件是用户发出的、并且中途没有被篡改过，如图 8.24 所示。

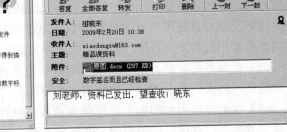

图 8.23　接收含有数字签名的邮件　　　　图 8.24　含有数字签名的邮件

8.2.4　问题探究

1. 数字签名的概念

　　数字签名也叫做电子签名，通过某种密码运算生成一系列符号及代码组成电子密码进行签名，来代替书写签名或印章，对于这种电子式的签名还可进行技术验证，其验证的准确度是一般手工签名和图章的验证无法比拟的。它采用了规范化程序和科学化方法，用于鉴定签名人的身份以及对一项信息内容的认可。它还能验证出文件的原文在传输过程中有无变动，确保传输电子文件的完整性、真实性和不可抵赖性。

　　数字签名在 ISO7498-2 标准中定义为："附加在数据单元上的一些数据，或是对数据单元所作的密码变换，这种数据和变换允许数据单元的接收者用以确认数据单元来源和数据单元的完整性，并保护数据，防止被人（如接收者）进行伪造"。美国电子签名标准（DSS，FIPS186-2）对数字签名作了如下解释："利用一套规则和一个参数对数据计算所得的结果，用此结果能够确认签名者的身份和数据的完整性"。

　　2005 年 4 月 1 日，我国正式颁布实施《中华人民共和国电子签名法》，电子签名成为信息技术发展史上的一个新的里程碑。

2. 数字签名的类型

　　实现数字签名有很多方法，主要采用对称加密算法和非对称加密算法两种。

　　1）用对称加密算法进行数字签名

　　对称加密算法所用的加密密钥和解密密钥通常是相同的，即使不同也可以很容易地由其中的任意一个推导出另一个。在此算法中，加密、解密双方所用的密钥都要保守秘密。由于其计算速度快而广泛应用于对大量数据文件的加密过程中，如 RD4 和 DES。用对称加密算法进行数字签名是逐位进行签名的，只要有一位被改动过，接收方就得不到正确的数字签名，因此其安全性较好，但签名太长，签名密钥及相应的验证信息不能重复使用，否则极不安全。

2）用非对称加密算法进行数字签名

此算法使用两个密钥：公钥和私钥，分别用于对数据的加密和解密，即如果用公钥对数据进行加密，只有用对应的私钥才能进行解密；如果用私钥对数据进行加密，则只有用对应的密钥才能解密。这种算法的实现过程如下。

（1）发送方首先用公开的单向函数对发送信息进行一次变换，得到数字签名，然后利用私有密钥对数字签名进行加密后附在报文之后一同发出。

（2）接收方用发送方的公开密钥对数字签名进行解密变换，得到一个数字签名的明文。发送方的公钥是由一个可信赖的技术管理机构即验证机构（CA）发布的。

（3）接收方将得到的明文通过单向函数进行计算，同样得到一个数字签名，再将两个数字签名进行对比，如果相同，则证明签名有效，否则无效。

这种方法使任何拥有发送方公开密钥的人都可以验证数字签名的正确性。由于发送方私有密钥的保密性，使得接收方既可以根据验证结果来拒收该报文，也能使其无法伪造报文签名及对报文进行修改，原因是数字签名是对整个报文进行的，是一组代表报文特征的定长代码，同一个人对不同的报文将产生不同的数字签名。这就解决了银行通过网络传送一张支票，而接收方可能对支票数额进行改动的问题，也避免了发送方逃避责任的可能性。

目前数字签名主要基于非对称（公钥加密）的应用密码技术。一方使用数学加密算法的私钥写出的文件需要使用公钥的收件人读出其内容。所以即使读取者想方设法译解了读取的方法他仍然不能知道写入算法的任何信息，而不能做任何更改。非对称加密算法数字签名过程如图 8.25 所示。

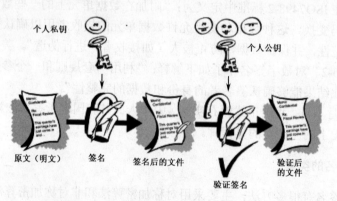

图 8.25 非对称加密算法数字签名过程

3. 数字签名的作用

经过数字签名的信息可以用来防止电子信息被修改而作伪，这样签名难以否认，从而确认了文件已签署的事实，还可以防止冒用别人名义发送信息，或发出后又加以否认等情况，这样签名不易仿冒，从而确定了文件的真实性。具体来说，数字签名有以下三个方面作用。

（1）数据完整性。数据完整性就是确认数据没有被修改，即数据无论是在传输或是在存储过程中经过检查确认没有被修改。数据完整性服务的实现主要方法是数字签名技术，它既可以提供实体认证，又可以保障被签名数据的完整性。这是因为密码哈希算法和签名算法提供的保证，哈希算法的特点是输入数据的任何变化都会引起输出数据的不可预测的极大变化；签名是用自己的私钥将该哈希值进行加密，和数据一起传送给接收方。如果敏感数据在传输和处理过程中被篡改，接收方就不会收到完整的数据签名，验证就会失败。反之，如果签名通过了验证，就证明接收方收到的是没经修改的完整性数据。

（2）数据保密性。数据保密性就是确保数据的秘密，除了指定的实体外，其他没经授权的人不能读出或看懂该数据。PKI 的保密性服务采用了"数字信封"机制，即发送方先产生一个对称密钥，并用该对称密钥加密敏感数据。同时，发送方还用接收方的公钥加密对称密钥，像装入一个"数字信封"里。然后，将被加密的对称密钥（"数字信封"）和被加密的敏感数据一起传送给接收方。接收方用自己的私钥拆开"数字信封"，得到对称密钥，用对称密钥解开被加密的敏感数据。其他未经授权的人，因为没有拆开"数字信封"的私钥，看不见或读不懂原数据，起到了数据保密性的作用。

（3）不可否认性。不可否认性服务是指从技术上保证实体对他们的行为的诚实性，即用数字签名的方法防止其对行为的否认。其中，人们更关注的是数据来源的不可否认性和接收的不可否认性，即用户不能否认敏感信息和文件不是来源于他；以及接收后的不可否认性，即用户不能否认他已接收到了敏感信息和文件。此外还有其他类型的不可否认性，如传输的不可否认性、创建的不可否认性和同意的不可否认性等。

4. 数字签名的应用

随着安全威胁的日益猖獗，数字签名已成为信息社会中人们保障网络身份安全的重要手段之一，在许多领域得到广泛应用。

（1）电子政务。以税务部门为纳税人提供的网上税务申报和网上缴税应用系统为例。税务部门为保证报税数据的真实性，需要利用电子签名中的用户签名功能，使用纳税人个人证书对纳税人提交的数据进行数字签名，网上报税系统自动验证纳税人签名的有效性和报税数据的完整性。这样可以防止用户抵赖报税操作，以及数据在传输过程中被篡改。纳税人的报税和缴税操作完成后，后台服务器生成回执，并调用电子签名中间件的服务器签名功能对回执进行数字签名。签名的回执通过网页或电子邮件发送给纳税人，纳税人使用签名验证工具验证回执的有效性。这样的应用系统，保证了纳税人和税务部门在报税缴税过程交易信息的可信性，维护了双方的权益。

（2）电子商务。以为企业间提供交易电子化的 B2B 网上交易平台为例。首先描述一个简单的交易过程：企业 A 向企业 B 提出订货要求，企业 A 在平台上支付后，企业 B 向企业 A 发货。完成这个交易过程，必须保证数据的真实性，否则在任何一个环节出现数量、价格、规格等信息丢失或被篡改将会造成无法调解的争议，最终因为无法保证交易信息的可信性导致网上交易平台无法继续提供服务。这时，可以采用电子签名来提升交易平台的安全性。电子签名可以保证企业在平台上提交的订单、发货单等信息都是经过当事人数字签名的，即使有抵赖的事件发生，也可以通过电子签名的审计功能追查到是哪个企业的责任。这样保证了交易平台的正常运行。

（3）办公自动化系统。以领导审批的工作流系统为例。现在很多企事业都使用办公自动化系统，将以前的费用报销、立项审批、资料审查等人工过程移植到了办公自动化系统中。这样，领导在进行审批时，只需要在办公系统中签署同意与否等意见就可以了，实现了无纸办公。但是，如何保证这种电子签字的可信性是一个问题。因为有时会有人带有目的性地尝试冒用领导的身份登入，并操作办公系统。使用电子签名，可以在关键的工作流程上强制进行数字签名，并验证签名的有效性，从而保证电子签字的真实性和可信性。

8.2.5　知识拓展

1. 对 Office 2007 文件进行数字签名

在日常工作中，Office 软件是使用最频繁的工具，有很多重要的数据报表，因为要交给领导看，加密码和设置权限都不太合适，但又怕被其他人改动，如何在报表送到领导手上的时候保证其原始性和完整性？可以利用 Office 2007 的数字签名功能。对 Office 文件或宏进行数字签名，从而确保它们没有被他人或病毒篡改过。其操作既便捷，又能满足我们日常办公的需要。

（1）单击"开始"|"程序"|"Microsoft Office"|"Microsoft Office 工具"|"VBA项目的数字证书"，打开"创建数字证书"对话框，如图 8.26 所示。在"您的证书名称"文本框中输入想创建的证书名称，如"晓东专用证书"，单击"确定"按钮后，数字证书就创建好了。

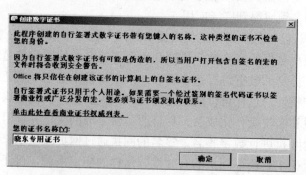

图 8.26　"创建数字证书"对话框

（2）在文档中添加数字证书。打开需要保护的用户文档，这些文档可以是 Word 文档、Excel 文档或 PPT 文档。这里以保护 Word 文档为例，其他类型文档的保护操作与此类似，不再赘述。单击"Office"|"准备"|"添加数字签名"，弹出如图 8.27 所示窗口。

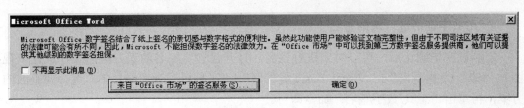

图 8.27　数字证书的来源

（3）单击"确定"按钮，打开签名对话框。在此对话框中输入"签署此文档的目的"。单击"更改"按钮，可以更改数字证书，如图 8.28 所示。

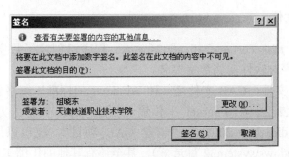

图 8.28　添加签署文档的目的

（4）单击"签名"按钮，对该文件进行签名，系统提示"对此文档所做的任何编辑都将使数字签名无效"。这时对文档进行任何操作，系统会提示"不允许修改，因为所选内容已被锁定"。从而保证了文档在传递过程中的原始性和完整性。如果想删除此数字签名，可以右击该数字签名将其删除，如图 8.29 所示。

图 8.29　经数字签名的文档

注意

在给文档添加"数字签名"之前需保存该文档，否则添加过程中会出现文档未保存的提示，此时只需确认保存该文档就可以了。

2. 用数字证书进行宏的签名

宏测试完毕确认后，可以对宏进行签名。打开包含要签名的宏方案的文件，在"视图" | "宏" | "查看宏" | "Visual Basic 编辑器" | "工程资源管理器"中，选择要签名的方案，再单击"工具/数字签名"命令即可。

如果要防止用户因意外修改宏方案而导致签名失效，可以在签发之前锁定宏方案。数字签名只能保证该方案是安全的，并不能证明是用户编写了该方案。因此锁定宏方案不能防止其他用户利用另一个签名替换数字签名。

3. 创建 CAB 文件

在 8.1 节利用 makecert.exe 和 cert2spc.exe 程序已创建了数字证书，接下来利用 signtool.exe 应用程序对软件实施数字签名。

首先创建 CAB 文件，CAB 文件是一种 Windows 的标准压缩格式文件，使用该压缩格式对文件进行包装便于在 Internet 上传输。创建 CAB 文件的方法有很多，可以在 Microsoft visual studio .Net 2005 中"创建 CAB 项目"，也可以用 Windows 自带的 IExpress.exe（c:\windows\system32 目录下），甚至还有其他的压缩工具。

CAB 压缩软件包制作工具 IExpress 是 MAKECAB.EXE 的 GUI 界面程序，用来把程序所需文件压缩打包为 CAB 格式，便于传输，当然如果程序是一个独立的 EXE 文件时，可以不用这个工具打包，但考虑现在多数免费空间不支持 EXE 格式的文件上传，建议打包为 CAB 格式。使用 IExpress.exe 将文件压缩为 CAB 格式，其具体操作过程如下。

（1）单击"开始" | "运行"，输入"IExpress"命令，将弹出图 8.30 所示的窗口。

图 8.30 IExpress 默认界面

（2）单击"下一步"按钮，选择"创建仅限于（ActiveX Installs）的压缩文件"，如图 8.31 所示。

模块 8
数字签名 WANGLUOXINXI ANQUAN

模块 1
模块 2
模块 3
模块 4
模块 5
模块 6
模块 7
模块 8
模块 9
模块 10
模块 11

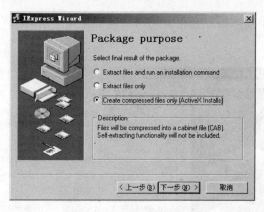

图 8.31 选择压缩包类型

（3）单击"下一步"按钮，在打开的对话框中"Add"按钮，增加需要压缩打包的文件，如图 8.32 所示。

图 8.32 选择需压缩的文件

（4）单击"下一步"按钮，在打开的对话框中单击"Browse"按钮，为压缩打包的文件起一个文件名，如图 8.33 所示。

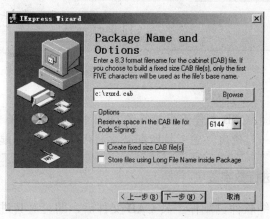

图 8.33 选择压缩包名称及路径

（5）单击"下一步"按钮，在打开的对话框中单击"Browse"按钮，存储自解压文件，如图 8.34 所示。

图 8.34　存储自解压文件

（6）单击"下一步"按钮，数据包创建完成，在 c:\创建 zuxd.CAB 文件，如图 8.35 所示。

图 8.35　成功创建 CAB 文件

注意　当然也可不使用 CAB 文件而直接签名 DLL 和 OCX。CAB 文件的优势在于压缩，而且如果与 INF 文件一起使用，它可将所有必要的代码绑定在一起。

4. 对 CAB 文件进行数字签名

利用 IExpress 压缩软件包制作工具 CAB 文件后，即可对其进行数字签名，其过程如下。

（1）单击"开始"|"运行"，输入"cmd"命令。打开 Windows 2003 Server 的命令提示符环境窗口。

（2）按照创建证书命令路径，在命令提示符窗口，输入如下命令。

```
Signtool signwizard
```

利用签名工具 Signtool 可以对文件进行数字签名，验证文件或时间戳文件中的签名。打开的数字签名向导界面如图 8.36 所示。

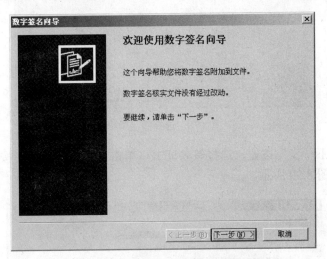

图 8.36　数字签名向导界面

（3）单击"下一步"按钮，选择需要进行数字签名的文件，如图 8.37 所示。

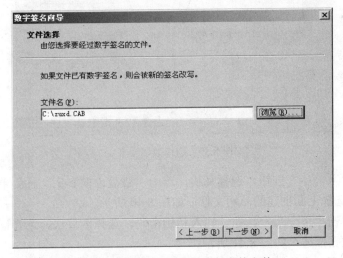

图 8.37　选择需要进行数字签名的文件

（4）单击"下一步"按钮，选择签名类型，这里选中"自定义"单选按钮，如图 8.38 所示。

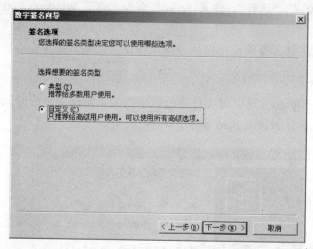

图 8.38　选择签名类型

（5）单击"下一步"按钮，选择签名证书，单击"从文件选择"按钮，在此选择已创建的证书，如图 8.39 所示。

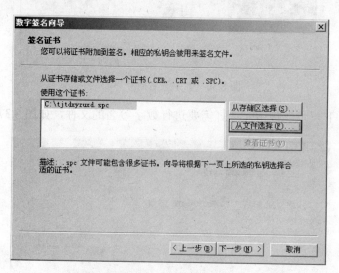

图 8.39　选择数字证书

（6）单击"下一步"按钮，选择私钥，选中"磁盘上的私钥文件"单选按钮，单击"浏览"按钮，选择上面创建的私钥文件，如图 8.40 所示。

（7）依次单击"下一步"按钮，输入私钥密码，选择散算法，选择证书路径中的证书，直到输入数据描述，如图 8.41 所示。

（8）单击"下一步"按钮，给数据盖时间戳，默认即可。单击"下一步"按钮，弹出数字签名成功的提示框，如图 8.42 所示。至此，已经成功地对文件签名。可以查看文件的属性，查看数字签名。

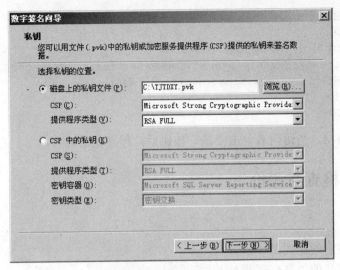

图 8.40　选择创建的私钥文件

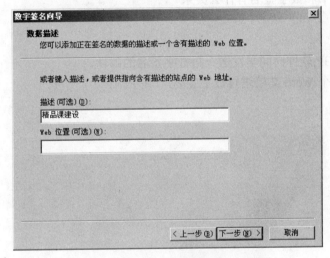

图 8.41　数据描述

图 8.42　完成数字签名

　　将上面经过数字签名的压缩包文件嵌入到 Web 页，可以查看网上常看到的效果。加入到网页中的代码如下（TEST.HTM）。

```
<HTML>
<head>
<title>"数字签名"自己做之控件测试</title>
```

```
</head>
<BODY>
<OBJECT width=0 height=0 style="display:none;"
TYPE="application/x-oleobject" CODEBASE="zuxd.CAB"></OBJECT>
<a href=http://www.sina.com.cn>精品课建设</a>
</BODY>
</HTML>
```

访问 CS.HTM，当访问者单击"是"按钮后，程序就会运行。

8.2.6 检查与评价

1. 简答题

（1）数字签名的原理是什么？

（2）数字签名的类型有哪些？

（3）数字证书和数字签名有什么关系？

2. 实做题

（1）请用 PGP 软件向同学发送一封数字签名的邮件。

（2）请给一个 Word 文档进行数字签名。

模块 9
数据存储与灾难恢复

选择一种安全、经济并能满足需求的存储方案是网络管理人员的重要职责，保证数据存储安全是网络管理核心工作之一。在发生如硬盘损坏等灾难的情形下，如何恢复存储的信息，减少损失是网管人员必备的技能。

9.1 数据存储

当前，网络应用系统基础体系结构规划和设计的重点，已从传统的以服务器、网络设备为核心演化为以存储系统规划和设计为核心。

9.1.1 学习目标

通过本模块的学习，应该达到：

1. 知识目标

- 掌握硬盘接口分类及技术标准；
- 掌握 SCSI 技术特点；
- 了解新型硬盘接口 SAS 技术；
- 了解 RAID 技术对数据安全的意义；
- 掌握 RAID 0、RAID 1、RAID 5 技术；
- 掌握存储技术的分类及应用；
- 了解 DAS 技术特点；
- 了解 NAS 技术特点；
- 了解 SAN 技术特点。

2．能力目标

- 能区分不同接口硬盘并能正确安装；
- 能根据实际需求选择合适的硬盘；
- 能配置 RAID 0、RAID 1、RAID 5；
- 能根据实际需求选择合适的 RAID 阵列；
- 能根据实际需求选择存储技术；
- 能配置存储服务器。

9.1.2　工作任务——安装配置 RAID5

1．工作任务背景

随着校园网应用的不断增加，服务器的性能和安全越来越不能满足需要，迫切需要升级服务器的存储系统。

2．工作任务分析

在当前校园网平台上，运行着学生信息管理系统、学生选课系统、OA、图书管理系统、财务系统以及其他一些应用。这些应用大部分是以数据库为核心的应用系统，从当前应用来看，数据量并不是很大，但是数据的重要性不言而喻。提高数据的存取性能，保证数据的安全是网络管理的首要任务。

根据实际需要，小张决定选用曙光 4380A 作为数据库服务器。该服务器配置三块 73GB SCSI 接口硬盘，可以组成 RAID 5 阵列。这样可以保证具有 146GB 的存储容量和灾难恢复的能力，也提高了数据的存取速度和安全性。

RAID 5 是一种集存储性能、数据安全和存储成本兼顾的存储解决方案。RAID 5 不对存储的数据进行备份，而是把数据和相对应的奇偶校验信息存储到组成 RAID 5 的各个磁盘上，并且奇偶校验信息和相对应的数据分别存储于不同的磁盘上，当 RAID 5 的一个磁盘数据发生损坏后，利用剩下的数据和相应的奇偶校验信息去恢复被损坏的数据。

3．条件准备

（1）软件条件。网络操作系统 Microsoft Windows 2003 Server。

（2）硬件条件。Adaptec SCSI RAID 2230SLP 阵列卡一块，如图 9.1 所示；主服务器曙光 4380A 如图 9.2 所示；如图 9.3 所示的三块 73GB SCSI 接口硬盘可以配置成 RAID 5 阵列。

图 9.1　Adaptec SCSI RAID 2230SLP 阵列卡　　　图 9.2　主服务器　　图 9.3　73GB SCSI 接口硬盘

9.1.3　实践操作

1. 安装 Adaptec SCSI RAID 2230SLP 阵列卡

（1）把 RAID 阵列卡固定在 PCI 总线槽上，如图 9.4 所示。

图 9.4　安装 Adaptec SCSI RAID 2230SLP 阵列卡

（2）连接内置的两路 SCSI 电缆，如图 9.5 所示。

图 9.5　连接 Adaptec SCSI RAID 2230SLP 数据线

2. 安装 SCSI 接口硬盘

（1）把准备好的三块 73GB SCSI 接口硬盘固定在硬盘托架上，注意数据接口方向，如图 9.6 所示。

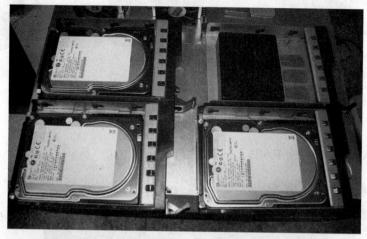

图 9.6　连接 SCSI 接口硬盘至硬盘托架

（2）安装硬盘托架到机箱上，听到"咔"声即可，如图 9.7 所示。

图 9.7　安装硬盘托架

3. 配置 RAID 5 阵列

（1）安装好 RAID 卡和硬盘后，开机进入到 RAID 阵列配置界面，如图 9.8 所示。

（2）选择"Array Configuration Utility"进入到"Configuration Change"对话框，如图 9.9 所示。

（3）选择"Accept"进入到"Main Menu"菜单界面，如图 9.10 所示。

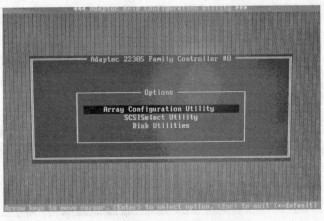

图 9.8　配置 RAID 5 阵列操作提示

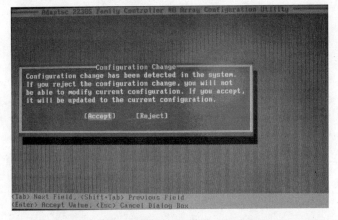

图 9.9　"Configuration Change" 对话框

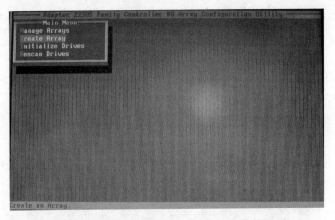

图 9.10　配置 RAID 阵列 Main Menu 菜单界面

（4）选择 "Create Array" 进入到 "Select　Drives" 界面，依次选择现有设备并用 Ins 键插入到 "Select Drives" 框内，如图 9.11 和图 9.12 所示。

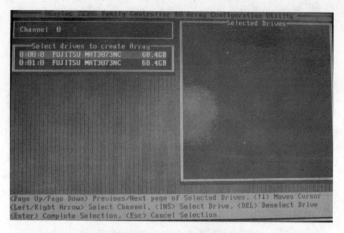

图 9.11 配置 RAID 阵列 0 路设备

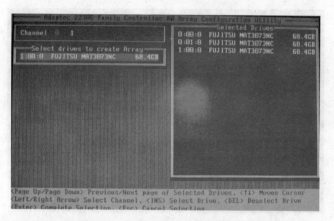

图 9.12 配置 RAID 阵列 1 路设备

（5）插入全部硬盘后，按"Enter"键进入到阵列类型选择菜单项，如图 9.13 所示。

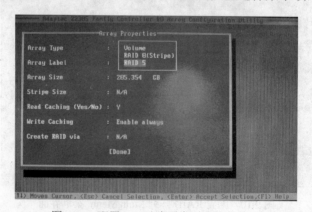

图 9.13 配置 RAID 阵列类型选择菜单项

（6）选择"RAID 5"，进入到"Array Properties"对话框，输入阵列标签"ARRAY1"，如图 9.14 所示。

模块 9

数据存储与灾难恢复

W

WANGLUOXINXI
ANQUAN

模块 1
模块 2
模块 3
模块 4
模块 5
模块 6
模块 7
模块 8
模块 9
模块 10
模块 11

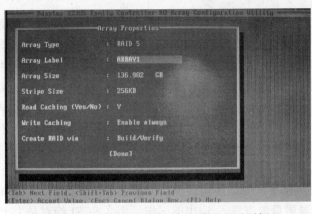

图 9.14　配置 RAID 阵列标签名定义对话框

（7）选择"Done"完成 RAID 5 设置，进入到 RAID 阵列清理界面，如图 9.15 所示。

图 9.15　RAID 阵列清理对话框

（8）清理完成，RAID 5 配置结束。现在，就可以将原有数据库迁移到新建立的 RAID 5 分区上，以便实现高性能、高安全、大容量的存储要求。

9.1.4　问题探究

1. SCSI 技术

SCSI（Small Computer System Interface）单纯的从英文直译过来叫做小型电脑系统接口，这是一种专门为小型计算机系统设计的存储单元接口模式，它是在 1979 年由美国的施加特（Shugart）公司（希捷的前身）研发并制订的，并于 1986 年获得 ANSI（美国标准协会）承认。SCSI 从发明到现在已经有了几十年的历史，它的强大性能表现使得许多对性能要求非常严格的计算机系统采用。SCSI 是一种特殊的总线结构，可以对计算机中的多个设备进行动态分工操作，对于系统同时要求的多个任务可以灵活机动地适当分配，动态完成。这个功能是 IDE 设备所望尘莫及的。也正是由于 SCSI 拥有这些出众的优点，使得 SCSI 能够在专业应用中占据绝对的主导地位。

对于 SCSI 而言，接口部分有内置和外置之分，内置的数据线主要是用于连接光驱和硬盘设备，虽然内置的数据线外形上和 IDE 数据线很相像，但是 SCSI 数据线具体的针数和规格与 IDE 数据线存在很大的区别。一根普通的 IDE 数据线包含 40 根数据导线，一根新标准的 ATA100 或 ATA66 数据线包含 80 根导线；而 SCSI 的内置数据线则有三种数据导线标准：50 针、68 针、80 针。而对于外置数据接口部分，就要比内置数据接口标准复杂多了，分别针对不同的机器设备有不同的标准，各种接口的设计各不相同，关键的接口密度也不相同，而且按照 SCSI 的发展，不同发展阶段的产品也有比较大的区别。

在实际的应用中选择 SCSI 还是 IDE，关键在于需求，如果只是一个普通的电脑用户，完全不用考虑 SCSI 设备。但是换句话说，如果使用计算机来做视频捕捉、影像编辑、数据处理等要求大量磁盘数据输入/输出的工作，那么 SCSI 绝对是上上之选，采用 SCSI 设备意味着稳定、高速，在这种需求的情况下选用廉价却又相对低性能的 IDE 硬盘是得不偿失的。

2. RAID 5 技术

RAID 5 就是磁盘阵列中的一种 RAID 等级（方式），通常应用于数据传输要求安全性比较高的场合，如数据库等。具有较高的读性能，随机或连续写性能比较低。组成 RAID 5 需要 3 个或更多的磁盘，可用容量为 $n-1$ 个磁盘容量（n 为磁盘数）。

RAID 5 是一种存储性能、数据安全和存储成本兼顾的存储解决方案。 RAID 5 不对存储的数据进行备份，而是把数据和相对应的奇偶校验信息存储到组成 RAID 5 的各个磁盘上，并且奇偶校验信息和相对应的数据分别存储于不同的磁盘上。当 RAID 5 的一个磁盘数据发生损坏后，利用剩下的数据和相应的奇偶校验信息去恢复被损坏的数据。当然，RAID 5 数据恢复的前提是只有一块硬盘发生损坏。

RAID 5 可以为系统提供数据安全保障，但保障程度要比磁盘镜像低，而磁盘空间利用率要比磁盘镜像高。RAID 5 具有和 RAID 0 相近似的数据读取速度，只是多了一个奇偶校验信息，写入数据的速度比对单个磁盘进行写入操作稍慢。同时由于多个数据对应一个奇偶校验信息，RAID 5 的磁盘空间利用率要比 RAID 1 高，存储成本相对较低。

3. DAS 技术

DAS（Direct Attached Storage，直接连接存储）是指将存储设备通过 SCSI 接口或光纤通道直接连接到一台计算机上，I/O（输入/输出）请求直接发送到存储设备。DAS，也可称为 SAS（Server-Attached Storage，服务器附加存储）。它依赖于服务器，其本身是硬件的堆叠，不带有任何存储操作系统。

当服务器在地理上比较分散，很难通过远程连接进行互连时，直接连接存储是比较好的解决方案，甚至可能是唯一的解决方案。

典型 DAS 结构如图 9.16 所示。

使用 DAS 方式设备的初始费用可能比较低，但在这种连接方式下，每台服务器单独拥有自己的存储硬盘，容量的再分配困难。对于整个环境下的存储系统管理，工作烦琐而重复，没有集中管理解决方案。从趋势上看，DAS 仍然会作为一种存储模式，继续得到应用。但 DAS 逐渐有被其他存储技术代替的可能。

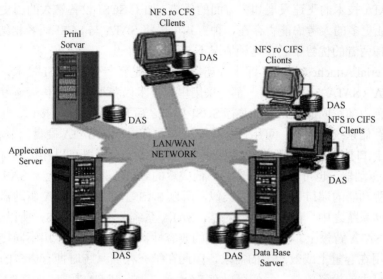

图 9.16　DAS 结构

9.1.5　知识拓展

1. 硬盘接口技术

1）常见硬盘接口类型

硬盘作为最常用的网络存储设备，目前大致可分为三大类，即高端、中端和近端（Near-Line）。高端存储设备主要是以光纤通道为主，由于光纤通道传输速度很快，所以高端存储光纤设备大部分应用于高端存储服务器（如 FC-SAN）的大容量实时存储上。中端存储设备主要是 SCSI 设备，它的历史悠久，应用于 DAS 和 NAS 存储服务器的大容量数据存储。由于传统的大容量数据存储主要考虑到性能和稳定性，所以 SCSI 硬盘和光纤通道为主要存储平台。近端是近年来新出现的存储领域，其产品主要是串行 ATA（Serial ATA，SATA），应用于单机或低端存储服务器的大容量数据存储，SATA 接口硬盘是替代以前使用磁带做数据备份的理想选择。不过随着 SATA 技术的兴起与 SATA 设备的成熟，这个模式正在被改变，越来越多的人都开始关注 SATA 这种串行数据存储连接方式。

光纤通道存储设备的最大优势就是传输速度快，但是它的价格很高，维护起来也相对麻烦，而 SCSI 设备存取速度相对比较快，价格位于中等水平，但是它的扩展性稍微差一点，每个 SCSI 接口卡最多只能连接 15 个（单通道）或者 30 个（双通道）设备。SATA 则是近几年飞速发展的技术，它的最大优势就是价格便宜，而且速度并不比 SCSI 接口慢多少，随着技术的发展 SATA 的数据读取速度正在接近并赶超 SCSI 接口硬盘，由于 SATA 的硬盘价格越来越低，容量越来越大，可以用于数据备份。

2）SAS 硬盘接口技术

由于 SATA 技术的飞速发展和多方面的优势，加上 SCSI 设备悠久的历史和良好的稳定性，才会让更多的人考虑能否存在一种方式可以将 SATA 与 SCSI 两者相结合，这样就可以同时发挥两者的优势了。在这种情况下 SAS 应运而生。

SAS（Serial Attached SCSI）即串行连接 SCSI，是新一代的 SCSI 技术，和现在流行的 Serial ATA（SATA）硬盘相同，都是采用串行技术以获得更高的传输速度，并通过缩短连接线改善内部空间的。SAS 是并行 SCSI 接口之后开发出的全新接口。此接口的设计是为了改善存储系统的效能、可用性和扩充性，并且提供与 SATA 硬盘的兼容性。

SAS 的接口技术可以向下兼容 SATA。SAS 系统的背板既可以连接具有双端口、高性能的 SAS 驱动器，也可以连接高容量、低成本的 SATA 驱动器。因为 SAS 驱动器的端口与 SATA 驱动器的端口形状看上去类似，所以 SAS 驱动器和 SATA 驱动器可以同时存在于一个存储系统之中。但需要注意的是，SATA 系统并不兼容 SAS，所以 SAS 驱动器不能连接到 SATA 背板上。由于 SAS 系统的兼容性，IT 人员能够运用不同接口的硬盘来满足各类应用在容量上或效能上的需求，因此在扩充存储系统时拥有更多的弹性，让存储设备发挥最大的投资效益。我们可以在 SAS 接口上安装 SAS 硬盘或者 SATA 硬盘。

2. RAID 技术

RAID 全称是"独立磁盘冗余阵列"（Redundant Array of Independent Disks），有时也简称磁盘阵列（Disk Array）。磁盘阵列是由一个硬盘控制器来控制多个硬盘的相互连接，使多个硬盘的读写同步，减少错误，增加效率和可靠性的技术。而把这种技术加以实现的就是磁盘阵列产品，通常的物理形式就是一个长方体内容纳了若干个硬盘等设备，以一定的组织形式提供不同级别的服务。

RAID 技术具有速度快和高度安全的优点，由于这两项优点，RAID 技术早期被应用于高级服务器中 SCSI 接口的硬盘系统中，随着近年计算机技术的发展，PC 机的 CPU 速度已进入 GHz 时代。IDE 接口的硬盘也不甘落后，相继推出了 ATA66 和 ATA100 硬盘。这就使得 RAID 技术被应用于中低档甚至个人 PC 机上成为可能。RAID 通常是由在硬盘阵列塔中的 RAID 控制器或电脑中的 RAID 卡来实现的。

1）RAID 技术规范简介

冗余磁盘阵列技术最初的研制目的是为了组合廉价磁盘来代替昂贵磁盘，以降低大批量数据存储的费用，同时也希望采用冗余信息的方式，使得磁盘失效时不会对数据的访问造成损失，从而开发出一定水平的数据保护技术，并且能适当地提升数据传输速度。

过去 RAID 一直是高档服务器才有缘享用，一直作为高档 SCSI 硬盘配套技术应用。近来随着技术的发展和产品成本的不断下降，IDE 硬盘性能有了很大提升，加之 RAID 芯片的普及，使得 RAID 也逐渐在个人电脑上得到应用。

那么为何叫做冗余磁盘阵列呢？冗余的汉语意思即多余，重复。而磁盘阵列说明不仅仅是一个磁盘，而是一组磁盘。它是利用重复的磁盘来处理数据，使得数据的稳定性得到提高。

2）RAID 的工作原理

RAID 如何实现数据存储的高稳定性呢？我们不妨来看一下它的工作原理。RAID 按照实现原理的不同分为不同的级别，不同的级别之间工作模式是有区别的。整个的 RAID 结构是一些磁盘结构，通过对磁盘进行组合达到提高效率、减少错误的目的，它们的原理实际上十分简单。简单地说，RAID 是一种把多块独立的硬盘（物理硬盘）按不同的方式组合起来形成一个硬盘组（逻辑硬盘），从而提供比单个硬盘更高的存储性能和提供数据备份技术。组成磁盘阵列的不同方式成为 RAID 级别（RAID Levels）。数据备份的功能是在用户数据一旦发生损坏后，利用备份信息可以使损坏数据得以恢复，从而保障了用户数据的安全性。在用户看起来，组成的磁盘组就像是一个硬盘，用户可以对它进行分区、格式化等。总之，对磁盘阵列的操作与单个硬盘一模一样。不同的是，磁盘阵列的存储速度要比单个硬盘高很多，而且可以提供自动数据备份。

RAID 的初衷主要是为大型服务器提供高端的存储功能和冗余的数据安全。而且在很多 RAID 模式中都有较为完备的相互校检/恢复的措施，甚至是直接相互的镜像备份，从而大大提高了 RAID 系统的容错度，提高了系统的稳定性。

所有的 RAID 系统最大的优点则是"热交换"能力：用户可以取出一个存在缺陷的驱动器，并插入一个新的予以更换。对大多数类型的 RAID 来说，可以利用镜像或奇偶信息来从剩余的驱动器重建数据，不必中断服务器或系统工作，就可以自动重建某个出现故障磁盘上的数据。这一点，对服务器用户以及其他高要求的用户是至关重要的。

由于 RAID 技术是一种工业标准，要想做一个实用的 RAID 磁盘阵列，必须对各主要 RAID 级别有一个大致的了解。

3）RAID 技术规范

主要包含 RAID 0～RAID 7 等数个规范，它们的侧重点各不相同，常见的规范有如下几种。

（1）RAID 0：无差错控制的带区组。要实现 RAID 0 必须要有两个以上硬盘驱动器，RAID 0 实现了带区组，数据并不是保存在一个硬盘上，而是分成数据块保存在不同驱动器上。因为将数据分布在不同驱动器上，所以数据吞吐率大大提高，驱动器的负载也比较平衡。在所有的级别中，RAID 0 的速度是最快的。但是 RAID 0 没有冗余功能的，如果一个磁盘（物理）损坏，则所有的数据都无法使用，因而不应该将它用于对数据稳定性要求高的场合。它代表了所有 RAID 级别中最高的存储性能。RAID 0 提高存储性能的原理是把连续的数据分散到多个磁盘上存取，系统有数据请求就可以被多个磁盘并行地执行，每个磁盘执行属于它自己的那部分数据请求。这种数据上的并行操作可以充分利用总线的带宽，显著提高磁盘整体存取性能。

如图 9.17 所示，系统向 3 个磁盘组成的逻辑硬盘（RADI 0 磁盘组）发出的 I/O 数据请求被转化为 3 项操作，其中的每一项操作都对应于一块物理硬盘。我们从图中可以清楚地看到通过建立 RAID 0，原先顺序的数据请求被分散到所有的 3 块硬盘中同时执行。从理论上讲，3 块硬盘的并行操作使同一时间内磁盘读写速度提升到 3 倍。但由于总线带宽等多种因素的影响，实际的提升速率肯定会低于理论值，但是，大量数据并行传输与串行传输比较，提速效果显然毋庸置疑。

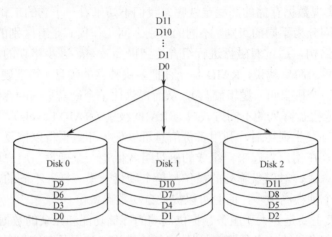

图 9.17 RAID 0 工作示意图

RAID 0 适用于对性能要求较高，而对数据安全不太在乎的领域，如图形工作站等。对于个人用户，RAID 0 也是提高硬盘存储性能的绝佳选择。

（2）RAID 1：镜像结构。对于使用 RAID 1 结构的设备来说，RAID 控制器必须能够同时对两个盘进行读操作和对两个镜像盘进行写操作。因为镜像结构在一组盘出现问题时，可以使用镜像，提高系统的容错能力。它比较容易设计和实现。每读一次盘只能读出一块数据，也就是说数据块传送速率与单独盘的读取速率相同。因为 RAID 1 的校验十分完备，因此对系统的处理能力有很大的影响，通常的 RAID 功能由软件实现，而这样的实现方法在服务器负载比较重的时候会大大影响服务器效率。当系统需要极高的可靠性时，如进行数据统计，那么使用 RAID 1 比较合适。而且 RAID 1 技术支持"热替换"，即不断电的情况下对故障磁盘进行更换，更换完毕只要从镜像盘上恢复数据即可。当主硬盘损坏时，镜像硬盘就可以代替主硬盘工作。镜像硬盘相当于一个备份盘，可想而知，这种硬盘模式的安全性是非常高的，RAID 1 的数据安全性在所有的 RAID 级别上来说是最好的。但是其磁盘的利用率却只有 50%，是所有 RAID 级别中最低的。RAID 1 的宗旨是最大限度地保证用户数据的可用性和可修复性。RAID 1 的操作方式是把用户写入硬盘的数据百分之百地自动复制到另外一个硬盘上。

如图 9.18 所示，当读取数据时，系统先从 RAID 1 的源盘读取数据，如果读取数据成功，则系统不去管备份盘上的数据；如果读取源盘数据失败，则系统自动转而读取备份盘上的数据，不会造成用户工作任务的中断。当然，我们应当及时地更换损坏的硬盘并利用备份数据重新建立镜像，避免备份盘在发生损坏时，造成不可挽回的数据损失。

由于对存储的数据进行百分之百的备份，在所有 RAID 级别中，RAID 1 提供最高的数据安全保障。同样，由于数据的百分之百备份，备份数据占了总存储空间的一半，因而镜像的磁盘空间利用率低，存储成本高。

RAID 1 虽不能提高存储性能，但由于其具有的高数据安全性，使其尤其适用于存放重要数据，如服务器和数据库存储等领域。

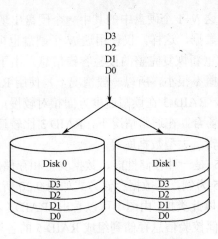

图 9.18　RAID 1 工作示意图

（3）RAID 0+1。正如其名字一样，RAID 0+1 是 RAID 0 和 RAID 1 的组合形式，也称为 RAID 10。

以 4 个磁盘组成的 RAID 0+1 为例，其数据存储方式如图 9.19 所示。RAID 0+1 是存储性能和数据安全兼顾的方案。它在提供与 RAID 1 一样的数据安全保障的同时，也提供了与 RAID 0 近似的存储性能。

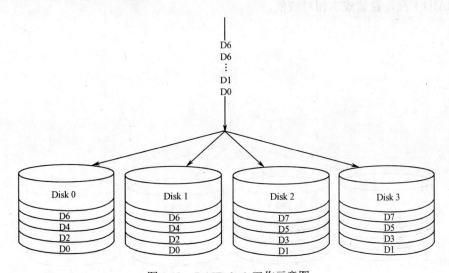

图 9.19　RAID 0+1 工作示意图

由于 RAID 0+1 也通过数据的 100% 备份功能提供数据安全保障，因此 RAID 0+1 的磁盘空间利用率与 RAID 1 相同，存储成本高。

RAID 0+1 适用于既有大量数据需要存取，同时又对数据安全性要求严格的领域，如银行、金融、商业超市、仓储库房、各种档案管理等。

（4）RAID 3。RAID 3 是把数据分成多个"块"，按照一定的容错算法，存放在 $N+1$ 个硬盘上，实际数据占用的有效空间为 N 个硬盘的空间总和，而第 $N+1$ 个硬盘上存储的数据是校验容错信息，当这 $N+1$ 个硬盘中的其中一个硬盘出现故障时，从其他 N 个硬盘中的数据也可以恢复原始数据，这样，仅使用这 N 个硬盘也可以带伤继续工作，当更换一个新硬盘后，系统可以重新恢复完整的校验容错信息。由于在一个硬盘阵列中，多于一个硬盘同时出现故障的概率很小，所以一般情况下，使用 RAID 3，安全性是可以得到保障的。与 RAID 0 相比，RAID 3 在读写速度方面相对较慢。使用的容错算法和分块大小决定 RAID 使用的应用场合，在通常情况下，RAID 3 比较适合大文件类型且安全性要求较高的应用，如视频编辑、大型数据库等。

（5）RAID 5。RAID 5 是一种存储性能、数据安全和存储成本兼顾的存储解决方案。以 4 个硬盘组成的 RAID 5 为例，其数据存储方式如图 9.20 所示。图中 P0 为 D0，D1 和 D2 的奇偶校验信息，其他以此类推。由图中可以看出，RAID 5 不对存储的数据进行备份，而是把数据和相对应的奇偶校验信息存储到组成 RAID 5 的各个磁盘上，并且奇偶校验信息和相对应的数据分别存储于不同的磁盘上。当 RAID5 的一个磁盘数据发生损坏后，利用剩下的数据和相应的奇偶校验信息去恢复被损坏的数据。

RAID 5 可以理解为是 RAID 0 和 RAID 1 的折中方案。RAID 5 可以为系统提供数据安全保障，但保障程度要比镜像低，而磁盘空间利用率要比镜像高。RAID 5 具有和 RAID 0 相近似的数据读取速度，只是多了一个奇偶校验信息，写入数据的速度比对单个磁盘进行写入操作稍慢。同时由于多个数据对应一个奇偶校验信息，RAID 5 的磁盘空间利用率要比 RAID 1 高，存储成本相对较低。

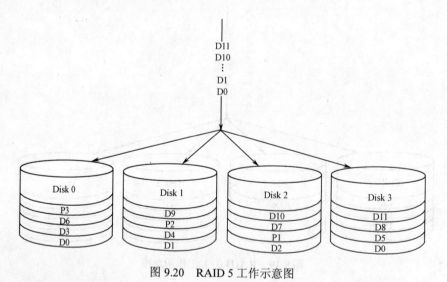

图 9.20　RAID 5 工作示意图

3. 网络存储技术

Internet/Intranet 以及其他网络相关的各种应用飞速发展，网络上的信息资源呈爆炸型增长趋势，通过网络进行传输的信息量不断膨胀，大量信息需要进行处理并通过网络传输，这对信息存储系统提出了空前的要求。现在许多著名站点每天要接受上千万次的用户访问，这种极高频率的数据访问要求存储系统具有非常快速的响应。如果牵涉视频会议、视频邮件、视频点播、交互式数字电视等多媒体技术，那么对服务器中存储系统的性能要求就会更高。这就迫使用户采用更加昂贵的高性能服务器。

近年来网络存储成为国际上比较热门的一个研究方向。传统的存储体系都是存储设备通过诸如 IDE、SCSI 等 I/O 总线与服务器相连。客户机的数据访问必须通过服务器，然后经过其 I/O 总线访问相应的存储设备，服务器实际上起到一种存储转发的作用。当客户连接数增多时，I/O 总线将会成为一个潜在的瓶颈，并且会影响到服务器本身功能，严重情况下甚至会导致系统的崩溃。所以，目前这种附属于网络服务器的存储方式已不能适应来自应用领域越来越高的要求。因此，探索新的存储体系结构就非常必要了。

1）网络附加存储（NAS）模式

在解释 NAS 存储之前，我们先解释一下什么是文件服务器。假设在一个普通的办公网系统（工作站全部为 Windows 操作系统）中，由于工作的需要，大家可能经常需要共享一部分文档、图片、资料或程序软件，为了实现共享，一般最简单的做法是找一台相对空闲的服务器或工作站，假设其名称为 Server-A，Server-A 本身安装了大容量硬盘，可以保存大量的文档或者文件。将需要共享的资源存储在 Server-A 的某一个磁盘分区或目录中，如 F 盘或目录 files，将 F 磁盘分区或目录 files 的属性设置为共享。根据办公网中用户的角色、职位等设置不同的访问权限。用户可以通过网络邻居找到 Server-A 和 Server-A 上共享的 F 磁盘分区或目录 files，继而找到所需要的资源。这时我们称 Server-A 是这个办公网系统的文件服务器，它可为系统中所有的客户端工作站提供文件共享访问服务。

通过文件服务器来实现资源共享是一个非常方便、容易实现的方式，不过由于采用了普通的 Windows 操作系统系统和 NTFS 文件系统，Server-A 对用户的访问权限管理、容量配额、数据安全保护功能也处于一个相对简单的阶段，数据的传输效率也相对较低。可以对文件服务器 Server-A 进行改造，去除或减少系统中与文件存储、文件管理无关的组件、功能、服务或软件，加强系统对磁盘、文件系统、数据安全方面的功能，设置完善的用户访问权限、容量空间配额，增加强大的数据安全保护功能，如快照、卷复制、卷镜像等功能，增加统一的系统管理、配置和系统状态监控软件。

在硬件方面，采用专业设计的服务器机箱、高性能的 CPU、内存和主板，增加冗余电源、冗余风扇等模块化零部件，消除系统的单点故障；增加硬盘数量，通过 RAID 卡实现硬盘之间的数据容错和访问性能，也可以在文件服务器 Server-A 后端直接连接一台 SCSI 存储或 FC 存储设备来增加 Server-A 的可用容量。这时的文件服务器就变成了我们常说的 NAS 存储。那么什么是 NAS（Network Attached Storage）存储，简单地说 NAS 存储就是基于专用硬件设备上的、安装特殊操作系统、具有强大用户访问权限管理功能、数据安全保护和恢复功能的文件服务器。

微软推出的 WSS（Windows Storage Server）NAS 操作系统实际上就是 Windows 2003 操作系统的简化版，去除了很多与数据存储无关的功能，加强了用户访问权限管理、容量空间配额管理和数据安全保护功能。WSS 可以安装在普通的 PC 服务器上，从而把一个普通的 PC 服务器当成 NAS 设备来使用。但实质上与普通操作系统并没有较大的区别，我们可以像使用普通 Windows 2003 操作系统一样来使用 WSS。市场上常见的很多低端 NAS 存储设备都是采用 WSS 操作系统，具有安装、调试和维护简单，系统结构简单，功能简单和购置成本比较低等诸多优势，是中小企业用户系统的首选 NAS 存储设备。

当然真正的中高端以上 NAS 存储设备在结构上要比普通的文件服务器复杂得多，在软件功能方面也要比普通的文件服务器强大很多。

NAS 产品包括存储器件（例如硬盘驱动器阵列、CD 或 DVD 驱动器、磁带驱动器或可移动的存储介质）和集成在一起的简易服务器，可用于实现涉及文件存取及管理的所有功能。简易服务器经优化设计，可以完成一系列简化的功能，例如文档存储及服务、电子邮件、互联网缓存等。集成在 NAS 设备中的简易服务器可以将有关存储的功能与应用服务器执行的其他功能分隔开。

这种方法从两方面改善了数据的可用性。一是即使相应的应用服务器不再工作了，仍然可以读出数据。二是简易服务器本身不会崩溃，因为它避免了引起服务器崩溃的首要原因，即应用软件引起的问题。

NAS 产品具有几个引人注意的优点。首先，NAS 产品是真正即插即用的产品。NAS 设备一般支持多计算机平台，用户通过网络支持协议可进入相同的文档，因而 NAS 设备无须改造即可用于混合 UNIX/Windows 局域网内。其次，NAS 设备的物理位置同样是灵活的。它们可放置在工作组内，靠近数据中心的应用服务器，或者放在其他地点，通过物理链路与网络连接起来。无须应用服务器的干预，NAS 设备允许用户在网络上存取数据，这样既可减小 CPU 的开销，也能显著改善网络的性能。

NAS 没有解决与文件服务器相关的一个关键性问题，即备份过程中的带宽消耗。与将备份数据流从 LAN 中转移出去的存储区域网（SAN）不同，NAS 仍使用网络进行备份和恢复。NAS 的一个缺点是它将存储事务由并行 SCSI 连接转移到了网络上。这就是说 LAN 除了必须处理正常的最终用户传输流外，还必须处理包括备份操作的存储磁盘请求。

2）存储区域网络（SAN）模式

存储区域网络（Storage Area Network，SAN）是指存储设备相互连接且与一台服务器或一个服务器群相连的网络。其中的服务器用 SAN 的接入点。SAN 是一种特殊的高速网络，连接网络服务器和诸如大磁盘阵列或备份磁带库的存储设备，SAN 置于 LAN 之下，而不涉及 LAN。利用 SAN，不仅可以提供大容量的数据存储，而且地域上可以分散，并缓解了大量数据传输对于局域网的影响。SAN 的结构允许任何服务器连接到任何存储阵列，不管数据放置在哪里，服务器都可直接存取所需的数据。

SAN 的应用主要可以归纳为下面集中应用：构造群集环境，利用存储局域网可以很方便地通过光纤通道把各种服务器、存储设备连接在一起构成一个具有高性能、较好的数据可用性、可扩展的群集环境。

（1）数据保护，存储局域网可以做到无服务器的数据备份，数据也可以后台的方式在存储局域网上传递，大大减少了主要网络和服务器上的负载，所以存储局域网可以很方便地实现诸如磁盘冗余、关键数据备份、远程群集、远程镜像等许多防止数据丢失的数据保护技术。

（2）数据迁移，可以方便地进行两个存储设备之间的数据移动；

（3）灾难恢复，特别是远程的灾难恢复；

（4）数据仓库，用来构建一个网络系统的存储仓库，使得整个存储系统可以很好地共享。

SAN 通过光纤通道连接到一群计算机上。在该网络中提供了多主机连接，但并非通过标准的网络拓扑。当前企业存储方案所遇到问题的两个根源是：数据与应用系统紧密结合所产生的结构性限制，以及目前小型计算机系统接口（SCSI）标准的限制。大多数分析都认为 SAN 是未来企业级的存储方案，这是因为 SAN 便于集成，能改善数据可用性及网络性能，而且还可以减轻管理作业。

SAN 解决方案的优点有以下几个方面。

（1）SAN 提供了一种与现有 LAN 连接的简易方法，并且通过同一物理通道支持广泛使用的 SCSI 和 IP 协议。SAN 不受现今主流的、基于 SCSI 存储结构的布局限制。特别重要的是，随着存储容量的爆炸性增长，SAN 允许企业独立地增加它们的存储容量。

（2）SAN 的结构允许任何服务器连接到任何存储阵列，这样不管数据置放在哪里，服务器都可直接存取所需的数据。因为采用了光纤接口，SAN 还具有更高的带宽。因为 SAN 解决方案是从基本功能剥离出存储功能，所以运行备份操作就无须考虑它们对网络总体性能的影响。SAN 方案也使得管理及集中控制实现简化，特别是对于全部存储设备都集群在一起的时候。最后一点，光纤接口提供了 10km 的连接长度，这使得实现物理上分离的、不在机房的存储变得非常容易。

在实际应用中，SAN 也存在着如下一些不足。

（1）设备的互操作性较差。目前采用最早和最多的 SAN 互连技术还是 Fibre Channel，对于不同的制造商，光纤通道协议的具体实现是不同的，这在客观上造成不同厂商的产品之间难以互相操作。

（2）构建和维护 SAN 需要有丰富经验的、并接受过专门训练的专业人员，这大大增加了构建和维护费用。

（3）在异构环境下的文件共享方面，SAN 中存储资源的共享一般指的是不同平台下的存储空间的共享，而非数据文件的共享。

（4）连接距离限制在 10km 左右等。更为重要的是，目前的存储区域网采用的光纤通道的网络互连设备都非常昂贵。这些都阻碍了 SAN 技术的普及应用和推广。SAN 主要用于存储量大的工作环境，如 ISP、银行等，但现在由于需求量不大、成本高、标准尚未确定等问题影响了 SAN 的市场，不过，随着这些用户信息量的增大和硬件成本的下降，SAN 也有着广泛的应用前景。

3）网络存储新技术

（1）NAS 网关技术。NAS 网关与 NAS 专用设备不同，它不是直接与安装在专用设备中的存储相连接，而是经由外置的交换设备，连接到存储阵列上，无论是交换设备还是磁盘阵列，通常都是采用光纤通道接口，正因为如此，NAS 网关可以访问 SAN 上连接的多个存储阵列中的存储资源。它使得 IP 连接的客户机可以以文件的方式访问 SAN 上的块级存储，并通过标准的文件共享协议（如 NFS 和 CIFS）处理来自客户机的请求。当网关收到客户机请求后，便将该请求转换为向存储阵列发出的块数据请求。存储阵列处理这个请求，并将处理结果发回给网关。然后网关将这个块信息转换为文件数据，再将它发给客户机。对于终端用户而言，整个过程是无缝和透明的。NAS 网关技术使得管理人员能够将分散的 NAS filers 整合在一起，增强了系统的灵活性与可伸缩性，为企业升级文件系统、管理后端的存储阵列提供了方便。

（2）IP-SAN 技术。网络存储的发展产生了一种新技术——IP-SAN。IP-SAN 是以 IP 为基础的 SAN 存储方案，是一种可共同使用 SAN 与 NAS 并遵循各项标准的纯软件解决方案。IP-SAN 可让用户同时使用 Gigabit Ethernet SCSI 与 Fibre Channel，建立以 IP 为基础的网络存储基本架构。由于 IP 在局域网和广域网上的应用以及良好的技术支持，在 IP 网络中也可实现远距离的块级存储，以 IP 协议替代光纤通道协议，IP 协议用于网络中实现用户和服务器连接。随着用于执行 IP 协议的计算机速度的提高及 G 比特以太网的出现，基于 IP 协议的存储网络实现方案成为 SAN 的最佳选择。IP-SAN 不仅成本低，而且可以解决 FC 的传播距离有限、互操作性较差等问题。

9.1.6　检查与评价

1. 简答题

（1）SCSI 相对于 IDE 有哪些优势？
（2）RAID 的基本原理是什么？
（3）常用的 RAID 级别有哪些？它们的特点有哪些？
（4）请叙述 RAID 5 的工作原理。
（5）什么是 DAS？
（6）什么是 NAS？
（7）什么是 SAN 存储方案？
（8）什么是 NAS 网关技术？
（9）什么是 IP-SAN 技术？

2. 实做题

请为存储服务器配置 RAID 5。

9.2　灾难恢复

导致灾难的原因有很多，比如盘片损伤、停电、染上病毒以及误删除操作等。面对各种无法预期的灾难，如何才能提高丢失数据的还原概率，将损失降低到最低点呢？最好的办法就是研究出一套行之有效的数据保障方案。制定数据保护方案，本身就是一项繁重的工作，需要统观全局，考虑周全，顾及到方方面面的细节，并结合实际需求。可以选择从硬件设备入手，加强对磁盘的保护，也可以从软件入手，想办法降低数据、设置和应用程序的损坏概率。

数据恢复是指系统数据在遭到意外破坏或丢失的时候，将实现备份复制的数据释放到系统中去的过程。数据恢复在应急响应处理中具有举足轻重的作用。数据恢复包括：系统文件的恢复、系统配置内容的恢复、数据库数据的恢复等。

9.2.1 学习目标

通过本模块的学习，应该达到：

1. 知识目标

- 了解容灾概念；
- 掌握信息备份技术；
- 掌握恢复硬盘数据方法；
- 掌握灾难恢复常见方法；
- 了解冗余技术对灾难恢复的意义；
- 了解恢复数据的原理和方法；
- 掌握常见灾难恢复方案的特点。

2. 能力目标

- 能判断灾难发生的原因及故障器件；
- 能根据实际需求配置备份方案；
- 能根据实际情况恢复硬盘数据；
- 能恢复 RAID 阵列的数据；
- 能根据实际需求选择合适的硬件冗余；
- 能根据自身网络的存储技术制定灾难恢复方案。

9.2.2 工作任务——恢复存储数据

1. 工作任务背景

学校李老师办公室用的计算机，由于病毒侵扰，运行速度变慢，需要重新安装操作系统，安装过程中由于疏忽将硬盘的数据分区也格式化了，李老师计算机硬盘中数据分区有许多重要的资料，如何恢复硬盘中的数据李老师很着急。

2. 工作任务分析

恢复李老师计算机硬盘中的数据，选择使用威力非常强大的硬盘数据恢复工具EasyRecovery。它能帮助恢复丢失的数据以及重建文件系统，EasyRecovery 不会向用户的原始驱动器写入任何信息，它主要是在内存中重建文件分区表，使数据能够安全地传输到其他驱动器中，可以从被病毒破坏或是已经格式化的硬盘中恢复数据。该软件可以恢复被破坏的硬盘中丢失的引导记录、BIOS 参数数据块、分区表、FAT 表、引导区等；并且能够对 ZIP 文件以及微软的 Office 系列文档进行修复！

3. 条件准备

（1）软件条件。操作系统：Microsoft Windows XP，硬盘数据恢复工具 EasyRecovery。

（2）硬件条件。李老师办公用计算机。

9.2.3 实践操作

目前恢复硬盘数据有很多工具软件，它们的特点各有千秋。EasyRecovery 是一款比较常用的工具软件，它具有修复主引导扇区（MBR）、BIOS 参数块（BPB）、分区表、文件分配表（FAT）或主文件表（MFT）等功能特征。当硬盘经过格式化或分区、误删除、断电或瞬间电流冲击造成的数据毁坏、程序的非正常操作或系统故障造成的数据毁坏、受病毒影响造成的数据毁坏等操作时，EasyRecovery 也可以修复数据。

能用 EasyRecovery 找回数据、文件的前提就是硬盘中还保留有文件的信息和数据块。如果在删除文件、格式化硬盘等操作后，再在对应分区内写入大量新信息时，这些需要恢复的数据就很有可能被覆盖了！这时，无论如何都是找不回想要的数据了。也就是说不论使用哪种恢复软件，操作前千万不要对磁盘分区进行任何读写操作。

1. 安装 EasyRecovery

（1）安装 EasyRecovery，是一自安装程序包。直接双击运行就可以开始 EasyRecovery 的安装过程。在安装过程的第一个窗口界面显示一些欢迎信息，如图 9.21 单击"Next"按钮进入下一步安装步骤。

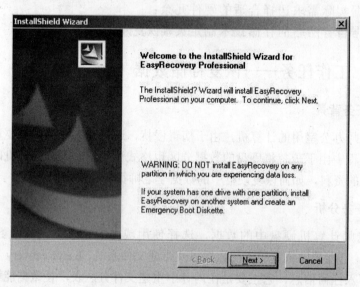

图 9.21　EasyRecovery 的安装对话框

模块 9
数据存储与灾难恢复
WANGLUOXINXI
ANQUAN
W

模块1
模块2
模块3
模块4
模块5
模块6
模块7
模块8
模块9
模块10
模块11

（2）接下来的窗口显示一些版权信息，单击"Yes"按钮进入到安装程序选择安装路径的界面，可以选择安装到默认路径，单击"Next"按钮就可以了。

（3）安装完毕后，安装程序会在开始菜单的程序组中建立"EasyRecovery Professional Edition"的快捷启动组。如果要卸载 EasyRecovery，可以由其程序组中的"Uninstall EasyRecovery Professional Edition"来卸载 EasyRecovery。

2. 使用 EasyRecovery 修复

在使用 EasyRecovery 之前，我们先来了解一下数据修复的基础知识。当从计算机中删除文件时，它们并未真正被删除，文件的结构信息仍然保留在硬盘上，除非新的数据将之覆盖了。EasyRecovery 找回分布在硬盘上不同地方的文件碎块，并根据统计信息对这些文件碎块进行重整。接着 EasyRecovery 在内存中建立一个虚拟的文件系统并列出所有的文件和目录。哪怕整个分区都不可见或者硬盘上只有非常少的分区维护信息，EasyRecovery 仍然可以高质量地找回文件。

EasyRecovery 非常容易使用。该软件让用户只通过简单的三个步骤就可以实现数据的修复还原。

1）扫描

运行 EasyRecovery 后的初始界面如图 9.22 所示。

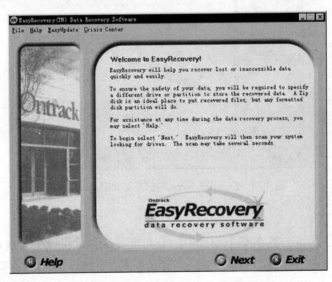

图 9.22　EasyRecovery 的初始界面对话框

除了欢迎信息，系统提示了接下来将要进行的操作，如单击"Next"按钮后，EasyRecovery 将会对系统进行扫描，这可能需要一些时间。

单击"Next"按钮后，稍微等一下就可以看到扫描界面，如图 9.23 所示。

主窗口中显示了系统中硬盘的分区情况，其中有几个 Unknown File System Type，这就是李老师硬盘丢失的分区。

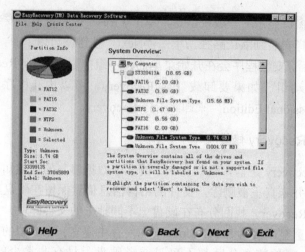

图 9.23　EasyRecovery 的扫描对话框

我们先选中需要修复的分区，再单击"Next"按钮进入下一步，如图 9.24 所示。

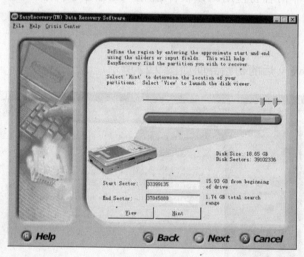

图 9.24　EasyRecovery 的扫描结果显示对话框

2）恢复

该窗口显示了所选分区在整个硬盘中的分布情况，并且可以手工决定分区的开始和结束扇区。一般情况下我们不需要动这些数据，单击"Next"按钮进入如图 9.25 所示的窗口。

这个窗口用来选择文件系统类型和分区扫描模式。文件系统类型有：FAT12、FAT16、FAT32、NTFS 和 RAW 可选，RAW 模式用于修复无文件系统结构信息的分区。RAW 模式将对整个分区的扇区一个个地进行扫描。该扫描模式可以找回保存在一个簇中的小文件或连续存放的大文件。

分区扫描模式有"Typical Scan"和"Advanced Scan"两种。Typical 模式只扫描指定分区结构信息，Advanced 模式穷尽扫描全部分区的所有结构信息，花的时间也要长些。

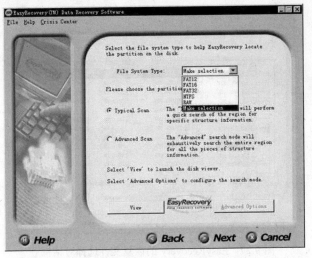

图 9.25　EasyRecovery 的扫描模式对话框

对于李老师的硬盘，我们选 RAW 和 "Typical Scan" 模式来对分区进行修复。单击 "Next" 按钮进入到对分区的扫描和修复状态，如图 9.26 所示。

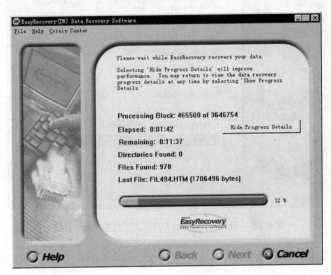

图 9.26　EasyRecovery 的扫描和修复状态对话框

这个过程的速度与计算机速度和分区大小有关。完成后单击 "Next" 按钮，出现如图 9.27 所示的窗口。

3）标记和复制文件

从窗口中可以看得出，EasyRecovery 将修复出来的文件按后缀名进行了分类。可以根据需要对将保存的文件进行标记，比如文档文件（.DOC）、图形文件（.DWG）等。在 Destination 框中填入要保存到的地方（非正在修复的分区中）。单击 "Next" 按钮会弹出如图 9.28 所示的窗口。

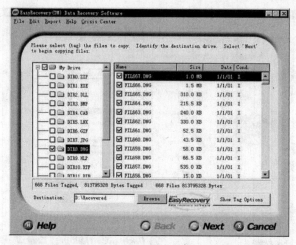

图 9.27　EasyRecovery 的恢复文件选择对话框

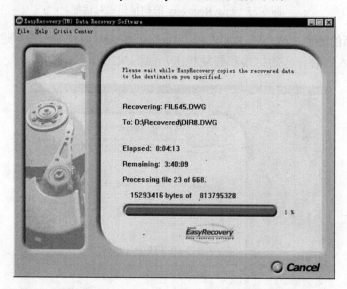

图 9.28　EasyRecovery 的标记文件复制提示框

等标记过的文件复制完毕成后，就可以到 D:\Recovered 目录下找到修复出来的文件了。恢复过程完毕。

9.2.4　问题探究

1. 恢复数据的原理

发觉硬盘故障，需要恢复数据的时候，第一步所要做的就是检测，判断磁盘故障的原因和数据损坏程度，只有明确磁盘的损坏程度和故障原因，才能采取正确的步骤恢复数据。

（1）硬盘内部故障，表现形式一般是 CMOS 不能识别硬盘，硬盘异响，那么可能的故障原因是物理磁道损坏、内电路芯片击穿、磁头损坏等，可以采用的修复手段有：内电路检修、在超净间内打开盘腔修复，这种情况只能送到专业的数据恢复公司。

（2）硬盘外电路故障，如果 CMOS 不能识别硬盘，硬盘无异响，可能的故障原因是外电路板损坏、芯片击穿、电压不稳烧毁等，可以采取的手段是外电路检修，或者更换相同型号的硬盘的电路板，一般需要送到专业的数据恢复公司。

（3）软故障，如果 CMOS 能识别硬盘，一般是硬盘软故障，破坏原因一般是系统错误造成数据丢失、误分区、误删除、误复制、软件冲突、病毒破坏等，可以采用的方法有专用数据恢复软件或者人工方式。

2. 恢复数据的方法

硬盘数据丢失，故障原因包括：病毒破坏，误复制，硬盘误格式化，分区表失丢，误删除文件，移动硬盘盘符认不出来（无法读取其中数据，硬盘零磁道损坏），硬盘误分区，盘片逻辑坏区，硬盘存在物理坏区等。

根据故障原因，采用相应的手段和步骤备份数据。一般步骤是：卸下损坏硬盘，接到另外一台完好的机器，注意新机器上要有足够的硬盘空间备份，使用 ghost 的原始模式（raw），一个扇区一个扇区地把损坏磁盘备份到一个镜像文件中。如果硬盘上有物理坏道，最好是采用 ghost 的方式制作一个磁盘镜像，然后所有的操作都在磁盘镜像上进行，这样可以最大限度地保护原始磁盘不被进一步损坏，可以最大限度地恢复数据。

修复硬盘数据有两种方式，一种是直接在原始硬盘修改，一种是把读出数据存储到其他的硬盘上。基本思路就是就是根据磁盘现有的信息最大限度地推断出丢失的分区和文件系统的信息，把受损的文件和系统还原，所以如果信息损失太多是不可能恢复数据的。比如错误删除一个文件后，随即又复制了较大的文件过来，那么多半是被删除的文件被新复制过来的文件所覆盖，几乎是无法恢复了。如果想要恢复数据，就不要在出问题的磁盘上运行直接修复文件系统错误的软件。

3. 硬盘相关知识

零磁道处于硬盘上一个非常重要的位置，硬盘的主引导记录区（MBR）就在这个位置上。零磁道一旦受损，将使硬盘的主引导程序和分区表信息遭到严重破坏，从而导致硬盘无法自举，如图 9.29 所示。

当通过 Fdisk 或其他分区工具对硬盘进行分区时，分区软件会在硬盘 0 柱面 0 磁头 1 扇区建立 MBR（Main Boot Record），即为主引导记录区，位于整个硬盘的第一个扇区，在总共 512 字节的主引导扇区中，主引导程序只占用了其中的 446 个字节，64 个字节交给了硬盘分区表（Disk Partition Table，DPT），最后两个字节（55AA）属于分区结束标志。主引导程序的作用就是检查分区表是否正确以及确定哪个分区为引导分区，并在程序结束

图 9.29 硬盘分区示意图

时把该分区的启动程序调入内存加以执行。

分区表（Disk Partition Table，DPT），把硬盘空间划分为几个独立连续的存储空间，也就是分区。分区表则以 80H 或 00H 为开始标志，以 55AAH 为结束标志。分区表决定了硬盘中的分区数量，每个分区的起始及终止扇区、大小以及是否为活动分区等。

通过破坏分区表，即可轻易地损毁硬盘分区信息。分区表分为主分区表和扩展分区表。

（1）主分区表位于硬盘 MBR 的后部。从 1BEH 字节开始，共占用 64 个字节，包含 4 个分区表项，每个分区表项的长度为 16 个字节，它包含一个分区的引导标志、系统标志、起始和结尾的柱面号、扇区号、磁头号以及本分区前面的扇区数和本分区所占用的扇区数。其中"引导标志"表明此分区是否可引导，即是否活动分区。

（2）扩展分区作为一个主分区占用了主分区表的一个表项。在扩展分区起始位置所指示的扇区（即该分区的第一个扇区）中，包含有第一个逻辑分区表，同样从 1BEH 字节开始，每个分区表项占用 16 个字节。逻辑分区表一般包含两个分区表项，一个指向当前的逻辑分区，另一个则指向下一个扩展分区。下一个扩展分区的首扇区又包含了一个逻辑分区表，这样以此类推，扩展分区中就可以包含多个逻辑分区。主分区表中的分区是主分区，而扩展分区表中的是逻辑分区，并且只能存在一个扩展分区。

FS 即文件系统，位于分区之内，用于管理分区中文件的存储以及各种信息，包括文件名字、大小、时间、实际占用的磁盘空间等。Windows 目前常用的文件系统包括 FAT32 和 NTFS 系统。

DBR（Dos Boot Record）是操作系统引导记录区。它位于硬盘的每个分区的第一个扇区，是操作系统可以直接访问的第一个扇区，它一般包括一个位于该分区的操作系统的引导程序和相关的分区参数记录表。

簇是文件系统中最小的数据存储单元，由若干个连续的扇区组成，硬盘的扇区大小是 512 字节，也就是即使一个字节的文件也要分配给它 1 个簇的空间，剩余的空间都被浪费了，簇越小，那么对小文件的存储的效率越高，簇越大，文件访问的效率高，但是浪费空间越大。

FAT（File Allocation Table）即文件分配表，记录了分区中簇的使用情况，FAT 表的大小与硬盘的分区的大小有关，为了数据安全起见，FAT 一般做两个，第二个 FAT 为第一个 FAT 的备份，用于 FAT32 文件系统。

DIR 是 DIRECTORY 即根目录区的简写，根目录区存储了文件系统的根目录中的文件或者目录的信息（包括文件的名字、大小、所在的磁盘空间等），FAT32 的根目录区可以在分区的任何一个簇。

MFT（Master File Table）是 NTFS 中存储有关文件的各种信息的数据结构，包括文件的大小、时间、所占据的数据空间等。

分区表丢失，表现为硬盘原先所有分区或者部分分区没了，在 Windows 磁盘管理器看到未分区的硬盘或者未分区的空间。有多种可能如病毒，有些病毒会用无效的数据填充分区表和第一个分区的数据，这种情况下，C 盘的数据很难恢复，而随后 D 盘和 E 盘等分区的实际数据并没有被破坏，而仅仅是分区表丢失而已，所以只要找到 D 盘和 E 盘等分区的正确的起始和结束位置，很容易恢复。

9.2.5 知识拓展

在三块 73G SCSI 磁盘组成的 RAID 5 存储阵列中,有一块 SCSI 盘出现问题,指示灯显示黄色,系统报警,工作速度特别慢。如何排除故障恢复存储阵列中的数据?

这时,服务器表现为速度变慢,RAID 存储阵列卡报警,其中一块硬盘指示灯变黄,听声音硬盘不转。从故障现象来看,硬盘硬件损坏的可能性比较大。恢复正常运行最直接有效的方法就是买一块 73G SCSI 的硬盘换上,使用 RAID 存储阵列卡恢复硬盘信息。

1. 恢复服务器数据

服务器数据恢复操作比较简单,找到报警指示灯的硬盘,因存储服务器硬盘支持热插拔,故不需断电停机,取下损坏硬盘,如图 9.30 所示。

图 9.30　拆卸损坏硬盘

由于 RAID 5 阵列的工作特性,服务器工作并未停止,只是工作速度变慢。安装同型号的硬盘,如图 9.31 所示。

图 9.31　安装硬盘

服务器 RAID 卡开始自动恢复数据，会观察到三个硬盘灯一直在亮，恢复数据时间与硬盘大小及数据量有关。

2. RAID 使用须知

服务器数据的数据存储通常采用 RAID 磁盘阵列设备，在使用过程中，经常会遇到一些常见故障，这也使得 RAID 在给我们带来海量存储空间的应用之外，也带来了很多难以估计的数据风险。

1）RAID 故障注意事项

（1）数据丢失后，用户千万不要对硬盘进行任何操作，将硬盘按顺序卸下来，用镜像软件将每块硬盘做成镜像文件。

（2）不要对 RAID 卡进行 Rebuild 操作，否则会加大恢复数据的难度。

（3）标记好硬盘在 RAID 卡上面的顺序。

2）常见 RAID 故障及可恢复性分析

（1）软件故障。

① 突然断电造成 RAID 磁盘阵列卡信息丢失的数据恢复；

② 重新配置 RAID 阵列信息，导致的数据丢失恢复；

③ 如果磁盘顺序出错，将会导致系统不能识别数据；

④ 误删除、误格式化、误分区、误复制、文件解密、病毒损坏等数据恢复工作。

（2）硬件损坏。

① RAID 一般都会有几块硬盘，其中某一块硬盘出现损坏，数据将无法读取；

② RAID 出现坏道，导致数据丢失，这种恢复成功率比较大；

③ 如果硬盘同时出现两块以上的损坏，恢复工作非常复杂，成功率比较低。

一旦 RAID 阵列出现故障，硬件服务商只能给客户重新初始化或者 Rebuild，这样客户数据就会无法挽回。出现故障以后只要不对阵列作初始化操作，就有机会恢复出故障 RAID 磁盘阵列的数据。

3. 容灾备份技术

容灾备份是通过在异地建立和维护一个备份存储系统，利用地理上的分离来保证系统和数据对灾难性事件的抵御能力。根据容灾系统对灾难的抵抗程度，可分为数据容灾和应用容灾。数据容灾是指建立一个异地的数据系统，该系统对本地系统关键应用数据进行实时复制。当出现灾难时，可由异地系统迅速接替本地系统而保证业务的连续性。应用容灾比数据容灾层次更高，即在异地建立一套完整的、与本地数据系统相当的备份应用系统。在灾难出现后，远程应用系统迅速接管或承担本地应用系统的业务运行。

设计一个容灾备份系统，需要考虑多方面的因素，如备份/恢复数据量大小、应用数据中心和备援数据中心之间的距离和数据传输方式、灾难发生时所要求的恢复速度、备援中心的管理及投入资金等。

模块 9
数据存储与灾难恢复
WANGLUOXINXI
ANQUAN
W

模块 1
模块 2
模块 3
模块 4
模块 5
模块 6
模块 7
模块 8
模块 9
模块 10
模块 11

在建立容灾备份系统时会涉及多种技术，如：SAN 或 NAS 技术、远程镜像技术、基于 IP 的 SAN 的互联技术、快照技术等。

1）远程镜像技术

远程镜像技术是在主数据中心和备援中心之间的数据备份时用到。镜像是在两个或多个磁盘或磁盘子系统上产生同一个数据镜像视图的信息存储过程，一个叫主镜像系统，另一个叫从镜像系统。按主从镜像存储系统所处的位置可分为本地镜像和远程镜像。远程镜像又叫远程复制，是容灾备份的核心技术，同时也是保持远程数据同步和实现灾难恢复的基础。远程镜像按请求镜像的主机是否需要远程镜像站点的确认信息，又可分为同步远程镜像和异步远程镜像。

同步远程镜像（同步复制技术）是指通过远程镜像软件，将本地数据以完全同步的方式复制到异地，每一本地的 I/O 事务均需等待远程复制的完成确认信息，方予以释放。同步镜像使远程复制总能与本地机要求复制的内容相匹配。当主站点出现故障时，用户的应用程序切换到备份的替代站点后，被镜像的远程副本可以保证业务继续执行而没有数据的丢失。但它存在往返传播造成延时较长的缺点，只限于在相对较近的距离上应用。

异步远程镜像（异步复制技术）保证在更新远程存储视图前完成向本地存储系统的基本 I/O 操作，而由本地存储系统提供给请求镜像主机的 I/O 操作完成确认信息。远程的数据复制是以后台同步的方式进行的，这使本地系统性能受到的影响很小，传输距离长（可达 1000km 以上），对网络带宽要求小。但是，许多远程的从属存储子系统的写请求没有得到确认，当某种因素造成数据传输失败，可能出现数据一致性问题。

2）快照技术

远程镜像技术往往同快照技术结合起来实现远程备份，即通过镜像把数据备份到远程存储系统中，再用快照技术把远程存储系统中的信息备份到远程的存储设备中。

快照是通过软件对要备份的磁盘子系统的数据快速扫描，建立一个要备份数据的快照逻辑单元号 LUN 和快照 cache。在快速扫描时，把备份过程中即将要修改的数据块同时快速复制到快照 cache 中。快照 LUN 是一组指针，它指向快照 cache 和磁盘子系统中不变的数据块（在备份过程中）。在正常业务进行的同时，利用快照 LUN 实现对原数据的一个完全的备份。它可使用户在正常业务不受影响的情况下（主要指容灾备份系统），实时提取当前在线业务数据。其"备份窗口"接近于零，可大大增加系统业务的连续性，为实现系统真正的 7×24 运转提供了保证。

快照是通过内存作为缓冲区（快照 cache），由快照软件提供系统磁盘存储的实时数据映像，它存在缓冲区调度的问题。

3）互联技术

早期的主数据中心和备援数据中心之间的数据备份，主要是基于 SAN 的远程复制（镜像）。当灾难发生时，由备援数据中心替代主数据中心保证系统工作的连续性。这种远程容灾备份方式存在一些缺陷，如：实现成本高、设备的互操作性差、跨越的地理距离短（10km）等，这些因素阻碍了它的进一步推广和应用。

目前，出现了多种基于 IP 的 SAN 远程数据容灾备份技术。它们是利用基于 IP 的 SAN 互联协议，将主数据中心 SAN 中的信息通过现有的 TCP/IP 网络，远程复制到备援中心 SAN 中。当备援中心存储的数据量过大时，可利用快照技术将其备份到存储设备中。这种基于 IP 的 SAN 远程容灾备份，可以跨越 LAN、MAN 和 WAN，成本低、可扩展性好，具有广阔的发展前景。

4．冗余技术

高可靠性是系统的第一要求。冗余技术是计算机系统可靠性设计中常采用的一种技术，是提高计算机系统可靠性的最有效方法之一。为了达到高可靠性和低失效率相统一的目的，通常会在系统的设计和应用中采用冗余技术。合理的冗余设计将大大提高系统的可靠性，但是同时也增加了系统的复杂度和设计的难度。

冗余技术就是增加多余的设备，以保证系统更加可靠、安全地工作。冗余的分类方法多种多样，按照在系统中所处的位置，冗余可分为元件级、部件级和系统级；按照冗余的程度可分为 1:1 冗余、1:2 冗余、1:n 冗余等多种。在当前元器件可靠性不断提高的情况下，和其他形式的冗余方式相比，1:1 的部件级热冗余是一种有效而又相对简单、配置灵活的冗余技术实现方式，如 I/O 卡件冗余、电源冗余、主控制器冗余等。

系统冗余设计的目的是系统运行不受局部故障的影响，而且故障部件的维护对整个系统的功能实现没有影响，并可以实现在线维护，使故障部件得到及时的修复。冗余设计会增加系统设计的难度，冗余配置会增加用户系统的投资，但这种投资换来了系统的可靠性，它提高了整个用户系统的平均无故障时间（MTBF），缩短了平均故障修复时间（MTTR），因此，应用在重要场合的控制系统，冗余是非常必要的。

5．灾难恢复方案

在以往的业务系统中，仅考虑本地容灾，即通过集群的双机系统对应用提供保护。当一台服务器的软硬件发生故障时，将整个业务切换到后备服务器上。该方法很大程度上避免了服务器的单点故障，提高了整个业务系统的可用性。但是，随着业务系统的发展，在一些重要的系统中，用户已经不满足于简单的本地保护。越来越多的用户提出了要求更高的系统可用性，要求实现真正的异地容灾保护。因为一旦出现异常情况，如火灾、爆炸、地震、水灾、雷击或某个方向线路故障等自然原因，以及电源机器故障、人为破坏等非自然原因引起的灾难，导致业务无法正常进行和重要数据的丢失、破坏，造成的损失将不可估量。因此，要求业务系统可以在发生上述灾难时快速恢复，将损失降到最低点。

全面的容灾恢复存储方案，意味着除了要实现本地的切换保护外，更要实现数据的实时异地复制和应用系统（包括数据库和应用软件）的实时远程切换。

为避免系统硬件、网络故障、机房断电等突发灾难事件所导致的数据灾难，提供全面的数据容灾的解决方案，即通过建立容灾中心，有效利用用户实施的灾难恢复方案在应急地点迅速地重新恢复业务应用。当灾难发生时容灾数据中心能够立即接管关键应用，继续运行，确保关键业务的正常运营。主数据中心恢复后，应用数据应迅速切换回主中心运行。

1）SAN 的存储解决方案

SAN 的存储解决方案是通过一个独立的 SAN 网络（如高速光纤网络）把存储设备和挂在 LAN 上面的服务器群直接相连，这样当有海量数据的存储需求时，数据完全可以通过 SAN 网络在相关服务器和后台的存储设备之间高速传输，对于 LAN 的带宽占用几乎为零。而且服务器可以访问 SAN 上的任何一个存储设备，提高了数据的可用性。

存储区域网络（SAN）所具备的高性能和高存取能力将众多异类服务器、应用和操作系统接入统一的信息存储基础架构中。我们面临的挑战是如何对其进行管理，随着业务的发展，存储区域网络也会不断增生扩大，管理工作将变得越来越复杂。运用 SAN 解决方案开展存储区域网络管理，可以获得主动权和控制权。

2）存储整合解决方案

通常管理整合存储设备的整个花费远远低于在好几个地方管理不同的存储系统。并且，在存储整合环境下生产效率会大大提高。公共存储管理使得能利用公共的技术人员、磁盘和磁带资源，按同一道程序对所有的集中化数据进行管理。

用一套公共的存储管理工具整合分布的存储资源，这些高效率的工具很适合集中化的环境，能为整合带来诸多利益。存储整合解决方案是针对企业原先分散存储所带来的高额管理费用与企业的业务发展中所遇到的众多问题而提出来的。集中化的存储管理思想是一种非常有效的、经济的存储管理解决方案。因为对于磁盘阵列来说，只有一套管理系统，这样就可以极为方便地进行磁盘控制、性能调试，增加或者重新配置磁盘也变得非常简单。最大化的合成集中设备，也使得存储系统的风险降至最低，同时，整合后一套完善的备份方案就可以有效地进行数据备份及恢复。

3）常见的灾难恢复方案

服务器灾难恢复的方案要求对数据完整性的短时间恢复，然而在服务器硬件或软件出现故障后进行数据恢复，而备份的时间点通常不在故障发生的时间点，所以恢复的数据自然不会完整，肯定有部分丢失，但目前对备份机制要求是即高效又快捷的方式。

（1）基于主机磁盘的方式。这是一种传统的数据备份结构。这种结构中磁盘组直接接在每台服务器上，而且只为该服务器提供数据备份服务。在大多数情况下，这种备份采用服务器上自带的磁盘，而备份操作往往也是通过手工操作的方式进行的。这种方案的优点是成本较低，数据传输速度快，备份管理简单。缺点是不利于备份系统的共享，不适合于大型的数据备份要求，很难做到自动备份和恢复。

（2）基于局域网的方式。数据传输以网络为基础。采用局域网备份策略，在数据量不是很大时候，可采用集中备份。一台中央备份服务器将会安装在局域网中，然后将应用服务器和工作站配置为备份服务器的客户端。中央备份服务器接受运行在客户机上的备份代理程序的请求，将数据通过局域网传递到它所管理的、与其连接的本地磁盘上或外部存储设备上。这种方案的优点是节省投资、磁盘组共享、集中备份管理。缺点是不适合于大型的数据备份要求，对网络传输压力大。

（3）基于磁盘阵列的方式。RAID 是单点故障解决的标准方案，常见结构为 RAID 5。RAID 5 将会使数据从存储系统到服务器的路径都得到完全保护。其他关注的焦点，应当转向服务器应用系统的保护。同样，可以在服务器系统上应用 RAID 1。这种方案的优点是服务器 RAID 1 有效避免由于应用程序自身缺陷导致系统瘫痪，故障发生后可快速恢复系统应用。数据全部存储在磁盘阵列柜中，如果出现单盘故障时，热备盘可以接替故障盘，进行 RAID 重建。缺点是虽然有效避免单点或多点故障，但在选配这种方案时，需要选用一个品质与售后服务较好的硬件和软件产品，因此成本较高。

（4）双机热备的方式。磁盘阵列的方式已经实现了从服务器附属设备到存放数据的物理磁盘的所有部件的冗余。然而，服务器本身在追求完全容错过程中仍存在弱点。服务器负责通过各种应用如 Web 服务器、数据库和文件共享来访问存储的数据，服务器系统元件的任何故障都将破坏容错性最好的存储应用。从根本上解决的办法就是双机热备。这种方案的优点是有效地避免由于应用程序自身的缺陷导致系统瘫痪，所有的数据全部存储在磁盘阵列柜中，当工作机出现故障时，备份机接替工作机，从磁盘阵列中读取数据，所以不会产生数据不同步的问题，由于这种方案不需要网络镜像同步，因此这种方案的服务器性能要比镜像服务器结构高出很多。系统和数据恢复较快。缺点是由于热备是高端的容错方案，因此需要选用一个品质与售后服务较好的产品，因此成本在所有方案中是最高的。

选择灾难恢复方案应从数据安全、数据恢复、数据维护和实施成本等方面综合考虑。

9.2.6　检查与评价

1. 简答题

（1）什么是数据存储？
（2）什么是冗余技术？
（3）为什么要进行数据备份？
（4）数据恢复的基本原理是什么？
（5）RAID 5 阵列如何进行灾难恢复？
（6）为什么要制定灾难恢复方案？

2. 实做题

（1）一台微机硬盘分区丢失，但在 CMOS 中能识别硬盘，请恢复硬盘数据。
（2）如果存储服务器配备三块 SCSI 硬盘，配置为 RAID 0+1 阵列，其中一块硬盘损坏，请恢复数据。

项目 4　构建安全的网络结构

本项目重点介绍安全网络结构的构建过程，包含两个模块，模块10主要介绍安全网络结构的设计过程，分析方法，设计过程产生的文献要求等内容。模块11主要介绍校园网设计方案的实施过程，包括：更改物理线路连接方法，如校园网边界出口，外网接口—防火墙—路由器；校园网核心设备：路由器—核心交换机—次级交换机（划分VLAN）；配置防火墙；配置路由器和核心交换机；VLAN的配置及其相互之间的通信；安装、设置网络防病毒软件。

通过本项目的学习，应达到以下目标：

1. 知识目标
◇　熟悉安全网络结构设计的过程；
◇　掌握安全网络结构设计的方法；
◇　掌握安全校园网络系统的组成；
◇　理解各类安全策略的含义；
◇　理解网络安全问题的分析方法；
◇　了解安全技术的发展状况；
◇　掌握校园网安全解决方案的实现流程；
◇　理解数据备份与灾难恢复系统的设计方法。

2. 能力目标
◇　制订单位的网络安全策略；
◇　依据实际情况设计安全的校园网络系统；
◇　实施校园网安全解决方案；
◇　应用磁盘基本管理和文件系统管理；
◇　应用RAID技术实现磁盘管理；
◇　应用iSCSI实现连接；
◇　应用快照实现灾难恢复。

模块 10
安全网络结构设计

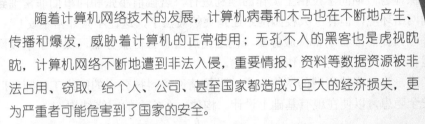

　　随着计算机网络技术的发展，计算机病毒和木马也在不断地产生、传播和爆发，威胁着计算机的正常使用；无孔不入的黑客也是虎视眈眈，计算机网络不断地遭到非法入侵，重要情报、资料等数据资源被非法占用、窃取，给个人、公司、甚至国家都造成了巨大的经济损失，更为严重者可能危害到了国家的安全。

　　一个安全的计算机网络应该具有可靠性、可用性、完整性、保密性和真实性等特点，它不仅要保护计算机网络设备的安全和计算机网络系统的安全，还要保护数据的安全。因此，针对计算机网络本身可能存在的安全问题，设计安全网络结构、实施网络安全解决方案，以确保计算机网络自身的安全性，是每一个网络工程师与网络管理员都要认真对待的重要问题。

10.1.1　学习目标

通过本模块的学习，应该达到：

1. 知识目标

- 熟悉安全网络结构设计的过程；
- 掌握安全网络结构设计的方法；
- 掌握安全校园网络系统的组成；
- 理解各类安全策略的含义；
- 理解网络安全问题的分析方法；
- 了解安全技术的发展状况。

2. 能力目标

- 制定单位的网络安全策略；
- 依据实际情况设计安全的校园网络系统。

10.1.2 工作任务——构建安全的校园网络结构

1. 工作任务背景

为了保证暑假期间学校招生工作的顺利进行，暑假前小张和同事们非常细致地检查了学校的网络环境，但有一天校园网站还是突然被黑了，这让小张非常不安！

幸好小张提前准备了备份服务器，他迅速启用了备份服务器，保证了学校网络系统的正常运行，未对学校招生工作造成影响。

为了进一步加强校园网的网络安全，学校请网鑫科技公司的网络工程师帮助查找校园网的安全隐患，以便在现有基础上设计、构建一个安全的网络结构。

2. 工作任务分析

从小张描述的情形看，应该是黑客成功突破了防火墙设置，破译了小张进入服务器的安全设置。发生此问题，估计是在防火墙规则设置上和密码系统上存在一定问题。

网鑫科技公司的徐工和小张一道，详细查阅了系统日志。被攻击的服务器安装的是Windows 2003 Server 操作系统，但攻击机居然是由校园网内的一台计算机上的蠕虫程序自动发出的！进一步检查发现，该计算机处在防火墙设置规则的白名单中。原来小张为了暑假期间大多数老师不在学校的情况下便于管理服务器，在防火墙的白名单规则中增加了该计算机，以便临时紧急处置，而该计算机的使用老师的安全意识比较淡薄，没有严格执行网络安全管理，从而导致了蠕虫程序发作。

经过对被感染的服务器进行全面重建、重新安装补丁程序、重设防火墙规则，完成了该服务器的所有处理工作之后，徐工向小张仔细询问了学校的网络架构，探讨了以往出现的各种问题，并与一些老师进行了座谈。

经过分析，认为学校网络安全最重要的并不是单纯某一具体的设备、技术问题，而是设备正确的使用和严格的管理制度。需要设计全局安全解决方案，重设访问控制和信息加密策略，制定全面的网络安全管理策略并严格执行。计算机使用者要严格遵守学校关于日志记录、监视和入侵检测方面的规定，必须保证任何机器启动之前都安装了最新的补丁程序，核心设备一定要设置入侵报警，要定期检查所有机器的日志记录和系统更新状况，不能只是检查是否安装了杀毒软件和防火墙、是否设置了密码，检查一定要全面。

3. 条件准备

针对小张所在学校校园网应用的具体情况，经过实地考察、走访座谈和调查问卷并结合学校的投资计划和校园网近期、长期规划，设计相应的校园网安全解决方案及网络架构。

校园网安全解决方案是一个综合体系，应该覆盖网络传输设备和终端设备，不仅能够满足现阶段网络安全环境的需求，同时也应满足今后较长时间网络安全的需要。

10.1.3 实践操作

徐工和小张在进行网络规划与建设中主要采用项目管理的思想，用系统设计、开发的思路，针对校园网的现有基础、具体情况、实际投资和远期发展，对网络安全结构进行设计。

按照校园网安全网络结构设计进程的任务分析，小张及其带领的各部门负责人作为甲方，网鑫科技公司的项目经理及其带领的项目小组作为乙方，同时备选另外 2～3 家公司。

系统实施之前，网鑫科技公司应该首先指派项目经理负责该项目的操作，并由其领导组成项目组统筹项目进程；项目组成员包括相关技术人员、必要的财务人员、文员、甲方的相关人员（网络管理员）等。当然，随着项目的开展，项目组人员可以进行适当调配，但项目经理和网络管理员这两个主要角色最好不要轻易变动，以便保证项目的持续进行。

1. 安全网络结构规划

一个良好的安全网络结构规划能够保障网络安全系统的正常实施和可靠运行，不仅能够维系网络的功能完善性、运维可靠性和安全性，还能够扩大网络的应用范围，保证其扩充能力和升级能力，更好地保护用户的投资。

校园网的安全网络结构规划可以从以下几个方面入手。

1）安全网络结构定义

结构定义是安全网络系统设计的开始，一般情况下最好与计算机信息系统、校园网系统同步开始实施比较好，但目前往往是滞后发展的，在这种情况下，更需要安全网络结构定义，以避免项目实施、验收过程中出现的纠纷。

（1）要定义好系统界限，这是安全网络的责任区，划定了网络安全系统的范围，便于进行系统需求分析，可以在界定的范围内来查找问题、分析问题和解决问题。从校园网的现状来看，由于网络建设已经完成，因此系统界限可以定义为考察校园网内主干设备（不包含基础线路和环境安全）和办公系统（不考虑学生个人计算机）。

（2）要定义系统边缘，也就是校园网与 Internet 的接口，可以确定防火墙、路由器、核心交换机等网络核心设备的类型和功能，也可以确定远程网络访问的模式，从该校的实际情况出发，可以确定利用原有的 4650 路由器、3550 核心三层交换机和电信接入，主要考虑电信接口以下的校园网安全问题，学生网络只考虑与电信接口相连的 3550 交换机的管理、配置等安全问题。

（3）要定义系统管理人员，主要是负责网络安全防护的相关人员的职责和范围，学校的安全防护工作遍布在学校各个部门，因此，要在网络管理员的统一安排下，把人员有效地调动起来，通过必要的措施和原则，保证安全计划和策略的有效实施。学校的这一工作需要学校办公室、组织人事处的协调、监督和网络中心的管理。

（4）要定义系统的指导思想，便于工作的逐步开展，尤其要定位好投资计划和设计思路的关系，很多的安全网络结构设计方案推倒重来都是由于没有很好地把握这一关系。从学校的实际情况和投资目标来看，主要是要在现有网络的基础上增加安全设备，设计安全策略，因此必须在这一指导思想下开始进行设计。

安全网络结构定义的实现主要是通过甲乙双方的会谈确定的，参加人员要包括甲乙双方的主要决策者、网管中心主任、网络管理员、项目经理及有关技术人员；会议结果体现在《会议纪要》（见表 10.1）中，应有双方主要负责人的签名，以备日后查用；会议结论最终体现在项目组的《可行性研究报告》和《安全网络结构设计书》中。

表 10.1 会议纪要

网鑫科技公司会议纪要		
会议时间		会议地点	
参 加 人 员	甲方： 乙方：	
会 议 进 程		
会 议 纪 要		
甲方负责人签字：		乙方负责人签字：

2）用户需求调查

用户需求调查的目的是从实际出发，通过对用户现场进行实地调研，对用户要求进行具体了解，收集第一手资料，以增加公司设计人员和学校管理人员对项目的整体认识，为系统设计打下基础。

用户需求调查的主要方法包括现场考察、用户座谈、问卷调查、历史日志及技术文档查阅等，针对该学校的具体情况，可以从以下几个方面着手。

（1）查阅技术资料。由于校园网已经运行了一段时间，能够满足教职员工的要求，因此，基础设施的更改在目前是没有必要的，学校也没有相应的资金支持。那么，查阅前期的技术文档以弄清网络基础设计就是十分必要的，在此基础之上，技术人员才能够有针对性地分析问题，提出解决问题的方案。

（2）校园网现场考察。技术人员的具体设计必须依据于实际的校园状况，必须对校园总体环境、网络基础设施走向、地上及地下建筑物布局、二层网络设备安置状况、核心设备尤其是网络主干设备的布局以及配电室、变电站、通信塔等可能对网络安全有影响的特殊建筑有比较清楚的了解，这样才能因地制宜，设计出布局合理、施工便易、运维方便的安全网络系统。

通过上述考察，学校的校园网拓扑结构如图 10.1 所示。

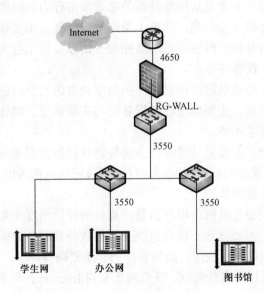

图 10.1　校园网拓扑结构图

（3）网络用户调查。要想摸清网络应用的真实情况，就必须与网络用户进行面对面的直接交流，了解用户使用的计算机及网络资源的实际情况，未来的网络应用与服务需求是什么，存在的安全问题是什么，可能存在的安全隐患在哪里。用户不是计算机专业技术人员，对网络安全往往更是不清楚，这就需要对用户的需求进行深入细致的调查，弄清楚用户的计算机系统状况、网络应用类型、安全性要求、多媒体数据要求、数据可靠性需求以及数据量的大小、重要程度等情况，并由此估算网络负载，确定不安全因素，测算安全系统需求量的大小及投资预算等，进而据此设计符合用户需求的安全网络。

以上几个方面可以依序进行，也可以结合进行，最终的调查结果体现在公司项目组制订的《可行性研究报告》中。

3）用户需求分析

在用户需求调查的基础上，对采集到的各种信息进行汇总归纳，剥茧抽丝，从网络安全的角度展开分析，归纳出可能会对网络安全产生重大影响的一些因素，还要从用户的潜在需求中分析出未来可能出现的安全隐患，进而使项目组的设计人员清楚这些问题的解决分别需要采用何种技术、何种设备，需要制定何种安全策略。

网络安全性需求分析一般可以从以下几个角度来考虑。

（1）网络系统安全，主要是从网络的整体结构上来考虑安全问题，注重于分析网络拓扑结构的安全可靠性、系统设计漏洞及不当的系统配置，往往体现在网络环路、网络风暴阻隔、负载不均衡、交换设备选择不合理、系统设备配置不当等环节。

（2）网络边界安全，主要是从校园网络系统与外界网络系统的安全隔离角度来考虑安全问题，注重于解决网络系统接口问题，往往体现在防火墙设备的规则设置、路由器与核心交换机的配置、服务器群的权限访问、军事区与非军事区的划分、远程访问的实现、数据备份与灾难恢复等环节。

（3）网络攻击行为，主要是从网络外部的恶意攻击行为和网络内部的违规、误操作等无意行为的阻止来考虑安全问题，注重于策略制定问题，主要体现在防火墙规则的设定、系统日志的设定与分析、网络流量的监控与分析以及员工行为规范、设备操作手册的制定、遵守与监督检查等环节。

（4）信息安全，主要是从敏感信息的保护角度来考虑安全问题，注重于关键位置、关键数据的保护措施问题，主要体现在数据备份与灾难恢复、媒体自身安全及关键位置的关键人员的信息保密等环节。

（5）特殊区域安全，主要是从接入、泄漏等物理接触方面来考虑安全问题，注重于线路安全问题，主要体现在 Internet 的接入线路、无线网络的接入以及变电站的强电泄漏、通信塔的无线信号泄漏等环节。

（6）用户安全，主要是从网络用户自身计算机的使用角度来考虑安全问题，注重于个人计算机安全问题，主要体现在操作系统及相关软件漏洞、防病毒软件的有效更新、个人防火墙的设置、网络使用权限、应用软件的登录密码等环节。

除此之外，校园网还要内外兼顾，既要防止来自 Internet 的外部攻击，也要防止来自校园内某些网络爱好者的攻击。他们很有可能会从 Internet 上下载黑客工具，对学校内部某些可能存放着重要资料的数据库服务器进行攻击，使学校资料遭受到不必要的损失。

此外，在调查中发现校园网的管理还面临其他一些问题，比如：用户可以随意接入网络，出现安全问题后无法追查到用户身份；网络病毒泛滥，网络攻击呈上升趋势，网络安全事件从发现到控制的全过程基本采取手工方式，难以及时控制与防范；对于未知的安全事件和网络病毒无法控制；用户安全意识普遍不足，校方单方面的安全控制管理难度较大；现有安全设备工作分散，无法协同管理、协同工作，只能形成单点防御，而各种安全设备管理复杂，对于网络的整体安全性提升有限；某些安全设备采取网络内串行部署的方式，容易造成性能瓶颈和单点故障；无法对用户的网络行为进行记录，事后审计困难。

项目组通过需求调查分析，归纳出该校校园网目前存在的主要安全问题，见表 10.2。

表 10.2　校园网安全问题分析

项目组：　　　　　　　　　　　　　　　　　　　　　　　　　　　　　　　　年　　月　　日

条目	调查人群	问题描述	解决思路	备注
网络系统安全	网络中心主任 网络管理员 学校技术人员	学生宿舍网络挂在核心交换机下，负载不均衡 路由器功能开启不完善，不能完全阻隔网络风暴	更换核心设备的连接 重新配置机器	投资增加网络管理的软硬件设备
网络边界安全	网络中心主任 网络管理员 学校技术人员	防火墙规则设置不严格 远程访问功能不完善 缺少高效的灾难恢复系统	严格规则设置 开通 VPN	投资增加灾难恢复系统
网络攻击行为	网络中心主任 网络管理员 学校技术人员 部分教职员工	外部黑客攻击 内部学生攻击 木马攻击、ARP 攻击 办公、教学等网络应用软件的登录名很规律，密码一致且更改较少	完善系统日志和流量监控 完善规章制度	办公室与组织人事处协调各项规章制度的实施
信息安全	学校领导 网络中心主任 网络管理员 学校技术人员 系部处室主任 部分教职员工	学业成绩、档案、财务等数据库在本机备份 系部处室的资料无备份 应用软件、计算机登录名、密码很规律，随意存放	增加备份系统或备份计算机 严格规章制度	
特殊区域安全	网络中心主任 网络管理员 学校技术人员	无线路由器随意接入 通信塔干扰	制定无线策略 更换设备	
用户安全	网络中心主任 网络管理员 学校技术人员 部分教职员工	漏洞不能及时打补丁 软件不能及时更新 防火墙规则设置不到位 计算机资源随意共享	严格规章制度	投资增加网络防病毒软件
项目组建议	项目组成员签名：			
项目经理意见：				
			项目经理签名：	

2．可行性研究

可行性研究的主要目的是确定网络安全系统用户的实现目标和总体要求，依据用户需求调查分析确定项目规划和总体实施方案，注重体现在现有条件和技术环境下能否实现系统目标和要求。

可行性研究报告的内容主要包括以下几个方面。

1）系统现状分析

系统现状分析也就是根据用户需求以及系统的目标和要求，简要分析目标系统与现行系统的差距，具体来讲就是，哪些网络设备是需要保留的，哪些是需要更新的，哪些是可以升级的，哪些是应该扩展的，从而为目标系统的设计能够符合用户当前和未来一段时期内的需要做好铺垫。

从用户需求调查及校园网络拓扑结构分析可以看出，学校校园网的基础状况是物理跨度不大，通过 3550 千兆交换机在主干网络上提供 1000M 的独享带宽，通过二级交换机与各部门的工作站和服务器连接，并为之提供 100M 的独享带宽；利用与中心交换机连接的 4650 路由器，所有用户可直接访问 Internet。

校园网提供的主要应用包括：文件共享、办公自动化、WWW 服务、Internet 访问、电子邮件服务、财务数据的统一存储以及针对特定的应用在数据库服务器上进行的二次开发，比如教务管理系统、学生管理系统、图书借阅系统等。

2）用户目标和系统目标一致性分析

用户目标是在投入一定的人力、物力和财力建成安全网络系统之后能够满足用户需求的一种明确的要求，属于系统需求方面；而系统目标是公司在系统用户投资后能够实现其目标所做出的一种承诺，一种保证，属于系统实现方面。这二者是相辅相成的，既有相同的目标，又有不同的侧重，在项目的具体实现过程中，项目经理必须保证二者的一致性，一旦有可能产生偏差，必须及时在甲乙双方之间进行沟通，反复协调，确保系统实现目标就是用户要求的目标。

很明显的一点是，用户最终进行项目验收时，依据的必然是用户目标。因此，项目进行中必须保证目标的一致性，沟通后可能产生的偏差要及时记录成文件，并取得甲乙双方负责人的签字认可。

从用户需求分析可以得出结论，学校校园网是一个信息点较为密集的千兆局域网络系统，所连接的现有上千个信息点为各系部处室和学生提供了一个快速、方便的信息交流平台；通过专线与 Internet 的连接，可以直接与互联网用户进行交流、查询资料等；通过公开服务器，可以直接对外发布信息或者发送电子邮件。校园网在为用户提供快速、方便、灵活通信平台的同时，也为安全带来了更大的风险。因此，在原有网络上实施一套完整、可操作的安全解决方案不仅是可行的，而且是必需的。

校园网要求基于重要程度和要保护的对象，直接划分四个虚拟局域网 VLAN：中心服务器子网、图书馆子网、办公子网、学生子网，不同的局域网分属不同的广播域；重要网段图书馆子网、办公子网、中心服务器子网要各自划分为一个独立的广播域，其他的工作站划分在一个相同的网段。

校园网还要求有效阻止非法用户进入网络，实现全网统一防病毒，减少安全风险；定期进行漏洞扫描，审计跟踪，具备很好的安全取证措施，能够及时发现问题，解决问题；网络管理员能够很快恢复被破坏了的系统，最大限度地减少损失。

3）项目技术分析

项目技术分析主要是对项目设计方案的技术条件和技术难点进行分析，一般应突出技术的先进性、成熟性、易用性等特点，对系统性能做出简要评价，安全系统还应突出其智能化、可管理化、人性化等特色，但也要注意分析不同网络设备之间的匹配、局部区域内拓扑结构的改变、部分线路的连接和个人计算机操作系统的选择等各种各样的实际问题，要充分估计到实际问题出现的随机性，为设计留下必要的修改、变更余地，在施工关键位置上做好充分的思想准备。

4）经济和社会效益分析

经济效益是从成本核算的经济学角度出发，考虑网络安全系统投资能够带来的经济效益，主要包括软硬件成本估算、施工成本估算、人员费用、运维费用与未来预期经济效益估算等；社会效益是从系统应用的社会学角度出发，考虑网络安全系统投资能够带来的社会效益，主要包括社会影响、企业及个人发展、产业与行业政策、地区带动性等方面。

经过以上分析，确定用户目标、系统目标及系统总体要求，依据现有的设备和技术条件，确定网络安全系统是否能够达到用户要求的目标。

完整的可行性研究报告要求文本格式规范，用词准确一致，内容简明扼要，问题叙述全面，这是项目的重要技术文档，也是项目验收的主要依据之一。

3. 安全网络结构设计

安全网络结构设计是根据用户要求，充分考虑到用户的实际需要进行需求分析，对网络安全系统进行的详细设计，主要包括网络拓扑结构的更改与否、系统开发方法或系统改造方案、主要设备选型、应用软件集成以及规则设置、设备配置、策略制定等方面的内容，是一个技术性较高、针对性较强的工作，要求项目组设计人员要通盘考虑先进可靠、适度超前、注重实用的系统设计原则，并兼顾具体的实现技术问题，从应用出发，设计出性能价格比最大的方案。

1）校园网络安全系统设计目标

校园网安全系统设计的最终目标是建立一个覆盖整个学校的互联、统一、高效、实用、安全的校园网络，能够提供广泛的计算机软硬件和信息的资源共享，性能稳定，可靠性好；软、硬件结合良好，满足远程控制和权限访问的要求；具有可靠的防病毒、防攻击能力，能够进行日志追溯和快速的灾难恢复；有良好的兼容性和可扩展性，满足未来的应用需求和技术发展。

2）校园网络安全系统设计原则

（1）实用性，安全系统的设计要从校园网实际需要出发，坚持为领导决策服务，为教学科研服务，为科学管理服务。

（2）先进性，采用成熟的先进技术，兼顾未来的发展趋势，为今后的发展留有余地，要量力而行、适度超前。

（3）可靠性，确保校园网的正常、可靠运行，网络的关键部分要具有容错能力，系统要有灾难备份和恢复系统。

（4）安全性，软、硬件良好结合，技术策略与人员培训结合，病毒防、杀结合，重在预防。

（5）可扩充性，系统便于扩展，有效保护投资。

（6）可管理性，通过智能设备和智能网管软件实现网络动态配置和监控，自动优化网络。

网络结构在具体设计时，如果考虑的安全措施更加广泛，更加具体，可以参考美国著名信息系统安全顾问 C.沃德提出的著名的 23 条设计原则。

（1）成本效率原则；

（2）简易性原则；

（3）超越控制原则，一旦控制失灵（紧急情况下）时要采取预定的步骤；

（4）公开设计与操作原则，保密并不是一种强有力的安全方式，过分信赖保密可能导致控制失灵；控制的公开设计和操作反而可以使信息保护得到增强；

（5）最小特权原则，只限于需要才给予这部分的特权，但应限定其他系统特权；

（6）设置陷阱原则，在访问控制中设置一种容易进入的"孔穴"，以引诱某人进行非法访问，然后将其抓获；

（7）控制与对象的独立性原则，控制、设计、执行和操作不应该是同一个人；

（8）常规应用原则，对于环境控制这一类问题不能忽视；

（9）控制对象的接受能力原则，如果各种控制手段不为用户或受这种控制所影响的其他人所接受，则控制无法实现；

（10）承受能力原则，应该把各种控制设计成可容纳最大多数的威胁，同时也能容纳那些很少遇到的威胁；

（11）检查能力原则，要求各种控制手段产生充分的证据，以显示所完成的操作是正确无误的；

（12）记账能力原则，登录系统之人的所作所为一定要让他自己负责，系统应予以详细登记；

（13）防御层次原则，建立多重控制的强有力系统，如同时进行加密、访问控制和审计跟踪等；

（14）分离和分区化原则，把受保护的东西分割成几个部分——加以保护，增加其安全性，网络安全防范的重点主要有两个方面：计算机病毒和黑客犯罪；

（15）最小通用机制原则，采用环状结构的控制方式最保险；

（16）外围控制原则，重视篱笆和围墙的安全作用；

（17）完整性和一致性原则，控制设计要规范化，成为"可论证的安全系统"；

（18）出错拒绝原则，当控制出错时必须完全地关闭系统，以防受到攻击；

（19）参数化原则，控制能随着环境的改变而改变；

（20）敌对环境原则，可以抵御最坏的用户企图，容忍最差的用户能力及其他可怕的用户错误；

（21）人为干预原则，在每个危急关头或做重大决策时，为慎重起见，必须有人为干预；

（22）安全印象原则，在公众面前保持一种安全的形象；

（23）隐蔽原则，对员工和受控对象隐蔽控制手段或操作详情。

以上各种原则对安全系统的设计具有一定的指导和参考价值，而且将会随着网络安全技术的发展进一步完善，如何考查和理解这些原则并运用于系统的设计，还需系统开发者为信息系统安全做出许多的构思。

3）校园网络安全系统设计方案

校园网络安全系统在于建立统一的安全管理平台，使用先进的网络安全技术和管理手段，制定合理的、可调整的、符合校园网信息及应用需求的安全策略，实时、动态保护校园网，并适时监控网络安全状态，对异常的安全事件能够进行追踪、分析、统计，对部署的安全设备、设施能够进行统一的管理、配置以及配置文件的统一备份和恢复，实现安全日志管理与统计分析，有效保障校园网的安全。

改造后的校园网络拓扑结构图如图 10.2 所示，改变了防火墙的拓扑连接，从结构上保障了网络的安全；将原校园网直接划分为四个虚拟局域网 VLAN：中心服务器子网、办公子网、学生子网、图书馆子网，分别提供不同的功能和安全策略；增加了灾难备份和恢复系统，以便保证安全事件后的快速响应。

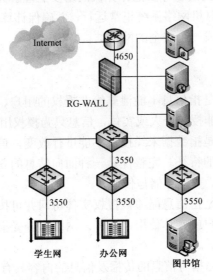

图 10.2　改造后的校园网拓扑结构图

4．系统实施

校园网络安全系统的实施主要在于网络设备的选型、安装调试，网络安全策略的制定，专业人员的技术培训及校园网用户安全教育。

所有安全策略的制定中，必不可少地都要提到用户安全教育，主要内容包括如何正确选择、设置防病毒软件和个人防火墙，如何保证操作系统和相关软件的及时更新，如何及时扫描漏洞、安装补丁，如何保护应用系统软件的权限使用，如何保护个人信息安全，如何控制和使用无线设备等，随着用户对正确使用方法和所负责任的了解，因网络安全事故带来的损失也会极大地降低。

5. 系统运维

校园网络安全系统施工完成后，应给出系统性能是否满足用户需求及是否符合网络设计方案要求的结论，该结论应写入项目验收报告，一并作为文档资料归档保存。

在校园网络安全系统运行之后，系统运维正式开始，项目公司应与学校签订运维合同，如果不涉及较大规模的经费问题，也可以简要地以会议纪要的形式给双方以约定。

系统运行维护期间，双方技术人员应不断沟通，以便随时掌握系统运行状况和网络访问情况，尤其是学校网络管理员和公司项目经理之间，应保持经常性会话，掌握网络的动态变化，便于对网络设定预防性安全措施。

10.1.4　问题探究

国际标准化组织 ISO 对于计算机系统安全的定义是：为数据处理系统建立和采用的技术和管理的安全保护，保护计算机硬件、软件和数据不因偶然和恶意的原因而遭到破坏、更改和泄漏。因此，我们也可以把计算机网络安全理解为，通过各种技术手段和管理措施的采用，能够使计算机网络系统正常运行，并确保计算机网络系统数据的可用性、完整性和保密性，进而形成一个安全的网络结构。

1. 网络安全特征

（1）保密性。保密性是指信息不能泄露给非授权的用户、实体或过程，或提供被其利用，即防止信息泄露给非授权个人或实体，信息只为授权用户使用。

（2）完整性。完整性是指数据未经授权不能进行改变，信息的存储或传输过程中保持不被修改、破坏和丢失的特征。完整性是一种面向信息的安全性，它要求保持信息的原样，即信息的正确生成、正确存储与传输。

（3）可用性。可用性是指信息能够被授权实体访问并可按需求使用，即网络信息服务在需要时，允许授权用户或实体使用，或者是网络部分受损或需要降级使用时，仍能为授权用户提供有效的服务。

（4）可控性。可控性是指对信息的传播及信息的内容具有控制能力。

2. 影响网络安全的因素

要想有效地保护计算机网络，首先必须清楚危险来自何方。影响计算机网络安全的因素很多，可能是有意的，也可能是无意的；可能是天灾，也可能是人祸。从校园网角度来说，计算机网络安全的威胁来源主要来自三个方面。

（1）软件自身的漏洞。计算机软件不可能百分之百地无缺陷和漏洞，软件系统越庞大，出现漏洞和缺陷的可能性也就越大，而这些漏洞和缺陷恰恰就成了攻击者的首选目标，最常用的 Windows 操作系统就是典型的例子。另外，软件公司的某些程序员为了系统调试方便而往往在开发时预留设置了软件"后门"，这些"后门"一般不为外人所知，但是，一旦"后门洞开"，造成的后果将不堪设想。

（2）人为的无意失误。人员的无恶意失误和各种各样的误操作都可能造成严重的不良后果，比如用户口令不按规定要求设定、口令保护得不严谨、随意将自己的账号借与他人或与他人共享；文件的误删除、输入错误的数据、操作员安全配置不当、防火墙规则设置不全面等，都可能给计算机网络带来威胁。

（3）人为的恶意攻击。人为的恶意攻击、违纪、违法和犯罪等，都是计算机网络面临的最大威胁，这往往是由于系统资源和管理中的薄弱环节被威胁源（入侵者或入侵程序）利用而产生的。根据实际产生的效果，人为的恶意攻击可以分为两种：一种是主动攻击，即以各种方式有选择地破坏信息的有效性和完整性；另一种是被动攻击，是在不影响网络正常工作的情况下，进行截获、窃取、破译以获得重要机密信息。这两种攻击均可对计算机网络造成极大的危害，导致机密数据的泄露。

3. 网络安全结构

网络发生安全问题是不可避免的，只有不断地去发现和解决这些问题，才能让计算机网络变得更安全。网络安全的结构包括物理安全、安全控制和安全服务三个层次。

1）物理安全

物理安全是指在物理介质层次上对存储和传输的网络信息实施的安全保护，也就是保护计算机网络设备、设施和其他媒体免遭地震、水灾、火灾等环境事故以及人为操作失误或错误及各种计算机犯罪行为导致的破坏过程。物理安全是网络安全的最基本保障，是整个安全系统不可缺少和忽视的组成部分，主要包括以下三个方面的内容。

（1）环境安全，对系统所在环境的安全保护，如区域保护和灾难保护，可以参考的国家标准有 GB 50173—1993《电子计算机机房设计规范》、GB 2887—1989《计算站场地技术条件》和 GB 9361—1988《计算站场地安全要求》等。

（2）设备安全，主要包括设备的防盗、防毁、防电磁信息辐射泄漏、防止线路截获、抗电磁干扰及电源保护等。

（3）媒体安全，包括媒体数据的安全及媒体本身的安全。

2）安全控制

安全控制是指在网络系统中对存储和传输的信息操作及进程进行控制与管理，重点是在网络信息处理层次上对信息进行初步的安全保护，分为以下三个层次。

（1）操作系统的安全控制，包括对用户的合法身份进行核实（例如开机口令）、对文件的读写存取操作的控制（例如文件属性控制）等，主要保护被存储数据的安全。

（2）网络接口模块的安全控制，网络环境下对来自其他机器的网络通信进程进行的安全控制，主要包括身份认证、客户权限设置与判别以及审计日志等。

（3）网络互联设备的安全控制，对整个子网内的所有主机的传输信息和运行状态进行的安全监测与控制，主要通过网管软件或路由器配置实现。

3）安全服务

安全服务是指在应用层对网络信息的保密性、完整性和信源的真实性进行保护及鉴别，以满足用户的安全需求，防止并抵御各种安全威胁和攻击手段。安全服务可以在一定程度上弥补和完善现有操作系统及网络系统的安全漏洞，主要包括以下四个方面：

（1）安全机制，利用密码算法对重要而敏感的数据进行处理。例如，以保护网络信息的保密性为目标的数据加密和解密、以保证网络信息来源的真实性和合法性为目标的数字签名与身份验证、以保护网络信息的完整性以及防止和检测数据被修改、插入、删除及改变的信息认证等，是安全服务乃至整个网络安全系统的核心和关键，而现代密码学在安全机制的设计中扮演着重要的角色。

（2）安全连接，是在安全处理前与网络通信方之间的连接过程，为安全处理进行了必要的准备，主要包括会话密钥的分配、生成和身份验证，后者旨在保护信息处理和操作的对等双方的身份真实性与合法性。

（3）安全协议，使网络环境下互不信任的通信方能够相互配合，并通过安全连接和安全机制的实现来保证通信过程的安全性、可靠性和公平性的协议。

（4）安全策略，是安全体制、安全连接和安全协议的有机组合方式，是网络系统安全性的完整解决方案，决定了网络安全系统的整体安全性和实用性。

10.1.5　知识拓展

不同的网络系统和不同的应用环境需要制定不同的安全策略，通过进一步研究可以制定出更为稳妥的安全策略，从而更好地保护网络系统安全。

以我们常见的校园网为例，至少应考虑以下几个方面。

1. 网络管理

网络管理是安全系统的基础，良好的管理制度和严格的贯彻执行能够可靠地消除安全隐患，保障系统健康、稳定、可靠。

所有的网络维护操作，包括系统配置的修改、IP 地址的分配、网线的分配与转移等，都只能在相关操作人员的同意下执行；软件的安装操作要符合知识产权法规的要求。

2. 口令要求

强有力的口令保护策略可以保证所有网络资源的安全。

每名教职员工都必须使用唯一的登录名访问教务、财务、办公系统等网络资源，每个登录名必须有一个相关的口令，用于保证只有经过合法授权的用户才能够使用相应的登录名访问网络资源。各教职员工都应负责对自己或他人的口令保守秘密。

口令的使用应遵守以下规定：最少由 8 个字符组成，必须包含两个数字和两个字母，不能包含普通单词、员工姓名、证件号码、办公室号码、登录名、电话号码或学校名及其变形；教职员工必须每 60 天更改一次口令，如果未及时更改，其账户将被关闭；网络系统应用软件的身份验证过程必须采用三次错误口令输入失败导致账户关闭的措施。

学校的每台计算机都必须使用屏幕保护程序，设置 15 分钟自启动屏保；屏保启动后必须重新经过系统的身份验证才能够重新获得访问权。

远程访问网络的员工都将获得一个安全令牌，由个人保管，不得记录在纸上或者告诉其他人；在学校以外的网络上进行访问时，员工必须使用与在内部网络中不同的口令，以保证重要的口令字符串不会经过公共网络进行传输；学校保留追查员工因未能按照上述规定保守自己的口令秘密，并对学校造成损失应负责任的权力。

3．病毒预防策略

所有的计算机资源都必须受到防病毒软件的保护。

（1）教职员工负责运行本人计算机系统中的防病毒软件，是该计算机系统的第一责任人，并及时更新以保证防病毒软件为最新版本，不得关闭或者进行回避；如果收到系统防病毒软件发出的任何警告，则应立即停止使用系统，并且与网络操作人员联系。

（2）网络操作人员可以在所有员工的系统上安装、更新防病毒软件。

（3）网络管理员应随时注意监控网络病毒状况，发现问题应及时予以公布，并提出相应的解决方案。

4．工作站备份策略

（1）网络操作人员每星期要对各关键位置的工作站中存储的文档进行备份。

（2）每位教职员工负责与自己的直接领导进行联系，以便了解自己的哪些计算机资料处于关键位置；每位关键位置的教职员工都必须规定每星期中有一天在下班时不要关机，并且对此负责；此时，教职员工应该注销登录，但系统仍然要处于开启状态。

（3）在对关键位置的工作站进行备份时，一般只有文件夹 C:\My Documents 中的文档得到备份，存储在其他任何文件夹中的文档都将被忽略。每位教职员工应负责保证自己的文档都存储在该文件夹中。

（4）学校应要求各类应用程序都设计为把文件信息默认存储在此文件夹中，当然也可以设计为单独的文件夹，但必须事先与网络管理员沟通。

5．远程网络访问

学校的校园网一般都提供拨号接入调制解调器池和基于 Internet 的 VPN 访问，以实现与网络资源的远程连接，方便住宅不在学校区域内及在外地出差的教职员工使用校园网资源，这也是校园网唯一允许使用的远程网络访问方式。

远程网络访问根据教职员工的需要来提供，任何需要对网络资源进行远程访问的教职员工都必须由其直接领导向网络中心递交申请，经分管校领导批准后，获得一个用于访问网络资源的安全令牌、一份调制解调器池电话号码清单以及用于在 Internet 上创建加密 VPN 会话的软件。

学校及网络中心只负责支持校园网内部网络，包括有关的网络外围设备，但不负责对教职员工用于远程访问的系统提供支持；教职员工在接受该 VPN 会话软件时应同意负责进行必要的任何升级，自行解决远程访问技术支持问题。

教职员工应同意保守所有与远程网络访问相关的活动的秘密，不得把口令信息告诉他人或者复制 VPN 软件，也不能为其他员工做上述工作，任何传播远程访问细节信息的行为都将被认为是对校园网系统安全的破坏，一经发现，由网络中心上报学校有关部门进行严肃处理。

网络中心与网络管理员必须要高度注意的是，使用一台调制解调器和一条电话线与校园网络的任何部分进行的任何连接，包括计算机桌面系统，都要被严格禁止，这是外界计算机进入校园网系统的最直接途径，因此，该行为必须严格禁止，一经发现，由网络中心上报学校有关部门进行最高级别的处理。

6. 普通 Internet 访问策略

校园网络资源，包括用于访问基于 Internet 站点的资源，只能用于为教学、管理、科研及后勤等工作服务的场合，保证网络资源能够有效地被利用。

网络资源的访问策略应该限制在一定范围内，必须以遵守法律法规和有关政府文件的规定为前提，在学校的资金支持下，以不干扰教职员工的正常工作为基础，维护学校的合法利益，服务于教学、科研一线。

教职员工在访问基于 Internet 的 Web 站点时，应该使用符合学校标准要求的 Web 浏览器，并做好无附加插件程序，关闭 Java、JavaScript 和 ActiveX 功能等配置。

增加以上这些设置是为了保证教职员工浏览 Internet Web 站点时不会在无意之间装入了恶意的应用程序；如果不遵守这些安全设置，很可能会在恶意程序控制下失去访问 Internet 的权力，甚至进一步危及部门计算机，乃至校园网络服务器系统。因此，网络中心及网络管理员应不定期检查有关设备的 Web 浏览器软件设置，如果相关人员不清楚其浏览器设置是否符合学校的标准，可以与网络管理员联系。

7. 日志记录

学校应该做出规定并予以公布，校园网的全部网络资源归学校自身所有，其中包括（但不局限于）电子邮件信息、存储的文件和网络传输；学校保留监视网络传输、对所有网络活动进行日志记录的权力。这样，一旦网络管理员发现了任何可疑的安全事件，不管是有意的还是无意的，不管是自发的还是木马控制的，都可以在最短的时间内得到响应，保障校园网络系统的安全。

学校应该让每一个教职员工认识到，安全不仅仅是网络中心、网络管理员的责任，而是与每一个人息息相关的，与每一位教职员工都有利害关系，每个人都有权制止任何可疑的违反安全规定的活动，都有责任保护好自己的口令、文件和其他有要求的网络资源。

10.1.6 检查与评价

1. 选择题

（1）安全结构的三个层次指的是（   ）。
　　①物理安全　②信息安全　③安全控制　④安全服务
　　A. ①②③　　　　　　B. ②③④　　　　C. ①③④　　　　D.②③④

（2）计算机网络安全的四个基本特征是（　　　）。

A. 保密性、可靠性、可控性、可用性

B. 保密性、稳定性、可控性、可用性

C. 保密性、完整性、可控性、可用性

D. 保密性、完整性、隐蔽性、可用性

（3）要对整个子网内的所有主机的传输信息和运行状态进行安全监测与控制，主要通过网管软件或者（　　　）配置来实现。

A. 核心交换机　　　B. 路由器　　　C. 防火墙　　　D. 安全策略

2．简答题

（1）简述计算机网络安全的定义。

（2）简述可行性研究报告应具备的具体内容。

3．实做题

（1）针对本校校园网的安全现状组织一次用户需求调查，并写出需求调查报告。

（2）模拟甲乙双方的沟通交流会，形成有关会议纪要。

（3）由 5～7 名同学组成项目小组，组长为项目经理，主持开展项目设计，形成设计报告等一系列技术文档。

（4）由 5～7 名同学模拟校方（也可由几位指导教师组成），各项目小组模拟不同的公司，按照先"面对面"再"背对背"的方式，进行现场答辩。

模块 11
校园网安全方案实施

　　校园网安全解决方案，是针对校园网络安全的特点而设计的，本着节约、实用、高效的原则，做到内外兼顾。

　　网络安全是IT业内流行的话题，是一个越来越引起世界各国关注的重要问题，同时也是一个十分复杂的综合性课题，涉及计算机科学、网络技术、通信技术、密码技术、信息安全技术、应用数学、数论和信息论等多学科。

11.1.1　学习目标

通过本模块的学习，应该达到：

1. 知识目标

- 掌握校园网安全解决方案的实现流程；
- 掌握 RAID 技术的实现方法；
- 理解数据备份与灾难恢复系统的设计方法；
- 了解 iSCSI 的含义。

2. 能力目标

- 实施校园网安全解决方案；
- 应用磁盘基本管理和文件系统管理；
- 应用 RAID 技术实现磁盘管理；
- 应用 iSCSI 实现连接；
- 应用快照实现灾难恢复。

11.1.2　工作任务——实施校园网安全解决方案

本任务为依据具体的校园网安全解决方案，配置关键设备，安装数据备份与灾难恢复系统。

1．工作任务背景

网鑫科技公司的项目小组依据小张所在学校校园网的具体状况进行安全网络设计，通过与校方的多次沟通、谈判，双方达成一致意见，由网鑫科技公司负责对校园网实施安全系统改造，项目进入具体实施阶段。

安全系统新增加数据备份与灾难恢复系统。

2．工作任务分析

校园网安全解决方案已经在项目小组前期有关的技术文档中予以明确，实施时主要考虑设备配置、物理线路更改和技术实现等实际问题。

数据备份与灾难恢复系统进行具体配置以适应校园网实际需求。

3．条件准备

依据校园网安全解决方案和具体的项目合同，网鑫科技公司负责提供有关设备，校方为项目施工提供必要的现场保障，实行项目经理负责制，项目小组的技术人员负责完成具体的施工、配置等一系列技术问题。

数据备份与灾难恢复系统采用锐捷网络有限公司的 RG-iS-LAB 存储产品。

11.1.3　实践操作

校园网安全解决方案的实现以及数据备份与灾难恢复系统的具体实施。

1．更改物理线路连接

该方案中涉及的物理线路改造主要包含以下两个方面。
（1）校园网边界出口：外网接口—防火墙—路由器；
（2）校园网核心设备：路由器—核心交换机—次级交换机（划分 VLAN）。

2．配置防火墙

依据设备选型，校园网采用的防火墙是锐捷网络有限公司提供的的网络安全产品防火墙 RG-WALL 1600，如图 11.1 所示。

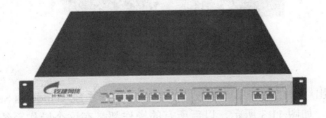

图 11.1　RG-WALL 防火墙外形图

具体的配置过程参见前面的案例。

注意

RG－WALL 系列防火墙默认支持 console 口命令行方式和 Web 界面管理方式；快速配置事务建议采用 console 方式，日常管理监控建议采取 Web 方式。

3．配置路由器和核心交换机

主要完成四个 VLAN 的配置及其相互之间的通信。

4．安装、设置网络防病毒软件 Norton

网络版防病毒软件需要合理解决用户数问题。

5．数据备份与灾难恢复系统

数据备份与灾难恢复系统采用锐捷的 RG-iS-LAB 网络存储产品，提供 IP SAN 和 NAS 融合的网络数据服务功能，产品具有以下特点：

（1）管理界面友好，Web 网页方式使系统设定及档案管理更易操作，详尽的在线说明可以及时解决操作步骤及问题，支持多平台及 SNMP 网络管理协议、SSL 安全传输协议，提供中文简繁体及英文等多国语言接口，自动侦测系统状态并以电子邮件提醒管理者。

（2）数据保护可靠，提供多台设备间通过局域网或 Internet 进行周期性数据同步传输和远程资料同步，可快速周期性地备份（恢复）数据，通过磁盘快照可设定低容量提醒、在线容量增减等功能。

（3）系统强壮稳定，支持双网卡之间多网段传输、备援及捆绑，提升网络传输效能，确保不间断的网络高速传输能力，整合 UPS 电源管理机制，热插拔容错系统风扇及电源供应器，确保系统正常运行不停机。

该产品为 1U 机架式，如图 11.2 所示。

图 11.2　RG-iS-LAB 外形图

RG-iS-LAB 出厂时已经在第一块硬盘上安装了操作系统 Windows Server 2003（默认密码：password），如图 11.3 所示，以后所有的操作都是在这个操作系统上面进行的，只要按照相应操作指导来进行就可以了。

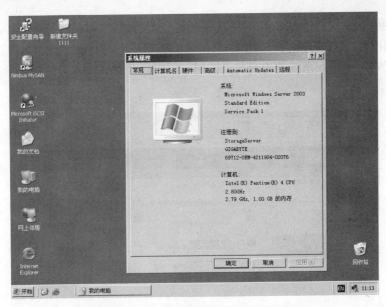

图 11.3　第一块硬盘上的操作系统界面

如果该操作系统不小心被破坏的话，可按照产品软件光盘里的《RG-iS-LAB 系统以及软件恢复说明》进行 Ghost 自动恢复。产品光盘里保存有系统的 Ghost 备份，系统会自动引导光盘进行安装，但是硬盘原来存放的数据将会丢失。

6．基本的存储设备管理和磁盘操作

可以通过 RG-iS-LAB 系统自带的磁盘管理对存储设备进行管理，进行磁盘的基本操作，如图 11.4 所示。

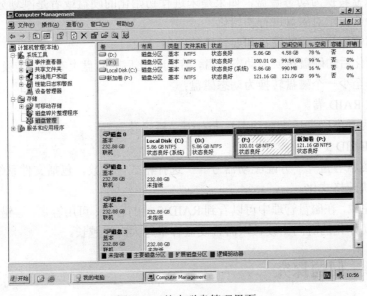

图 11.4　基本磁盘管理界面

也可以利用 IE 浏览器对 RG-iS-LAB 系统进行管理,执行磁盘的基本操作,如初始化、分区、格式化、转换动态磁盘、共享、制作 RAID 等,输入 https://*.*.*.*(RG-iS-LAB 的 IP 地址):8098,再输入系统的用户名、密码,可以打开存储设备管理界面进行管理,如图 11.5 所示。

图 10.5   通过 IE 浏览器进行管理

7. 利用存储设备实现硬盘的 RAID 功能

把多块硬盘做 RAID-5 可以解决硬盘损坏造成的数据丢失问题,提高硬盘读写性能。RAID 5 的一个阵列至少需要三个物理驱动器来完成。

在以上磁盘管理界面中,具体的实现步骤如下。

(1)将磁盘转换为动态磁盘,如果是未进行初始化的硬盘或者是刚划分的空间,打开磁盘管理后会提示对磁盘进行初始化。

选择全部需要初始化的硬盘和要转换的磁盘。

(2)初始化后的硬盘转换成动态磁盘,在初始化后的磁盘上右击,转换到动态磁盘。需要选择至少一个磁盘转换为动态磁盘;

(3)建立 RAID 卷。

① 转换为动态磁盘后,在动态卷上右击“新建卷”。

② 选择 RAID 5 卷。

③ 设置磁盘容量——分配驱动器号——选择格式化参数,包括文件系统等。

④ 执行快速格式化。

⑤ 创建完成,在磁盘管理中可以看到 RAID 5 卷的容量、可用容量、容错性和开销等。RAID 5 初始化的时间比较长,而且硬盘容量越大时间越长。

11.1.4   问题探究

网络存储技术(Network Storage Technologies)是一门相对前沿并且与应用紧密相连

的新兴学科，其基础知识点来源于网络技术、信息理论与编码、计算机组成结构、操作系统等学科，实践性很强，需要通过大量的实验课程来验证和深化知识点。

随着网络的不断发展，积累的数据资源越来越多，呈现"爆炸性增长"，而孤立、分散、难以管理的海量数据则是网络的"巨大灾难"，尤其是关键业务的数据丢失会带来"毁灭性的打击"，在这样的背景下，业务连续性、数据共享、数据备份恢复、信息生命周期管理等需求推动着存储技术的巨大发展。

从学校发展来看，校园网内部运行着 FTP 服务器、Web 服务器、财务系统等办公系统，随着业务的不断发展，越来越需要构建一个小型的存储系统，以较低的成本将办公系统整合到统一的存储平台中，同时具有一定的磁盘容错性能，当部分磁盘损坏时不至于数据会丢失，而且能够方便地进行数据备份，当数据因误操作或故障丢失时能恢复到之前的状态，即需要利用存储技术来建立数据备份与灾难恢复系统，这也是网络安全系统的重要组成部分。

根据不同的应用环境，通过采取合理、安全、有效的方式将数据保存到某些介质上，并能保证有效的访问，这是存储的设计思想，而网络存储是基于数据存储的，按结构可分为三类：直连式存储（Direct Attached Storage，DAS）、网络存储设备（Network Attached Storage，NAS）和存储网络（Storage Area Network，SAN）。

直连式存储 DAS 是一种直接与主机系统相连接的存储设备，如作为服务器的计算机内部硬件驱动，实现了机内存储到存储系统的跨越，到目前为止仍是计算机系统中最常用的数据存储方法，但该方法扩展性差、资源利用率低、可管理性差、异构化严重，已不适合网络的大规模发展。

网络存储设备 NAS 是一种采用直接与网络介质相连的特殊设备来实现数据存储的机制，这些设备大都分配有 IP 地址，客户机通过充当数据网关的服务器就可以对其进行存取访问，甚至在某些情况下能够直接访问这些设备。NAS 是一种文件共享服务，通过 NFS 或 CIFS 对外提供文件访问服务，可扩展性受到设备大小的限制。

存储网络 SAN 是指存储设备相互连接且与一台服务器或一个服务器群相连的网络，其中的服务器用做 SAN 的接入点。在有些配置中，SAN 也与网络相连，将特殊交换机当作连接设备，是 SAN 中的连通点，使得在各自网络上实现相互通信成为可能，带来了很多有利条件。SAN 专用于主机和存储设备之间数据的高速传输，设备整合使用，数据集中管理，扩展性高，总体拥有成本低，目前经常与 NAS 配合使用，已经成为数据备份与灾难恢复系统建设的主要技术。

网络存储技术中通常使用到的相关技术和协议包括 SCSI、RAID、iSCSI 以及光纤信道等。SCSI 一直支持高速、可靠的数据存储；RAID（独立磁盘冗余阵列）指的是一组标准，提供改进的性能和磁盘容错能力；iSCSI 技术支持通过 IP 网络实现存储设备间双向的数据传输，其实质是使 SCSI 连接中的数据连续化，可以应用于包含 IP 的任何位置；光纤信道是一种提供存储设备相互连接的技术，支持高速通信（未来可以达到 10Gb/s），而且支持较远距离的设备相互连接。

iSCSI（Internet SCSI，互联网小型计算机系统接口）由 Cisco 和 IBM 两家发起，并且得到了 IP 存储技术拥护者的大力支持，是一种在 Internet 协议网络上，特别是以太网

模块1
模块2
模块3
模块4
模块5
模块6
模块7
模块8
模块9
模块10
模块11

上进行数据块传输的标准。

iSCSI 可以实现在 IP 网络上运行 SCSI 协议，使其能够在诸如高速千兆以太网上进行路由选择；建立在 SCSI、TCP/IP 这些稳定和熟悉的标准上，因此安装成本和维护费用都很低；支持一般的以太网交换机而不是特殊的光纤通道交换机，从而减少了异构网络和电缆；通过 IP 传输存储命令，因此可以在整个 Internet 上传输，没有距离限制。

11.1.5 知识拓展

快照（Snapshot）是指数据集合的一个完全可用复制，该复制包括相应数据在某个时间点（复制开始的时间点）的映像。

快照可以是其所表示的数据的一个副本，也可以是数据的一个复制品；从技术细节讲，快照是指向保存在存储设备中的数据的引用标记或指针；快照有点像是详细的目录表，但它被计算机作为完整的数据备份来对待。

快照有三种基本形式：基于文件系统、基于子系统、基于卷管理器。

当系统已经有了快照时，如果有人试图改写原始的 LUN 上的数据，快照软件将首先将原始的数据块复制到一个新位置（专用于复制操作的存储资源池），然后再进行写操作。以后当引用原始数据时，快照软件将指针映射到新位置，或者当引用快照时将指针映射到老位置。因此，使用快照功能可以有效地进行数据恢复。

当数据量比较大时，数据的完整备份将变得非常慢，采用快照的方法可以瞬间完成数据的备份和恢复，大大节省时间，而且使用快照功能无须在客户端安装任何软件，操作简便易行。

11.1.6 检查与评价

1. 选择题

（1）（　　　）不是快照的基本形式。

    A. 基于文件系统　　　B. 基于子系统　　　C. 基于操作系统　　　D. 基于卷管理器

（2）以下不属于存储技术的是（　　　）。

    A. DAS　　　　　　　B. NAS　　　　　　C. SAN　　　　　　D. SNA

2. 实做题

（1）初始化新加入硬盘，并转换为动态磁盘。

（2）使用存储设备分别实现硬盘的 RAID 0、RAID 5 功能。

（3）3 台服务器分别运行教务系统、FTP 和 Web，使用 NAS 存储设备实现文件共享。

（4）由于使用 NAS 文件共享进行数据存储发生了误操作，请使用快照功能将数据恢复到误操作发生之前的时间点。

参考文献

[1] 陈广山. 网络与信息安全技术. 北京：机械工业出版社，2007.

[2] 王淑红. 网络安全. 北京：机械工业出版社，2007.

[3] 李匀. 网络渗透测试. 北京：电子工业出版社，2007.

[4] 陈芳. 黑客攻防全攻略. 北京：电子工业出版社，2007.

全国软件专业人才设计与开发大赛

为推动软件开发技术的发展，促进软件专业技术人才培养，向软件行业输送具有创新能力和实践能力的高端人才，提升高校毕业生的就业竞争力，全面推动行业发展及人才培养进程，工业和信息化部人才交流中心特举办"全国软件专业人才设计与开发大赛"，大赛包括两个比赛项目，即"JAVA 软件开发"和"C 语言程序设计"，并分别设置本科组和高职高专组。该大赛是工业和信息化部指导的面向大学生的学科竞赛和群众性科技活动。该大赛的成功举办，将有力推动学校软件类学科课程体系和课程内容的改革，培养学生的实践创新意识和能力，提高学生工程实践素质以及学生分析和解决实际问题的能力，有利于加强我国软件专业人才队伍后备力量的培养，提高我国软件专业技术人才的创新意识和创新精神。

大赛宗旨：立足行业，结合实际，实战演练，促进就业

大赛特色：政府、企业、协会联手构筑的人才培养、选拔平台；
　　　　　　预赛广泛参与，决赛重点选拔；
　　　　　　以赛促学，竞赛内容基于所学专业知识；
　　　　　　以个人为单位，现场比拼，公正公平。

2010 年全国软件专业人才设计与开发大赛简介

主办单位：工业和信息化部人才交流中心

承办单位：北京大学软件与微电子学院

协办单位：中国软件行业协会
　　　　　　教育部高等学校高职高专计算机类专业教学指导委员会

支持单位：大连东软信息学院　　国信蓝点信息技术有限公司

大赛网址：http://www.miit-nstc.org/

2010 年全国软件专业人才设计与开发大赛在北京、上海、天津、重庆、江苏、浙江等省市自治区共设立 24 个分赛区，53 个赛点，来自近 400 所高校的 5000 余名选手参加了比赛。2010年 8 月 19 日，大赛在北京举行了决赛，来自北京邮电大学世纪学院的于俊超同学和来自安徽财贸职业学院的高伟同学分别获得"JAVA 软件开发"本科组与高职高专组特等奖；来自北京信息科技大学的郑程同学和石家庄信息工程职业学院的王海龙同学则分别获得"C 语言程序设计"本科组与高职高专组特等奖。北京工商大学、桂林电子科技大学、湖北工业大学等院校获得了优秀组织单位荣誉称号，北京信息科技大学、北京理工大学、青岛大学等 30 所院校获得了大赛优胜学校。

2010 年 8 月 21 日，大赛在北京大学百周年纪念讲堂举行了隆重的颁奖典礼。国务院参事，大赛组委会主任，中国电子商会会长，原国务院信息化工作办公室常务副主任曲维枝女士，工业和信息化部副部长杨学山先生、中国工程院院士倪光南先生、北京大学秘书长杨开忠教授、工业和信息化部信息化推进司徐愈司长、工业和信息化部人事教育司史晓光副司长、工业和信息化部软件服务业司郭建兵副司长、工业和信息化部科技司沙南生副司长、教育部高等教育司综合处调研员张庆国先生、中国软件行业协会理事长陈冲先生，教育部高等学校高职高专计算机类教学指导委员会主任温涛先生、北京大学软件与微电子学院院长张兴先生、大赛组委会副主任，北京大学教授陈钟先生，工业和信息化部人才交流中心主任石怀成先生、工业和信息化部人才交流中心顾问刘玉珍女士等近 40 位领导嘉宾出席了颁奖典礼。IBM、Intel 等企业也派代表出席了颁奖典礼。